# 了不起的
# Markdown

**大语言模型时代的通用语言**

● 毕小朋 / 著

## 内 容 简 介

本书是系统介绍大语言模型时代写作通用语言的实践指南,以"排版技巧—应用场景—语法规范—工具赋能—知识管理—智能协作"为主线,深度整合 Markdown 核心语法、工具生态与 AI 应用。本书从 Typora 沉浸式写作到 VS Code 智能编辑,从 Obsidian 知识图谱构建到与大语言模型协同创作,不仅详解 Markdown 标准语法与扩展技巧,更聚焦现代写作场景中的格式转换、跨平台协作、智能提示词设计等前沿实践,完整呈现从基础写作到智能知识管理的进化路径。书中包含百余张操作示意图与数个典型应用案例,通过"场景导入+步骤拆解+成果演示"的三段式教学方式,让技术工具真正服务于创作。

本书专为三类人打造:追求高效排版与规范写作的职场人士;致力于构建个人知识管理体系的终身学习者;探索人机协作新范式的 AI 应用实践者。无论是希望摆脱传统排版束缚的写作新手,还是寻求智能化升级的 Markdown 进阶用户,都能通过阅读本书实现从基础到精通的跨越式成长。

未经许可,不得以任何方式复制或抄袭本书之部分或全部内容。
版权所有,侵权必究。

**图书在版编目(CIP)数据**

了不起的 Markdown:大语言模型时代的通用语言 / 毕小朋著. -- 北京:电子工业出版社,2025.8.
ISBN 978-7-121-50789-2

Ⅰ. TP312.8

中国国家版本馆 CIP 数据核字第 2025GL8603 号

责任编辑:宋亚东　　文字编辑:张　晶
印　　刷:三河市君旺印务有限公司
装　　订:三河市君旺印务有限公司
出版发行:电子工业出版社
　　　　　北京市海淀区万寿路 173 信箱　邮编:100036
开　　本:787×980　1/16　印张:20　字数:448 千字
版　　次:2025 年 8 月第 1 版
印　　次:2025 年 8 月第 1 次印刷
定　　价:88.00 元

凡所购买电子工业出版社图书有缺损问题,请向购买书店调换。若书店售缺,请与本社发行部联系,联系及邮购电话:(010)88254888,88258888。
质量投诉请发邮件至 zlts@phei.com.cn,盗版侵权举报请发邮件至 dbqq@phei.com.cn。
本书咨询联系方式:syd@phei.com.cn。

# 前言

## 写作缘起

2017 年，我开始在网上连载 Markdown 教程，初衷是想系统梳理 Markdown 的相关知识，既为自己提供参考，也希望能惠及更多人。当时，Markdown 虽然简单，但资料零散，许多人对这门"新鲜语言"缺乏系统认知。教程发布后反响良好，又经过两年的打磨，2019 年，《了不起的 Markdown》作为国内首部全面讲解 Markdown 的图书正式出版。

## 读者反馈

《了不起的 Markdown》出版后，获得了读者的广泛支持。许多读者反馈，这本书手把手教学，讲解全面细致，通俗易懂，简洁实用。一位写作教师留言表示，他一直鼓励学生们使用 Markdown，但响应者甚少，一些人不愿意走出 Word 的舒适区。看了这本书，他很受启发，同学们不喜欢用的一个原因，是没有人像作者一样系统地、通俗地向他们介绍 Markdown。

一位读者在豆瓣上评价，这本书从 Markdown 的基本语法，到具体工具，都进行了详细的介绍。并不是所有人都喜欢从官方文档开始学习一门技术，一本介绍全面的图书能帮助初学者节省大量零碎信息的收集时间。这本书的作用就是如此，读者可以通过一本书基本掌握 Markdown 的理论知识。什么是好书？能够使自己成长的书就是好书。

还有一位从事培训行业的读者基于本书开发了实训课程，光书就送出去几百本，他还把这些书寄过来让我签名，仪式感满满。

然而，也有读者指出，虽然这本书填补了学习 Markdown 语言的空白，但随着时间推移，软件技术多有变化，很多内容需要调整，希望能迭代到第 2 版。

## 行业变迁

最近几年，技术浪潮正在重塑写作与知识管理的底层逻辑。

**首先，应用场景变得更加丰富。** Markdown 已成为一种大语言模型时代写作的通用语言，它不光能在不同平台间无缝迁移，还能通过 Pandoc、MarkItDown 等工具转换为不同格式的文档、图片、思维导图、知识卡片；通过大语言模型自动生成 PPT；搭配 Mermaid 语法直接生成各种图表。无论是日常笔记、职场写作、知识管理还是自媒体写作，Markdown 都能胜任，真正实现了"一次书写，多处复用"。

**其次，工具生态在不断迭代。** Typora 收费了，也更强大了，沉浸式体验依旧。VS Code（Visual Studio Code）在集成 GitHub Copilot 后更加智能，再加上 Cursor、Trae 等基于 VS Code 构建的智能代码编辑器的流行，使其更加普及。Obsidian 知识管理工具的出现，让用户彻底解放了大脑，它的插件生态和对 Markdown 的深度支持，让知识管理变得更加灵活、高效。ima. copilot、Notion AI、语雀、飞书文档、企业微信文档等工具，也都支持 Markdown，使 Markdown 成为跨平台协作的通用语言。

**最后，人工智能已经广泛普及。** DeepSeek、ChatGPT、Kimi、豆包、QWen 等大语言模型已经融入了人们的日常生活，Markdown 在提示词设计、规范输出、构建智能知识库等场景中都起到了至关重要的作用，很多工具集成了人工智能，让用户能够更加便捷地借助人工智能实现更高效的知识创作和管理。

## 新版升级

鉴于此，我决定对《了不起的 Markdown》的内容进行全面升级，为读者打造一本系统指南，打通"排版技巧—应用场景—语法规范—工具赋能—知识管理—智能协作"全链路。

全书包括以下三部分。

- 基础篇：聚焦规范表达。从现代排版的必要性及规范性讲起，全面讲解 Markdown 的应用场景、标准语法和扩展语法，提升排版效率和体验。
- 工具篇：聚焦高效落地。构建三大经典工具的使用指南，包括专注写作的 Typora、强大的 VS Code，以及现代知识管理集大成者 Obsidian。
- 实践篇：聚焦科学管理。基于知识管理的最佳实践，搭建基于 Obsidian 的笔记系统；介绍 Markdown 在大语言模型中的关键作用，包括结构化提示词、规范输出格式和文件无缝转换；结合 Obsidian Copilot 和 Cursor，探索智能知识管理的可能性。

## 本书特点

本书从排版需求出发，用 Markdown 满足基础需求，用扩展语法满足更多需求，借助工具提升写作体验，通过知识管理工具科学高效地管理内容，并结合大语言模型实现智能管理，形成完整的知识闭环。

以下是本书的几个主要特点。

**系统性与全面性**。本书从基础理论到实际案例，按照"排版技巧—应用场景—语法规范—工具赋能—知识管理—智能协作"的学习路径，每章围绕一个核心主题展开，内容层层递进，又相对独立，读者既可按顺序学习，也可选择性阅读。

**实用性与前瞻性**。本书不仅讲解理论，还提供了大量实际案例和操作步骤，帮助读者将所学知识直接用于实践。本书使用了最新版本的软件，结合最佳实践和行业动态，确保内容具有高度的时效性和前瞻性。

**简洁性与易读性**。本书不仅采用通俗易懂的语言，力求让每位读者都能轻松理解，还特别注重视觉呈现，配有大量的示例图片，帮助读者更直观地理解复杂的概念和操作流程。图片与文字相辅相成，既增强了内容的吸引力，也让学习过程更加轻松。

## 阅读指南

本书的主要结构如下。

第 1 章主要介绍排版的重要性，以及实现符合当代读者阅读习惯且符合大众审美的排版技巧。

第 2 章从 Markdown 的起源讲起，逐渐过渡到其工作原理、发展历程及典型的应用场景。

第 3 章全面系统地讲解 Markdown 语法，从标准语法、扩展语法到高级语法，由浅入深，帮助读者在 Markdown 的世界里畅通无阻。

第 4 章详细介绍 Typora 这款 Markdown 编辑器的业界标杆产品。在讲解每个功能时，都以使用场景开头，通过操作步骤展开，辅以示例图片，让读者更容易理解，方便动手实践。

第 5 章结合写作方面的应用实践，详细介绍 VS Code 这款强大的代码编辑器，以及如何通过插件将其打造成个性化、智能化的 Markdown 写作工具。

第 6 章详细介绍强大的知识管理工具 Obsidian，从界面布局、核心插件，到使之更强大和灵活的第三方插件，让读者通过丰富的案例，轻松掌握其使用方法和技巧。

第 7 章主要介绍如何基于 Obsidian 搭建科学的知识管理系统，以及 Obsidian 相关功能的最佳实践。

第 8 章详细介绍 Markdown 在大语言模型中起到的关键作用，从结构化提示词到规范化输出,再到如何将 Markdown 转换为思维导图、PPT 等,同时介绍如何利用 Obsidian 插件 Copilot 和 Cursor 打造智能知识管理工具。

## 读者定位

如果想了解现代写作排版的技巧,想学会大语言模型时代的通用语言,想沉浸式写作而不被外界干扰,想打造终身受用的笔记系统,想探索大语言模型时代的人机协作新范式,那么这本书正是为你准备的。

读完这本书,你能够得到以下收获。

(1)**系统掌握 Markdown**。无论你是初学者还是具有一定写作经验的人士,本书都能帮助你全面理解 Markdown 的基础语法、扩展语法及应用场景。通过清晰的结构和通俗易懂的语言,你将快速掌握这门先进的写作通用语言,从简单的排版到复杂的文档转换都能轻松应对。

(2)**提升写作效率与体验**。本书不仅讲解理论,还提供了大量应用案例和详细的操作步骤,帮助你通过 Markdown 实现沉浸式写作,避免被传统工具的复杂功能所干扰。无论是在日常笔记、职场写作中,还是在自媒体创作中,你都能通过 Markdown 获得高效、专注的写作体验。

(3)**构建高效的笔记与知识管理系统**。通过阅读本书的实践篇,你将学会如何利用 Markdown 和工具搭建科学的笔记系统,实现知识的灵活管理与复用。无论是个人学习还是团队协作,Markdown 都能成为你的知识管理利器。

(4)**适应技术变迁与智能升级**。本书结合了最新的工具生态和大语言模型的应用场景,帮助你在大语言模型时代探索人机协作的新范式。通过 Markdown,你可以设计结构化提示词、规范输出格式,轻松实现智能知识管理。

(5)**节省学习时间与精力**。本书整合了零散的学习资源,避免了初学者在收集信息时的低效与困惑。通过系统化地讲解和图文并茂的呈现方式,你可以在短时间内快速掌握 Markdown 的核心技能,将其灵活应用到实际工作中。

(6)**培养终身学习与创作的能力**。本书不仅是工具书,更是一本具有启发性的指南。通过学习 Markdown 和相关工具的使用方法,你将培养起现代写作与知识管理的思维方式,为终身学习和高效创作打下坚实的基础。

## 真诚致谢

撰写这本书花了三年时间,其间大部分创作工作是在陪着儿子写作业时完成的,从某种意义上说,是儿子陪着我走过了这段漫长的创作旅程。他亲眼见证了一本书从最初的构思,逐步生长、成形,直至出版的全过程。我也想借由自己的行动,让他懂得坚持的珍贵,让他明白,只要目标清晰笃定,路途虽远,行则将至。感谢儿子,也感谢我的妻子和女儿,没有她们的默默陪伴和支持,我是没有信心和时间完成这本书的。

我还要感谢电子工业出版社的宋亚东老师。在断断续续的创作过程中,我多次陷入自我怀疑,甚至几次险些放弃。每到那些"至暗"时刻,宋老师总能给予我鼓励,提出宝贵的建议,让我重拾信心,坚定地写下去。

最后,诚挚地感谢每位读者朋友。是你们购买了这本书,并给出积极的反馈,才让我有机会继续与大家分享。

如果对本书有任何建议,请联系我(邮箱:wirelessqa@163.com)。

毕小朋
2025 年 4 月

## 读者服务

微信扫码回复:50789

- 加入本书读者交流群,与更多读者互动。
- 获取【百场业界大咖直播合集】(持续更新),仅需 1 元。

# 目 录

## 基 础 篇

### 第 1 章 人人都该懂的现代写作排版 / 2

1.1 人人都应该写作 / 2
1.2 学会排版 / 3
1.3 排版的五个原则 / 4
1.4 文章结构的排版 / 5
 1.4.1 标题 / 5
 1.4.2 段落 / 7
 1.4.3 分组 / 8
 1.4.4 分割线 / 10
1.5 文章内容排版 / 11
 1.5.1 字体选择 / 11
 1.5.2 字号设置 / 12
 1.5.3 配色原则 / 12
 1.5.4 强调方式 / 13
 1.5.5 代码展示 / 13
 1.5.6 字间距的规范使用 / 14
 1.5.7 标点符号的规范使用 / 15
 1.5.8 拼写规范 / 16
 1.5.9 图片 / 16
1.6 排版效率 / 18
1.7 本章总结 / 18

### 第 2 章 人人都应会用 Markdown / 19

2.1 Markdown 的起源与设计理念 / 19
 2.1.1 Markdown 与 HTML 的关系 / 20
 2.1.2 Markdown 的工作流程 / 22
2.2 Markdown 的发展与语法扩展 / 22
 2.2.1 Markdown 的演进历程 / 23
 2.2.2 标准化的里程碑：CommonMark / 23
 2.2.3 流行的语法扩展：GFM / 24
2.3 Markdown 的写作与排版优势 / 24
 2.3.1 写作与排版的完美融合 / 24
 2.3.2 简单易学，人人皆可上手 / 25
 2.3.3 兼容性强大，适应多种写作场景 / 25
 2.3.4 专注写作，拒绝分心 / 25
 2.3.5 在智能时代的独特优势 / 25
2.4 Markdown 的适用场景与使用局限 / 26
 2.4.1 适用场景 / 26
 2.4.2 使用局限 / 30
2.5 Markdown 编辑器的不同类型 / 30
2.6 Markdown 的系统化学习指南 / 32

2.6.1　重视排版 / 32
2.6.2　学会语法 / 33
2.6.3　用好工具 / 33
2.6.4　融于实践 / 33
2.7　本章总结 / 33

# 第 3 章　人人都能学会 Markdown / 34

3.1　基础语法 / 34
　3.1.1　标题 / 35
　3.1.2　粗体和斜体 / 37
　3.1.3　段落与换行 / 38
　3.1.4　列表 / 39
　3.1.5　分割线 / 42
　3.1.6　图片 / 42
　3.1.7　链接 / 44
　3.1.8　行内代码与代码块 / 47
　3.1.9　引用 / 49
　3.1.10　转义 / 51
3.2　扩展语法 / 52
　3.2.1　删除线 / 52
　3.2.2　表情符号 / 52
　3.2.3　自动链接 / 54
　3.2.4　表格 / 54
　3.2.5　任务列表 / 57
　3.2.6　围栏代码块 / 57
　3.2.7　锚点 / 58
　3.2.8　脚注 / 60
　3.2.9　警告 / 60
3.3　高级语法 / 62
　3.3.1　上标和下标 / 62
　3.3.2　下画线 / 62
　3.3.3　高亮 / 63
　3.3.4　颜色 / 63
　3.3.5　字体 / 64
　3.3.6　字号 / 65
　3.3.7　缩进 / 65
　3.3.8　对齐 / 66
　3.3.9　图片大小 / 67
　3.3.10　注释 / 67
　3.3.11　折叠 / 68
3.4　本章总结 / 69

# 工　具　篇

# 第 4 章　沉浸式写作工具：Typora / 71

4.1　简介 / 71
　4.1.1　下载安装 / 72
　4.1.2　工作界面 / 73
　4.1.3　设置界面 / 77
4.2　格式排版 / 78
　4.2.1　下画线 / 79
　4.2.2　内联公式 / 79
　4.2.3　删除线 / 80
　4.2.4　高亮 / 80
　4.2.5　上标和下标 / 80
　4.2.6　注释 / 81
　4.2.7　清除样式 / 81
　4.2.8　图像 / 81
4.3　段落排版 / 89
　4.3.1　表格 / 91
　4.3.2　代码块 / 92
　4.3.3　公式块 / 94
　4.3.4　警告框 / 94
　4.3.5　目录 / 95

4.3.6 图表 / 96

4.4 实用功能 / 99

4.4.1 插入表情符号 / 100

4.4.2 用好空格与换行 / 100

4.4.3 文件的版本控制 / 102

4.4.4 文件的导入和导出 / 103

4.4.5 开启沉浸式写作 / 105

4.4.6 选择心仪的主题 / 106

4.4.7 自定义快捷键 / 108

4.4.8 实现云同步 / 109

4.5 本章总结 / 110

# 第 5 章　极客式写作工具：VS Code / 111

5.1 简介 / 111

5.1.1 下载安装 / 112

5.1.2 工作界面 / 112

5.1.3 安装中文插件 / 113

5.1.4 安装主题插件 / 114

5.1.5 扩展插件设置 / 115

5.1.6 命令面板 / 116

5.1.7 迁移快捷键习惯 / 118

5.1.8 自定义快捷键 / 118

5.2 高效编辑 Markdown / 119

5.2.1 分屏预览 / 119

5.2.2 大纲视图 / 120

5.2.3 查找标题 / 121

5.2.4 路径补全 / 122

5.2.5 拖动插入图片和文件链接 / 122

5.2.6 自定义代码片段 / 123

5.2.7 折叠内容 / 125

5.2.8 禅模式 / 125

5.3 全面强化 Markdown / 126

5.3.1 代码块 / 127

5.3.2 表格 / 128

5.3.3 Font-Awesome / 129

5.3.4 CriticMarkup / 129

5.3.5 警告 / 130

5.3.6 绘图 / 131

5.3.7 插入目录 / 133

5.3.8 主题 / 134

5.3.9 幻灯片 / 134

5.3.10 导入文件 / 136

5.3.11 导出文件 / 137

5.4 继续增强 Markdown / 137

5.4.1 提升写作效率 / 138

5.4.2 强化图片管理 / 139

5.4.3 语法检查 / 140

5.4.4 拼写检查 / 142

5.4.5 实时预览 / 142

5.4.6 转换为思维导图 / 143

5.4.7 增强表格能力 / 144

5.4.8 打印 Markdown 文件 / 145

5.5 GitHub Copilot / 145

5.5.1 开始聊天 / 147

5.5.2 添加上下文 / 147

5.5.3 自动补全 / 149

5.5.4 快速聊天 / 151

5.5.5 编辑器内联聊天 / 151

5.5.6 解释内容 / 152

5.5.7 用 Trae CN 替代 / 153

5.6 本章总结 / 153

# 第 6 章　现代化写作工具：Obsidian / 154

6.1 认识 Obsidian / 154

6.1.1 简介 / 154

6.1.2 下载安装 / 155

- 6.1.3 欢迎界面 / 155
- 6.1.4 工作界面 / 157
- 6.1.5 偏好设置 / 158
- 6.1.6 外观设置 / 159
- 6.1.7 功能扩展 / 162
- 6.1.8 快捷操作 / 166
- 6.2 编辑文件 / 171
  - 6.2.1 创建文件 / 171
  - 6.2.2 编写笔记 / 183
  - 6.2.3 编辑技巧 / 203
- 6.3 查看文件 / 208
  - 6.3.1 打开文件 / 208
  - 6.3.2 Web Viewer / 215
  - 6.3.3 大纲 / 217
  - 6.3.4 切换文件 / 217
  - 6.3.5 页面预览 / 219
  - 6.3.6 关系图谱 / 220
  - 6.3.7 幻灯片 / 223
  - 6.3.8 漫游笔记 / 224
- 6.4 管理文件 / 224
  - 6.4.1 删除与恢复文件 / 224
  - 6.4.2 修改文件 / 226
  - 6.4.3 使用标签 / 227
  - 6.4.4 添加属性 / 229
  - 6.4.5 添加书签 / 232
  - 6.4.6 搜索文件 / 235
  - 6.4.7 导出文件 / 240
- 6.5 管理 Obsidian / 241
  - 6.5.1 工作区 / 241
  - 6.5.2 更新与账户 / 243
  - 6.5.3 管理仓库 / 243
- 6.6 本章总结 / 244

## 实 践 篇

### 第 7 章 搭建你的笔记系统 / 246

- 7.1 搭建笔记系统的结构 / 246
  - 7.1.1 梳理知识管理的流程 / 246
  - 7.1.2 搭建笔记系统的主目录 / 247
  - 7.1.3 搭建笔记系统的子目录 / 249
  - 7.1.4 制定笔记管理的规则 / 250
- 7.2 用文件夹分类存储文件 / 251
- 7.3 用文件名快速识别文件内容 / 253
- 7.4 用标签实现多维分类 / 255
  - 7.4.1 养成习惯，逐步完善 / 255
  - 7.4.2 合理分类，按需分层 / 256
  - 7.4.3 借助插件，管好标签 / 256
- 7.5 用属性实现动态分析 / 257
  - 7.5.1 定义通用属性 / 257
  - 7.5.2 制作属性模板 / 259
  - 7.5.3 动态组织笔记 / 259
- 7.6 用双链构建知识网络 / 260
  - 7.6.1 构建信息网络 / 260
  - 7.6.2 辅助写作思考 / 260
  - 7.6.3 增强信息连接 / 261
- 7.7 用内容地图快速导航 / 262
- 7.8 用主页实现全局导航 / 264
  - 7.8.1 创建主页 / 264
  - 7.8.2 编辑主页 / 265
- 7.9 本章总结 / 268

### 第 8 章 打造你的智能助理 / 269

- 8.1 Markdown 与大语言模型的协同 / 269
  - 8.1.1 结构化提示词 / 270
  - 8.1.2 结构化提示词设计工具：

LangGPT / 272
- 8.1.3 借助大语言模型编写提示词 / 275
- 8.1.4 用 Markdown 规范输出格式 / 278

## 8.2 为构建智能助手做好准备 / 289
- 8.2.1 调用平台的 API / 289
- 8.2.2 使用 Ollama 本地部署 / 290

## 8.3 借助 Copilot 打造 Obsidian 智能助手 / 291
- 8.3.1 配置模型 / 291
- 8.3.2 基础对话 / 293
- 8.3.3 本地问答 / 294
- 8.3.4 使用命令 / 296
- 8.3.5 自定义命令 / 298
- 8.3.6 自定义提示词 / 300
- 8.3.7 小结 / 301

## 8.4 用 Cursor 实现智能知识管理 / 301

## 8.5 本章总结 / 306

# 基 础 篇

# 第1章
# 人人都该懂的现代写作排版

现代写作排版，指的是符合当代读者阅读习惯的排版方式。随着科技的进步，阅读载体已经从传统的纸质书籍扩展到了智能手机、平板电脑等电子设备。尤其是智能手机，凭借其便携性和即时性，成为人们获取信息的首选工具，不仅改变了人们的生活、学习和工作方式，还使信息的获取与处理变得更加高效。同时，微博、微信公众号、今日头条、知乎、简书等新媒体平台的兴起，也悄然重塑了现代人的阅读习惯。因此，写作排版也要与时俱进，适应这些变化。

本章将介绍现代写作排版的技巧，帮助你轻松掌握符合大众审美的排版方式。

## 1.1 人人都应该写作

在讨论排版之前，还是要先谈谈写作，如果没有写作，排版则无从谈起。

为什么要写作？这是一个老生常谈的问题。对于一个职场人来说，至少可以归结为以下三点。

### 1. 写作是最有效的学习方式

写作是一种输出驱动的学习过程，它迫使我们将发散的思维整理成结构化的表达，通过文字梳理逻辑、提炼观点。很多人"会做不会说"，根源在于缺乏对深度思考和表达的训练。写作不仅能倒逼我们输入知识，还能锻炼我们系统性思考、分析与表达的能力，这种能力是学习的核心。

### 2. 写作是职场竞争力的放大器

一个人的写作能力往往折射出他的思维深度和知识储备，正如杰森·弗里德（Jason Fried）

在《重来》中所说:"如果你要从一堆人中挑出一个职位的合适人选,就雇那个写作最厉害的人。"无论你是营销人员、设计师还是程序员,优秀的写作能力都能让你在竞争中脱颖而出。

### 3. 写作是扩大影响力的最佳工具

罗振宇曾提到,未来社会的核心资产是影响力,而写作和演讲是放大个人影响力的最佳方式。文字的力量在于,它能以极低的成本实现规模化传播。一篇优质的文章,可以跨越时间和空间,持续影响更多人。

由此可见,无论是自我提升、职场竞争,还是扩大影响力、打造个人品牌,写作都是不可或缺的能力。若不想被茫茫人海淹没,那就持续写作吧。而当内容足够优秀时,排版则成为抓住读者注意力的隐形武器。

## 1.2 学会排版

有人可能会疑惑,排版不是每个人都会吗?还要学什么?其实,排版能力并非人人都有,也没那么容易掌握,原因不是技术上有多难,而是很多人对排版不重视。很多人可能认为,只要内容好就行了,排版不重要。事实上,排版与内容相辅相成,在很大程度上影响阅读体验。内容是文章的思想和灵魂,排版则是外貌,想吸引并留住读者,不光内容要好,观感也同样重要。

在信息过载的时代,所有产品都在争夺用户的注意力,如果文章无法提供良好的阅读体验,那么即使内容再精彩,也难以让读者耐心读完。就像很多人喜欢看经典老电影,那些豆瓣评分很高的电影,内容已经足够好了,可非高清的画质还是会让人望而却步,而经过 4K 数字修复的老电影则备受欢迎。

另外,排版还体现了一个人的品位和态度,就像一个人的衣着品位和生活态度一样。都说字如其人,文章更如其人。在互联网世界,我们的形象都体现在发表的言论和文章中,舒适的排版更容易让读者耐心读完文章,从而有机会理解我们要表达的观点。正如英国哲学家罗素所说:"一个人的外表,就是一个人价值的外观。它藏着你自律的生活,还藏着你正在追求着的人生。"

所以说,好的文章需要"内外兼修",至少做到以下三点。
- 可读:言之有物。
- 好懂:易于理解。
- 好看:界面舒适。

可读是指文章的内容是可读的,确保言之有物。好懂是指结构和逻辑是清晰的,表述易于理解,最好做到图文并茂。好看是指界面是简洁的、友好的、舒适的。而排版的作用就是让文章既好懂又好看,这正好契合了用户体验研究先驱雅各布·尼尔森(Jakob Nielsen)提出的网上文本可用性的三个方面：易读性、可读性和可理解性。

排版无处不在。图书、博客、新闻、微信公众号、幻灯片、邮件、说明书、宣传册、智能平台输出的内容上都有排版，可以说有文字的地方就有排版。

对于排版，Adobe 是这样定义的：通过妥善安排文字，营造最理想的阅读体验。而维基百科对排版的解释是：在固定版面内，摆置各种形态的资料，如数字、文字、表格、图形和影像等，以最合适的方法将这些资料呈现。无论是印刷品中的版面安排，还是网页文案的编排，若要引人注意和提高阅读的舒适度，都应留意排版方面的问题。

简单来说，文章如果想让人读起来舒适，就得对文字、表格、图片等进行合理的排列调整，这就是排版。

那么，如何才能通过排版来提升文章的阅读体验呢？

## 1.3 排版的五个原则

有句话叫"听过很多道理，却依然过不好这一生"，同样地，即使看过很多文章，却还是不知道什么才是好的排版。其实，好的排版就是好的设计，设计往往有迹可循，当缺乏明确的标准时，借鉴被广泛接受的方案是最稳妥的选择，毕竟能被大众所接受就是最好的证明。

如果研究过苹果官网的文字排版、一些优秀的文章排版和各种开源的排版指南，就不难发现，好的排版通常遵循五个原则：结构清晰、版面舒适、重点突出、符合习惯、距离适宜。

（1）**结构清晰**：**逻辑 + 结构**。结构体现了逻辑，逻辑支撑了结构。结构就像路标，读者既能总览全局，又能直达目的地，千万不要让读者读了半天都不知道核心观点是什么。

（2）**版面舒适**：**克制 + 审美**。文章里不要花里胡哨地搭配各种颜色，不要有乱七八糟的各种不统一，不要什么元素都加。先保持克制，不管是字体大小还是配色，尽量保持统一，简单就好。然后才是审美，多看、多学、多改，才能提升品位。

什么叫不克制？元素太多，重点太多，就是不克制，如图 1-1 所示。

（3）**重点突出**：**重点 + 标注**。读者在阅读时会画重点，如果作者把重点都标注好了，想想这种体验该有多好。

（4）**符合习惯**：**默认 + 流行**。用默认的字体、字号是最安全的。流行的排版就是符合大众审美的排版。

（5）**距离适宜**：**留白 + 间距**。距离适宜体现在空行、字间距、行间距、段间距上。都说距离产生美，适当的间距会让阅读更舒适。

明确原则之后，排版就有了方向。本章介绍的所有排版规则和技巧都遵循这些原则，主要体现在结构、大小、间距、配色和图片等元素上。

图 1-1　左图是不克制的，右图就舒适很多

## 1.4　文章结构的排版

一篇文章可以看作一个个模块的组合，这些模块由标题、段落、空行、分组信息和分割线组成，按照一定的逻辑排列在一起，搭建起了文章的整体结构。逻辑清晰、排版舒适的结构，有助于提升文章的信息传递效率和读者的阅读体验，如图 1-2 所示。

### 1.4.1　标题

正所谓："看书先看皮，看报先看题"，标题对于一篇文章的重要性不言而喻。

**1. 标题的描述要清晰准确**

文章要有标题，特别是长文，标题能起到导航作用。不管是读书还是读文章，很多人的习惯是通过目录来了解整体结构，再细品或选择性地阅读。目录就是由标题构成的，模糊的标题如同错误的路标，不仅无法引导读者，反而会加速他们的离开。所以标题要能像思维导图一样，展现文章的整体思路，如图 1-3 所示。

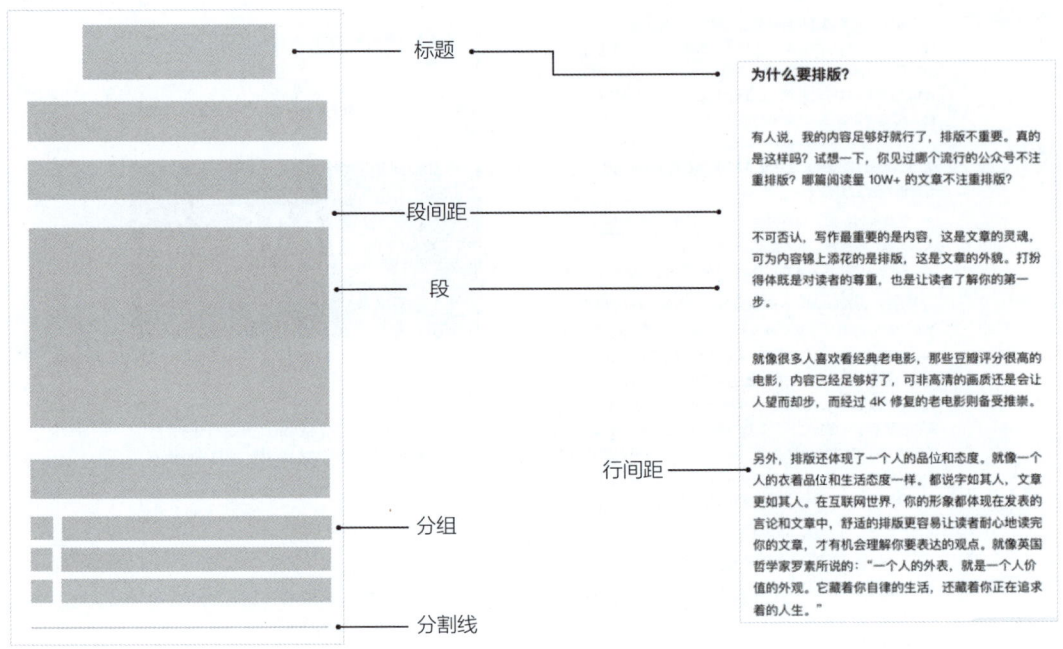

图 1-2　文章的结构

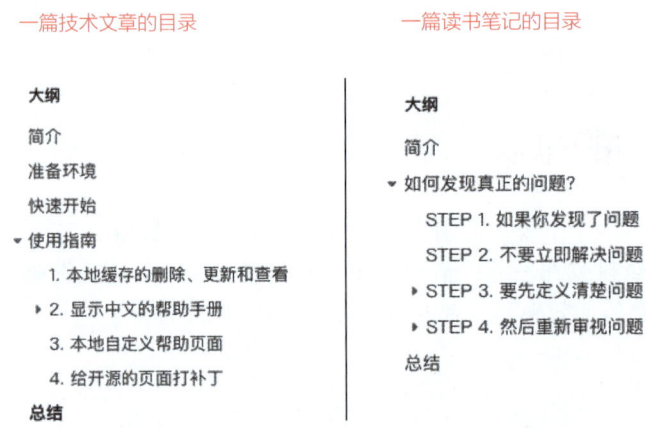

图 1-3　目录与标题的示例

**2. 标题的层级关系要明确**

一般建议标题不超过四级，如果再多就会导致标题字号与正文字号接近，容易分不清标题和正文。为了层次分明，为标题使用不同的颜色或加上图标是比较常用的做法。还要注意，下级标题的内容不能与上级标题相同，标题要逐级递增，不要跳级，否则看起来逻辑混乱。

为了增强逻辑关系，也可以给标题添加序号，但要避免同级标题下只有一个编号，如图 1-4 所示。

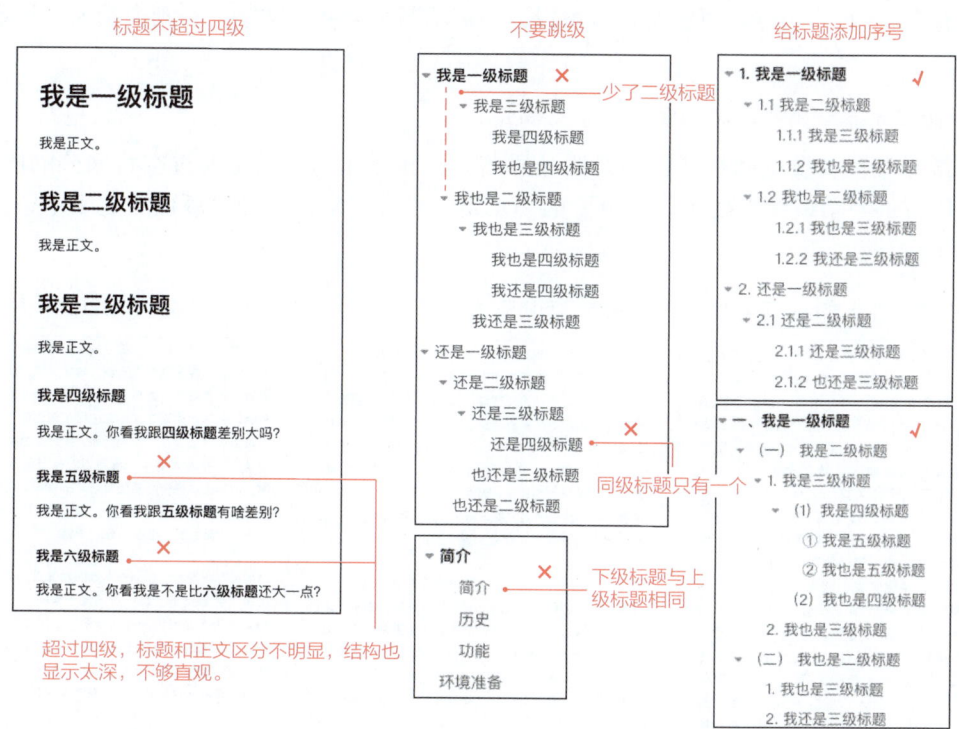

图 1-4　层级关系示例

### 3. 标题与正文区分要明显

标题的另一个作用是将文章分段，为了让读者在读长文章时能够舒缓一下，减轻阅读压力。要将标题与正文区分开来，一般建议上级标题字号大于下级标题字号，标题字号大于正文字号。也可以通过样式将标题与正文进行区分，但同级标题的样式要一致，以此保证文章风格统一，如图 1-5 所示。

## 1.4.2　段落

段落由一个或几个句子组成，在内容上具有相对完整的意思，在结构上体现了文章的层次。

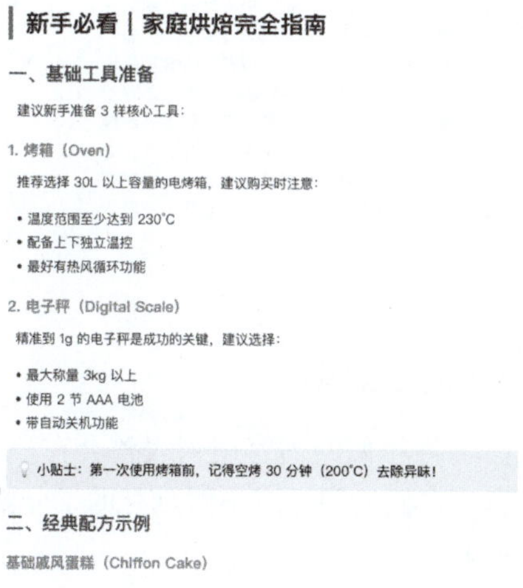

图 1-5　标题与正文区分明显

#### 1. 段落不要太长，善用空行创造呼吸感

如果段落太长，看着就很累，而且很容易看岔行。为了实现更好的阅读体验，一般建议每段文字有 3～5 行，当然，再多两行也可以。切记不要全屏塞满文字，否则会给人一种窒息的感觉。

#### 2. 段首不要空两格，段间距要大于行间距

传统排版段首要空两格，目的是区分段落。而新媒体的排版是通过空行来分隔段落的，因此，段首的空格就没必要了。更重要的一点是，段首的空格会导致版面看起来不整齐，如图 1-6 所示。

图 1-6　分段和对齐

### 1.4.3　分组

将相似的内容用列表整合在一起是对信息的归类分组。而列表又分为有序列表和无序列表，它们的序号或小圆点有助于分割大段文字，突出关键信息，让复杂的信息更容易被阅读和理解。

#### 1. 用列表对文章中的同类信息进行分组

当处理复杂信息时，合理分组能显著提升阅读效率。未分组的内容可能会导致信息过载，从而影响理解速度。未分组的案例如下。

我需要买水果、蔬菜、肉类和零食。水果包括苹果、香蕉和橙子；蔬菜有胡萝卜、西蓝花和土豆；肉类包括鸡胸肉和牛肉；零食则有薯片和巧克力。

这段文字虽然信息完整，但没有分组，所有内容混在一起，阅读起来不够清晰，尤其是当信息量较大时，容易让人感到混乱。优化后的分组列表如下。

购物清单：
- 水果
  - 苹果
  - 香蕉
  - 橙子
- 蔬菜
  - 胡萝卜
  - 西蓝花
  - 土豆
- 肉类
  - 鸡胸肉
  - 牛肉
- 零食
  - 薯片
  - 巧克力

通过分组，信息被清晰地分类，每类内容都单独列出，阅读起来更加直观，也更容易找到需要的信息。分组后的列表不仅提升了可读性，还让复杂的信息更容易被理解和记忆。

#### 2. 当需要强调列表项的顺序时使用有序列表

有序列表适用于操作步骤、排名或其他需要按特定顺序排列的信息。例如：

将大象放进冰箱需要以下三个步骤。

（1）打开冰箱门；

（2）将大象放进冰箱；

（3）关闭冰箱门。

这种结构清晰地展示了步骤的先后顺序，确保信息传达准确。

#### 3. 当列表内容的顺序和数量不重要时使用无序列表

无序列表的特点是各项目之间为并列关系，没有先后顺序，适合表达一组同等重要的信息。例如：

出门时一定要记得带：

- 手机；
- 钥匙；
- 充电宝。

使用无序列表时，需注意以下几点。

（1）**列表项长度应尽量一致**，以保持整体美观，避免因内容长短不一而显得杂乱。

（2）**避免过于冗长的描述**，尽量用简短的词语或短语代替复杂句子。

**不建议的写法如下。**

上学时要记得带：

- 书包；
- 装满了温水的水杯；
- 市民卡；
- 那件秋天穿的防风防雨的蓝色外套；
- 红领巾。

**建议的写法如下。**

上学时要记得带：

- 书包；
- 水杯；
- 市民卡；
- 外套；
- 红领巾。

## 1.4.4　分割线

分割线是一条水平线，用于分隔文章内容，帮助读者区分不同部分的语义关系。当内容前后差异较大时，分割线可以明确标识出两部分内容，避免读者混淆。

在公众号文章中，分割线常用于正文与推广信息之间，起到视觉分隔的作用。例如，正文结束后，作者可以通过插入分割线，将后续的推广内容（如商品推荐、活动信息等）与正文区分开，使文章结构更清晰，阅读体验更流畅，如图1-7所示。

通过合理使用分割线，可以提升文章的逻辑性和可读性，同时帮助读者快速理解内容的层次关系。

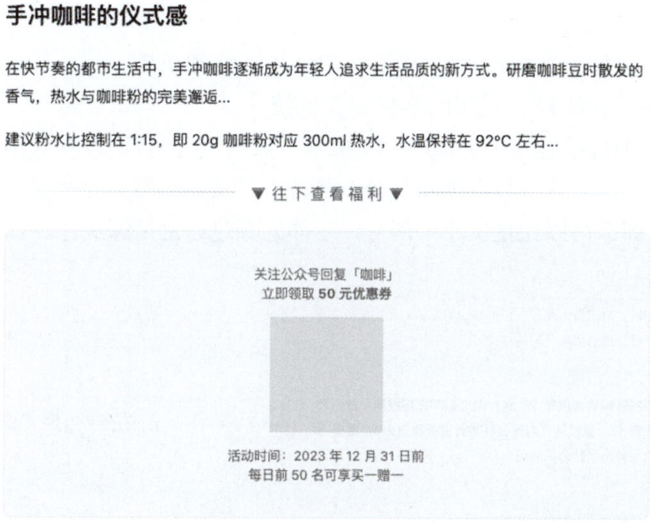

第 1 章　人人都该懂的现代写作排版

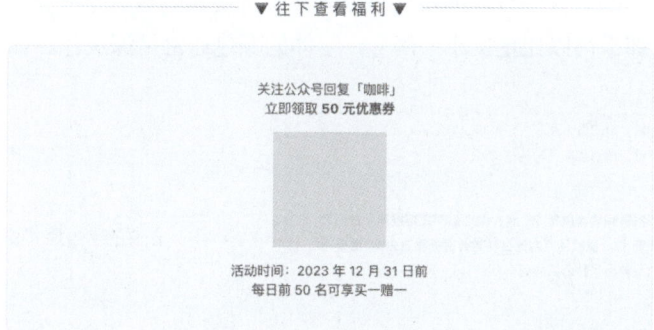

图 1-7　分隔线的效果

## 1.5　文章内容排版

文章内容排版是提升阅读体验的重要环节，涉及字体、字号、配色、强调方式、代码高亮及标点规范等方面。

### 1.5.1　字体选择

- 字体应符合用户的阅读习惯，优先选择编辑器默认字体以确保兼容性。
- 全文字体和字号需要保持统一，建议最多使用三种字体，避免视觉混乱，如图 1-8 所示。

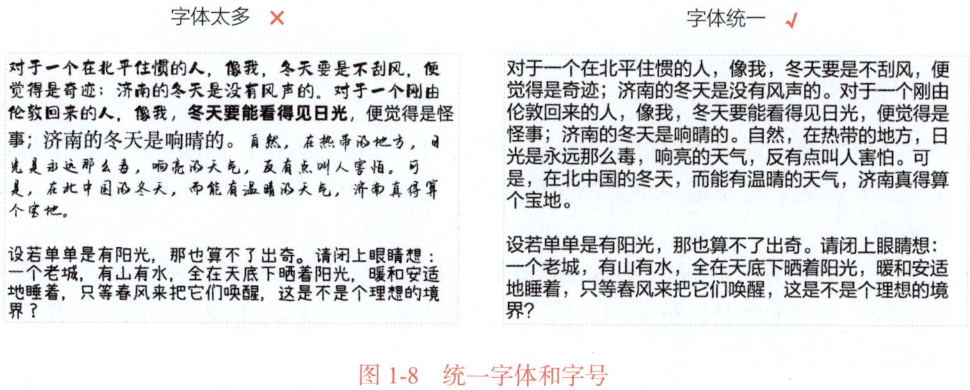

图 1-8　统一字体和字号

## 1.5.2 字号设置

- 字号大小的设置规则：标题 > 小标题 > 正文 > 注释和引用。
- 同级标题、正文、注释、引用的字号要保持统一。

电子屏幕显示的内容推荐字号为 14 ～ 17 像素（如网页），我比较喜欢用 15 像素，这也是很多编辑器（比如语雀）的默认字号，而微信公众号和今日头条的默认字号是 17 像素。如果正文中用到了注释和引用，那么可以比正文小一两号，字体的颜色通常是深灰色，如图 1-9 所示。

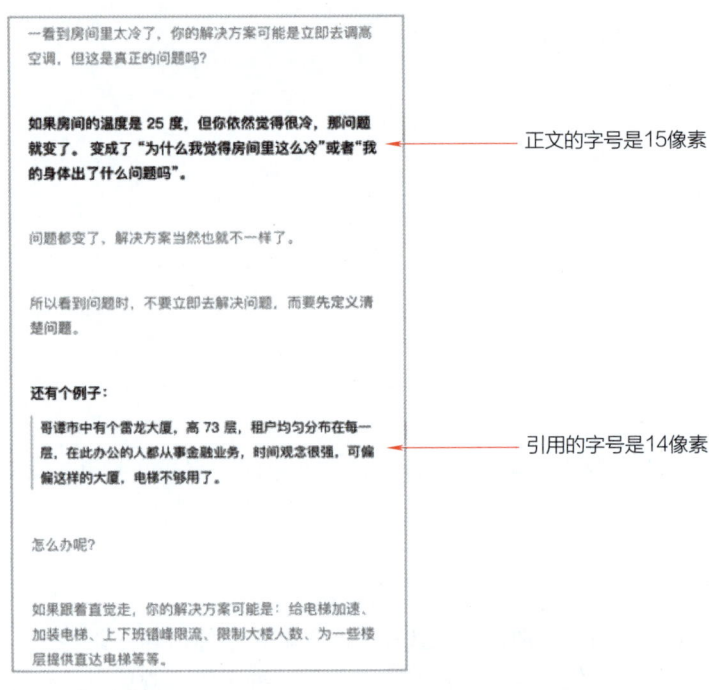

图 1-9　正文和引用的字体颜色和字号都有区分

## 1.5.3 配色原则

- **配色不要太乱，最好不超过三种。** 做幻灯片有一个配色原则，在同一个画面中最好不要超过三种颜色，这也适用于文章配色，即一篇文章中的配色最好不要超过三种，避免视觉疲劳。
- **配色不要太鲜艳，最好是经典的黑白配。** 颜色太过鲜艳会给人一种压迫感，要尽量避免。较常见的配色是：正文用黑色，引用和注释用深灰色，重点内容用一种亮色（如橙色或蓝色）强调。

### 1.5.4　强调方式

- 在文章中通过设置不同的字体样式（加粗、斜体、下画线和颜色）增加视觉效果，达到强调重点的目的。但要保持克制，如果强调过多，全都是重点，也就相当于没有重点了。
- 杂乱无章的强调也会引起读者的不适，一般建议通过加粗和使用亮色来强调重点，少用或不用斜体和下画线，如图 1-10所示。

不同视角的两种方案虽不完全互斥，但也反映出了不同的倾向。

很多人在没有定义好问题的时候就仓促地给出解决方案，甚至经验丰富的人也可能迫于环境压力耐不住性子，尽管这时能找到很多方法来解决问题，但不一定对症。

每个人都认为自己是对的，但千万别忽略了每个人的能力、经验、视角、知识都是不同的，给出的解决方案当然也不尽相同，只有在一定程度上找到共识，才有可能真正地切中问题的要害。

**所以，想成为善于解决问题的人，首先要从单一思维模式切换成多重思维模式，即从“能解决一个问题的人”到“能解决很多问题的人”。**

**为了实现这个切换，你应该先问问：谁碰到了问题？然后针对每一个群体，分别问问：问题的本质是什么？**

**也就是定义问题。**

图 1-10　通过加粗来强调重点

### 1.5.5　代码展示

代码要用代码块包裹，以便与正文区分开来，而且要明确使用语言（如 Python、JavaScript），只有明确了语言，代码才能正确地被高亮显示，如图 1-11 所示。

`tldr` 命令有非常多的实现版本，各种语言都有，但官方文档上说 Node.js 版本是目前为止最成熟的版本，也是官方维护的版本。

使用 npm 安装：

```
1 | $ npm install -g tldr
```

如果是 macOS，推荐使用 brew 安装：

```
1 | $ brew install tldr
```

**star 最多性能最好的当然是 rust 版本（推荐）：**

```
1 | $ cargo install tealdeer
2 |
3 | # 或
4 | $ brew install tealdeer
```

图 1-11　代码高亮显示

## 1.5.6 字间距的规范使用

字间距的设置不仅影响排版美观与否，还直接影响阅读体验。除了字间距本身，空格、全角和半角的使用也会显著影响观感。以下是具体的规范和示例。

1. 加空格的情况

① 中文与英文之间加空格。示例：

> √：我会用 Python 写代码。
> ×：我会用Python写代码。

② 中文与数字之间加空格。示例：

> √：我早上吃了 2 个大包子。
> ×：我早上吃了2个大包子。

③ 数字与单位之间加空格（度数符号和百分号除外）。示例：

> √：我的电脑存储空间还有 430 GB 可用。
> ×：我的电脑存储空间还有 430GB 可用。
>
> √：昨天的气温有 31° 之高，公园里有 90% 的人都穿着短袖。
> ×：昨天的气温有 31 ° 之高，公园里有 90 % 的人都穿着短袖。

④ 数字与运算符之间加空格。示例：

> √：1 + 1 = 2、2 * 2 = 4
> ×：1+1=2、2*2=4

⑤ 使用 >（半角）标识路径时，两边加空格。示例：

> √：Erase data and settings in Settings > General > Reset > Erase all Content and Settings
> ×：Erase data and settings in Settings>General>Reset>Erase all Content and Settings
>
> √：抹掉所有内容和设置的操作步骤：设置 > 通用 > 还原 > 抹掉所有内容和设置
> ×：抹掉所有内容和设置的操作步骤：设置>通用>还原>抹掉所有内容和设置

2. 不加空格的情况

① 中文标点符号与数字、中文、英文之间不加空格。示例：

> √：MacBook Pro（15 英寸，2016 年年末）
> ×：MacBook Pro（ 15 英寸，2016 年年末 ）

② 英文和数字组合成的名字之间不加空格。示例：

> √：双核 Intel Core i7 处理器。
> ×：双核 Intel Core i 7 处理器。
>
> √：iPhone 6s Plus 现有深空灰、银、金和玫瑰金四种颜色，配备 A9 芯片、3D Touch。
> ×：iPhone 6 s Plus 现有深空灰、银、金和玫瑰金四种颜色，配备 A 9 芯片、3 D Touch。

③ 当 /（半角）表示"或""路径"时，与前后的字符之间均不加空格。示例：

> √：/Volumes/warehouse/README.md

✕：/ Volumes / warehouse / README.md

✓：小明精通 "Python/Java/Go/Swift" 的 Hello World 打印语法。
✕：小明精通" Python / Java / Go / Swift" 的 Hello World 打印语法。

④ 负号后不加空格。示例：

✓：3 - 5 = -2
✕：3 - 5 = - 2

### 3. 全角和半角的使用

全角和半角的区别主要体现在字节占用和间距上。

- 全角：中文标点符号，占 2 字节。如 ",。；：！#"。
- 半角：英文标点符号和数字，占 1 字节。如 ",.;:!#"。

① 中文排版中使用全角标点符号。示例：

✓：怒发冲冠，凭栏处，潇潇雨歇。
✕：怒发冲冠, 凭栏处, 潇潇雨歇.

② 英文排版中使用半角标点符号。示例：

✓：Get support by phone, chat, or email, set up a repair, or make a Genius Bar appointment.
✕：Get support by phone，chat，or email，set up a repair，or make a Genius Bar appointment。

## 1.5.7　标点符号的规范使用

标点符号对于很多人来说是最熟悉的陌生人。虽然它们随处可见，但也很容易用错，以下是省略号和顿号的规范用法。

### 1. 省略号（……）

- **排版规则**：省略号在中文中占两个汉字空间，包含六个点。
- **使用规则**：省略号和"等""等等"不能同时使用。如果已经使用了省略号，就不应再添加"等"或"等等"。

✓：中国足球还有很长的路要走……
✕：中国足球还有很长的路要走…
✕：中国足球还有很长的路要走。。。。。。

✓：我喜欢篮球、足球、羽毛球 …… 各种球。
✓：我喜欢篮球、足球、羽毛球等各种球。
✕：我喜欢篮球、足球、羽毛球 …… 等各种球。

输入建议：使用 Shift + 6 输入六个点，避免使用三个点或六个句号。

### 2. 顿号（、）

- **排版规则**：顿号用于句子内部并列词语之间的停顿。
- **使用规则**：

◇ 不要在"和""与""或""及"等连词前使用顿号。
◇ 标有引号或书名号的并列成分之间不应使用顿号。

√：我用过的手机有小米、苹果、魅族和华为。
×：我用过的手机有小米，苹果，魅族和华为。
×：我用过的手机有小米、苹果、魅族、和华为。

√：在"和""与""或""及"等连词前不应使用顿号。
×：在"和"、"与"、"或"、"及"等连词前不应使用顿号。

√：Eric 寒假看完了《哈利·波特》《手斧男孩》《猫头鹰王国》。
×：Eric 寒假看完了《哈利·波特》、《手斧男孩》、《猫头鹰王国》。

## 1.5.8 拼写规范

专有名词常出现在文章、邮件甚至简历中，虽然不规范的拼写不会影响内容理解，但会给人留下不专业的印象。以下是专有名词的推荐或不推荐拼写方式，如表 1-1 所示。

表 1-1 专有名词的推荐或不推荐拼写方式

| 推荐拼写 | 不推荐拼写 |
| --- | --- |
| iPhone 16 | IPhone16 |
| macOS | MacOS |
| Google | google |
| MySQL | mysql |
| Python | python |
| Android | android |
| MacBook Pro | macbookpro |
| iOS | ios |
| GitHub | github、Github |
| Markdown | MarkDown、MARKDOWN |
| Word | word |

建议：在使用专有名词时，尽量与官方写法保持一致，以确保文章的专业性和一致性。这不仅提升了文章的观感，也避免了因拼写不规范而产生的误解。

## 1.5.9 图片

正所谓"一图胜千言"，图片在文章中的作用不容小觑。合理的图片排版不仅能增强文章的层次感，还能让内容更加直观易懂，从而提升整体阅读体验。以下是关于图片排版的几点建议。

1. 图片与文章风格的协调性

- **风格统一**：图片的内容、颜色、大小（尤其是宽度）以及与正文的间距，都应与文章整体风格保持一致。避免在严肃的文章中插入搞笑图片，反之亦然。
- **内容匹配**：确保图片与文章内容紧密相关，避免使用无关或风格冲突的图片。

2. 图片与文字的位置关系

- **信息主导**：当图片是主要信息来源时，将其置于相关文字描述的上方，以便读者先通过图片获取直观信息。
- **辅助说明**：当文字是主要信息载体时，图片可置于文字描述下方，作为辅助说明，帮助读者更好地理解内容。

3. 图片的视觉分割

为图片添加边框，特别是在以文字为主的图片中，可以有效区分正文与图片，提升视觉清晰度，如图 1-12 所示。

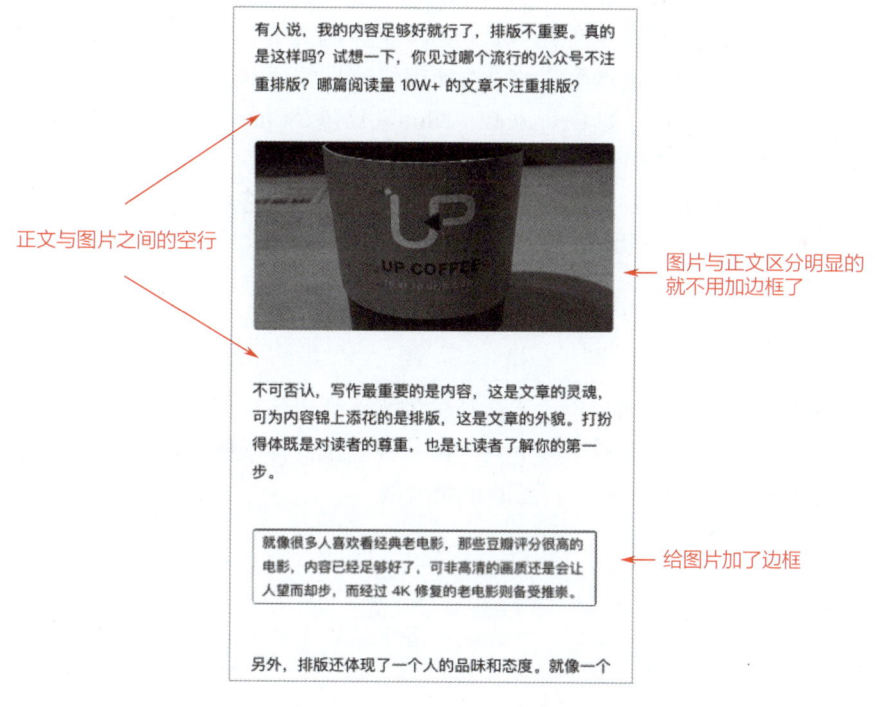

图 1-12　图片的排版样式

至此，排版的规则和技巧都讲完了，接下来讲讲排版效率。

## 1.6　排版效率

排版效率直接影响写作效率，而影响效率的核心因素主要有两点：规则的熟练程度和工具的使用效果。

当我们还不熟悉排版规则时，想设计出舒适的版面是要花些心思和时间的。正所谓"熟能生巧"，唯有熟练方能生巧。想要记住这么多排版规则并不容易，但也没什么捷径，只有不断写作、不断排版、不断改进，逐步形成肌肉记忆，最后内化成习惯，才能真正快起来。这就跟我们刚开始学习用键盘打字一样，从熟悉键盘的按键分布，到不用看键盘盲打，是一个必经的过程，好处是只要掌握了就很难忘记。

另外，写作和排版都要用工具。工具好不好用，用得是否熟练，也同样影响排版效率。

现在的写作工具有很多，常用的有 Word、印象笔记、有道笔记、语雀、Obsidian、Notion、飞书等，在选择时我们通常会考虑工具的通用性、易用性和兼容性。通用性是指能满足不同场景的写作需求；易用性是指操作简单、容易上手；兼容性是指软件本身在各操作系统中都能兼容，内容方便移植，且不会出现格式错乱的问题。当然，免费更好。

想同时满足这些需求，恐怕只能用 Markdown 了。但其实 Markdown 并不是写作工具，而是一种轻量级标记语言，旨在通过简洁的语法实现快速排版，也是目前最流行的写作方式，与很多写作工具和人工智能平台（如 DeepSeek、Kimi、豆包、ChatGPT 等）结合得也非常好，是高效写作和知识管理的最佳伴侣。

总之，排版效率的提升需要规则与工具的双重支持。只有将规则内化为习惯，并借助高效的工具，才能真正实现"如鱼得水"的写作体验。

## 1.7　本章总结

本章介绍的排版规则和技巧，也许不会让你的文章变得惊艳四方，但至少能让它符合电子阅读时代的大众审美，让读者有耐心读下去，而不被别扭的排版所干扰。但若想进一步提升水平，还得不断提升审美，探索出属于自己的排版风格。

# 第 2 章
# 人人都应会用 Markdown

在智能写作时代,一些奇怪的符号在网上悄然流行起来,从技术文档到社交媒体,几乎随处可见。比如通过人工智能平台获取答案时,点击复制,会得到一段被各种符号标记的内容。在飞书文档或 ima.copilot 输入不同数量的 # 会切换标题等级,输入 - 会显示列表。这些符号是什么?为何会如此流行?

本章将探究 Markdown 的前世今生,帮助你全面了解 Markdown 的特性及应用场景。

## 2.1　Markdown 的起源与设计理念

Markdown 是一种轻量级的标记语言,主要用于网络写作和排版。它的创始人是约翰·格鲁伯(John Gruber),他在 2004 年创造了 Markdown 语言。亚伦·斯沃茨(Aaron Swartz)参与了 Markdown 早期的设计讨论,Markdown 的核心语法由约翰·格鲁伯主导完成,基本信息如表 2-1 所示。

凭借易读易写、简洁通用的特点,Markdown 获得了广泛的支持。众多软件(如 Obsidian、语雀、Notion、飞书、VS Code、Cursor 等)和网站(如知乎、简书、CSDN、GitHub、GitLab 等)都支持 Markdown。就连大语言模型(如 DeepSeek、ChatGPT、豆包、Kimi 等)的训练数据、结构化提示词和规范输出格式,也都首选 Markdown。

如今,Markdown 的生态已经非常完善。凭借强大的迁移能力以及丰富的软件支持,Markdown 覆盖了大多数主流写作场景,基本实现了一处编写、随处使用。

表 2-1　Markdown 的基本信息

| 属性 | 内容 |
| --- | --- |
| 扩展名 | .md 或 .markdown |

(续表)

| 属性 | 内容 |
|---|---|
| 主要用途 | 写作排版 |
| 开发者 | 约翰·格鲁伯（核心开发者）与亚伦·斯沃茨（早期设计讨论） |
| 发布时间 | 2004 年 3 月 19 日 |

Markdown 的设计灵感主要来源于纯文本电子邮件的格式，目标是让人们能够使用易读、易写的纯文本格式编写文档，而且这些文档可以被转换为超文本标记语言（HyperText Markup Language，HTML）文档。

简单地说，Markdown 是由一些简单的标点符号（如 * / - > [ ] ( ) #）组成的用于排版的标记语言，其最重要的特点就是写起来容易，读起来简单。

这些看似简单的符号实则都是被精心挑选过的，每个符号均与其实现的排版效果直观对应，例如用 ** 包裹文字实现加粗，- 开头表示列表，> 则表示引用。

```
** 加粗 **

- 项目 1
- 项目 2

三个连续的连字符 ---（前后空行）可生成水平分隔线

---

> 引用
```

所以说，Markdown 的优点都是精心设计的结果，图 2-1 所示为 Markdown 语法。

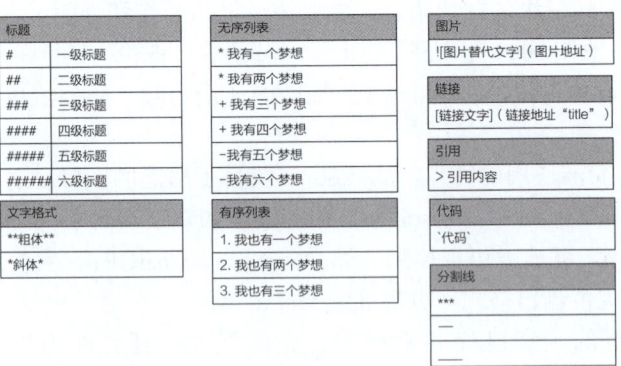

图 2-1　Markdown 语法

## 2.1.1　Markdown 与 HTML 的关系

HTML 是一种用于创建网页的标准标记语言，它定义了网页内容的含义和结构。浏览器可以读取 HTML 文件,并将其渲染成可视化网页。HTML 使用"标记"注明文本、图片和其他内容,这些标记由标签组成,如 <h1>、<ul>、<li>、<img>、<p> 等。例如:

```
<h1>一级标题</h1>
<h2>二级标题</h2>

<ul>
<li>链接: <a href='https://www.AAA.com'>博客</a></li>
<li>代码</li>
</ul>

<pre><code class='language-python' lang='python'>def test_codeblock():
    pass
</code></pre>
```

HTML 语法对于普通人(非程序员)来说有些复杂,学习和使用成本较高,而 Markdown 可以被看作简化了的 HTML,只提供了用户最常用的语法格式,比 HTML 更易学习和读写,也更为普适。下面用 Markdown 实现与上例相同的效果。

```
# 一级标题
## 二级标题

- 链接: [博客](https://www.AAA.com)

- 代码

'''python
def test_codeblock():
    pass
'''
```

通过对比可以看出,Markdown 语法极大简化了 HTML 的复杂性,真正做到了将排版融于写作,作者不必关注复杂的 HTML 标签,专注于写作就行了。当一些特殊需求无法通过现有的 Markdown 语法实现时,也可以用 HTML 实现,图 2-2 中的下画线就是用 HTML 来实现的。

图 2-2　用 Markdown 和 HTML 分别实现相同的排版效果

## 2.1.2　Markdown 的工作流程

使用 Markdown 的工作流程大致分为四步，如图 2-3 所示。

**1. 创建**

使用编辑器创建 *.md 文件，或使用 MarkItDown、Pandoc 等工具将其他格式的文件转换成 Markdown 文件。

**2. 编辑**

在编辑器中创作或调整 Markdown 文件的内容，可以选择源码模式、实时渲染或分屏预览。

**3. 查看**

Markdown 凭借跨平台且通用的特性，可以在各种不同的编辑器中编辑和预览，按需选择即可。

**4. 转换**

使用 Pandoc 或编辑器内置功能，可以将 Markdown 文件转换为 HTML、PDF、Epub、Word 等格式的文件。也可以将其发布到支持 Markdown 的网络平台。

例如，Typora 的基本工作流程如图 2-4 所示。

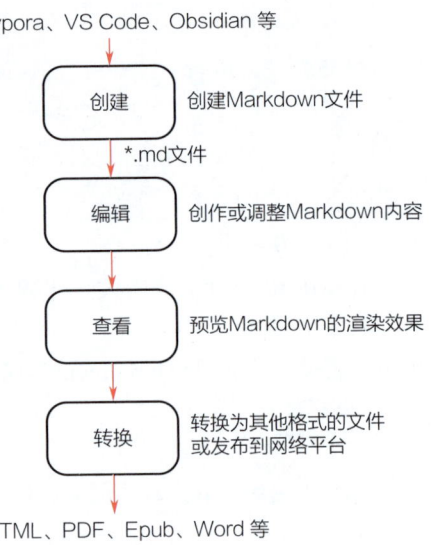

图 2-3　Markdown 工作流程

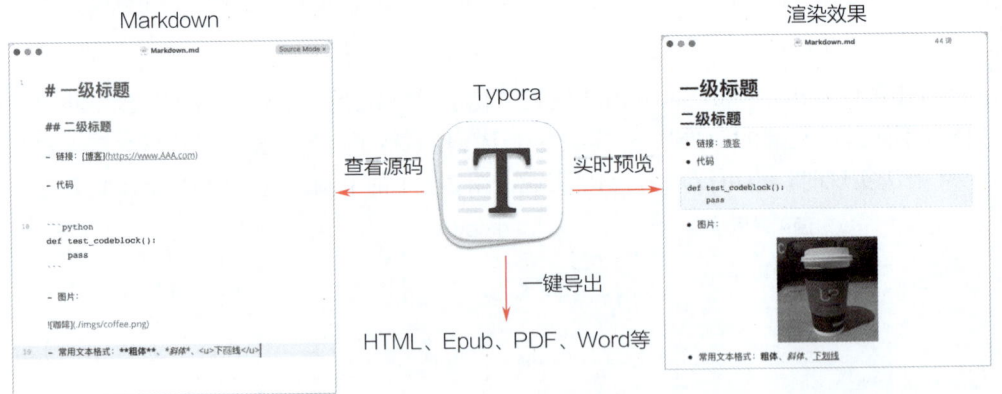

图 2-4　Typora 的基本工作流程

## 2.2　Markdown 的发展与语法扩展

起初，Markdown 主要用于网络写作，随着时代的发展和技术的进步，人们对于 Markdown

的需求日益增多。从最初的写文章、记笔记，到如今的协作文档、知识管理、思维导图以及幻灯片制作等，Markdown 的应用场景越来越多，能够满足的需求也越来越复杂。但其原生功能本身就有局限性，难以满足特定场景的精细需求，这直接推动了众多扩展语法的诞生。

### 2.2.1　Markdown 的演进历程

Markdown 的发展是一部不断满足写作者需求的创新史，如图 2-5 所示。

- **2004 年**：由 John Gruber 发布的 Markdown 问世，为网络写作带来简洁高效的排版方式。
- **2006 年**：Pandoc's Markdown 由 John MacFarlane 发布。该版本对 Markdown 语法进行了额外的扩充和少量修正，使 Markdown 能够转换为更多种类的文件格式。Pandoc 在文件转换领域的地位犹如"瑞士军刀"，极大地拓展了 Markdown 的应用范围。
- **2011 年**：Fletcher T. Penney 发布了 MultiMarkdown（简称 MMD）。MMD 让 Markdown 可以转换为包括 HTML/XHTML、LaTeX、OpenDocument、OPML 在内的更多文件格式，进一步推动了 Markdown 的多元化应用。
- **2013 年**：Michel Fortin 发布了 Markdown Extra。该版本最初使用 PHP 语言实现，新增了围栏代码块、具有 id/class 属性的元素、表格、任务列表、脚注、缩写等语法，为 Markdown 注入了更多实用功能。

图 2-5　Markdown 演进历程

- **2014 年**：CommonMark 规范项目启动，由 Jeff Atwood 和 John MacFarlane 主导开发，首个稳定版本于 2017 年发布。CommonMark 致力于为人们提供一个标准的 Markdown 语法规范和参考实现，以解决语法碎片化的问题。
- **2017 年**：GitHub 正式发布了 GFM（GitHub Flavored Markdown）。GFM 遵循 CommonMark 规范，新增了围栏代码块、表格、删除线、自动链接、Emoji 和任务列表等语法，凭借 GitHub 的庞大用户群和影响力，GFM 成为目前使用最为广泛的扩展语法之一。

### 2.2.2　标准化的里程碑：CommonMark

随着 Markdown 被广泛使用，其扩展语法层出不穷，但由于 John Gruber 未对 Markdown 语法制定明确规范，非正式规范中的模糊之处让扩展语法逐渐偏离最初的参考实现，导致语法碎片化问题日益严重。同时，不同用户的写作习惯与编辑器的解析规则差异，使 Markdown 文本在不同编辑器上的解析效果可能大相径庭。例如，在 A 软件中编写的 Markdown 文档，放到 B

软件中时，渲染效果可能完全不同。

为解决这些问题，开发人员积极推动 Markdown 语法的标准化，CommonMark 应运而生。它为 Markdown 提供了标准、明确的语法规范，以及一套全面的测试套件。开发者依据此规范，可以验证 Markdown 的实现结果，对其未来发展意义重大。经过多年的努力和持续的用户反馈，当前版本的 CommonMark 规范已相当完善，应用也非常广泛。众多网站及软件如 GitHub、GitLab、Reddit、Stack Overflow、VS Code 和 Pandoc 等均已支持 CommonMark。

### 2.2.3　流行的语法扩展：GFM

GFM 是目前最流行的 Markdown 扩展语法。它由 GitHub 基于 CommonMark 开发，不仅继承了标准 Markdown 的所有优点，还扩展了包括表格、任务列表、删除线、围栏代码块、Emoji 等实用功能，极大地增强了 Markdown 的表达力。GFM、CommonMark 和 Markdown 的关系如图 2-6 所示。

GFM 的流行得益于 GitHub 的推动，凭借庞大的程序员用户群体对标准化协作工具的需求，以及程序员自身追求极致的精神，GFM 成为技术文档和开源项目的主流格式，同时极大地普及了 Markdown 的应用。

Markdown 从简单的网络写作排版工具，逐步演变为一个支持多种写作场景的生态系统。CommonMark 的标准化努力和 GFM 的功能扩展，都为 Markdown 的广泛应用奠定了坚实的基础。

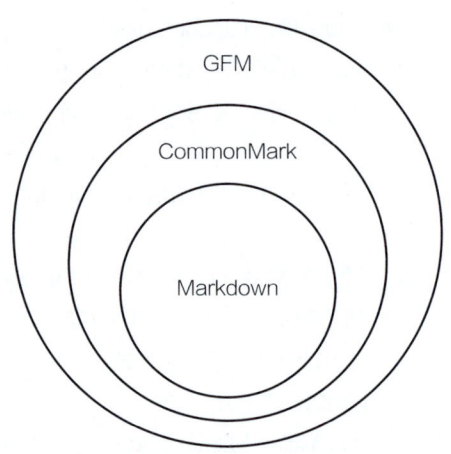

图 2-6　GFM、CommonMark 和 Markdown 的关系

对于想要学习 Markdown 扩展语法的人来说，GFM 一定是首选，它不仅功能全面，而且凭借 GitHub 的影响力，在众多软件和平台中得到了广泛兼容。

## 2.3　Markdown 的写作与排版优势

Markdown 为何深受众多写作者的喜爱？

### 2.3.1　写作与排版的完美融合

对于很多人来说，写作和排版往往是两个相互独立却又紧密相连的过程。使用传统的写作工具，如 Word，在写作过程中常常需要花费大量时间进行排版，这不仅打断了写作的连贯性，还耗费了宝贵的时间和精力。

而 Markdown 的出现巧妙地解决了这一问题，它将写作与排版深度融合，让你在专注内容创作的同时，能够轻松地进行排版，整个过程如行云流水，无须再为排版分心。只需专注于文字本身，通过简单的标记符号，就能实现清晰美观的排版效果，让写作变得更加纯粹和高效。

### 2.3.2 简单易学，人人皆可上手

Markdown 的语法设计极为简洁，它并非那些复杂难懂的专业排版工具，而是面向大众的一套简单、形象且常用的标点符号体系。

正如 Markdown 的创始人 John Gruber 所说："Markdown语法格式的首要设计目标是尽可能保证可读性。我们的初衷是，一个 Markdown 格式的文档可以直接作为纯文本发布，而不会像那些带有标记标签或格式化说明的文档那样复杂。"

这使无论是写作新手还是经验丰富的老手，都能轻松掌握其语法，在短时间内迅速上手，无须花费大量时间去学习复杂的操作和命令。只需记住几个基本的符号，便能开始创作之旅。

### 2.3.3 兼容性强大，适应多种写作场景

随着科技的不断发展，各种写作软件和平台层出不穷，而 Markdown 凭借其强大的兼容性，成为这些平台的通用语言。无论是专业的编辑软件，如 Visual Studio Code（VS Code）、有道笔记、印象笔记等，还是新兴的知识管理工具，如语雀、Obsidian、Notion 等，甚至是人工智能平台，都广泛支持 Markdown。

这意味着我们可以在任何自己喜欢的平台上使用 Markdown 进行创作，且其格式具有高度的统一性，无论在哪个平台打开 Markdown 文件，都能保持一致的排版效果。而且，Markdown 文档还能方便地转换为多种类型的文件，如 PDF、Word、HTML、ePub、LaTeX 等，满足我们在不同场景下的需求，实现内容的无缝迁移和共享。

### 2.3.4 专注写作，拒绝分心

传统的写作工具，如 Word，功能繁多且复杂，虽然提供了丰富的排版选项，但在写作过程中却容易让人分心。人们往往会忍不住去尝试各种排版效果，如更换字体、改变颜色、调整行高和行距等，这不仅耗费了大量时间，还分散了对内容创作的注意力。

而 Markdown 则不同，它将排版任务一手包办，通过简洁的语法和固定的格式，让你能够全身心专注于写作内容本身，避免了在写作过程中被各种排版选项干扰，从而提高写作效率和质量。

### 2.3.5 在智能时代的独特优势

在智能时代，Markdown 的优势愈发凸显。它具有结构化、轻量化、跨平台的特性，成为大语言模型（Large Language Model，LLM）处理复杂任务的理想媒介，尤其在解析和生成文档、设计提示词、规范输出等场景中表现突出。

在生成结构化文档方面，Markdown 的语法天然适合解析和生成层次清晰的文档，例

如，生成一份《Markdown 应用指南》，包括引言、核心原则、应用案例和结论四部分，使用 Markdown 的标题、列表和强调语法，使文档更加清晰易读。

解析文档时，大语言模型可以利用 Markdown 的结构化特性来解析和理解复杂的文档内容。例如，从一份包含多个章节和小节的文档中提取关键信息，或者将一段纯文本内容按照 Markdown 的格式进行重新组织，使其更易于阅读和理解。

还可以用 Markdown 格式来编写结构化的提示词，从而更精准地引导大语言模型生成符合预期的内容。例如，通过使用标题、列表和引用等语法，明确地告诉大语言模型需要生成的内容类型、格式要求和关键要点，提高生成结果的准确性和一致性。

如果想规范输出格式，那么可以要求大语言模型按照 Markdown 的语法规则生成内容，确保输出的格式统一、规范。这对于需要在多个平台或工具之间共享和使用的文档来说非常重要，可以避免因格式不一致而导致的兼容性问题，同时方便后续的编辑、排版和发布。

综上所述，Markdown 不仅能够让我们在写作过程中更加高效和专注，还能让我们紧跟时代步伐，适应智能时代的写作和知识管理需求，关键它还简单易学、好看好用好迁移。这么多好处，有什么理由不用呢？

## 2.4　Markdown 的适用场景与使用局限

### 2.4.1　适用场景

Markdown 的适用场景非常广泛。在知识管理领域，Obsidian、Notion、语雀、印象笔记等工具都支持 Markdown，再配合专业的 Markdown 编辑器 Typora，可以实现从碎片化记录、沉浸式写作到可视化知识图谱的全流程管理。Obsidian 知识管理如图 2-7 所示。

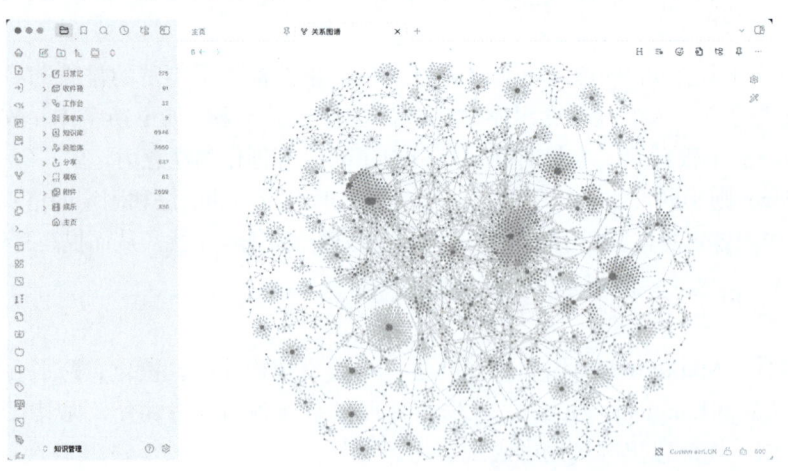

图 2-7　Obsidian 知识管理

在进行内容创作，特别是写技术文章时，使用 VS Code、Cursor、Trae 等编辑器，配合 MkDocs、Docsify、Docusaurus（见图 2-8）等静态站点生成器，可构建专业级的文档系统。也可以将文章一键发布到 CSDN、稀土掘金、SegmentFault、知乎等支持 Markdown 的网站平台，持续扩大个人影响力。

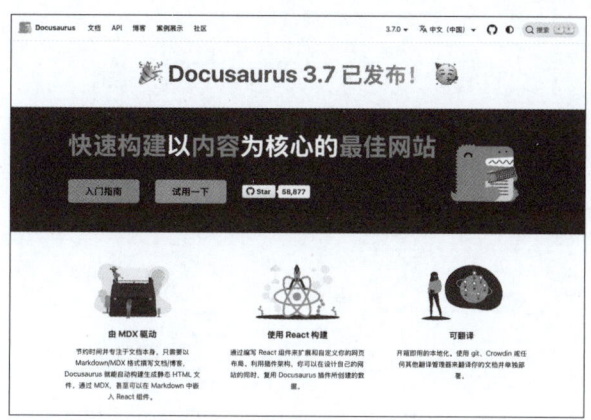

图 2-8　Docusaurus

当然也可以通过 mdnice、md（见图 2-9）等编辑器，或使用 Obsidian 的 NoteToMP 插件，将 Markdown 文件转换为与微信公众号匹配的格式。

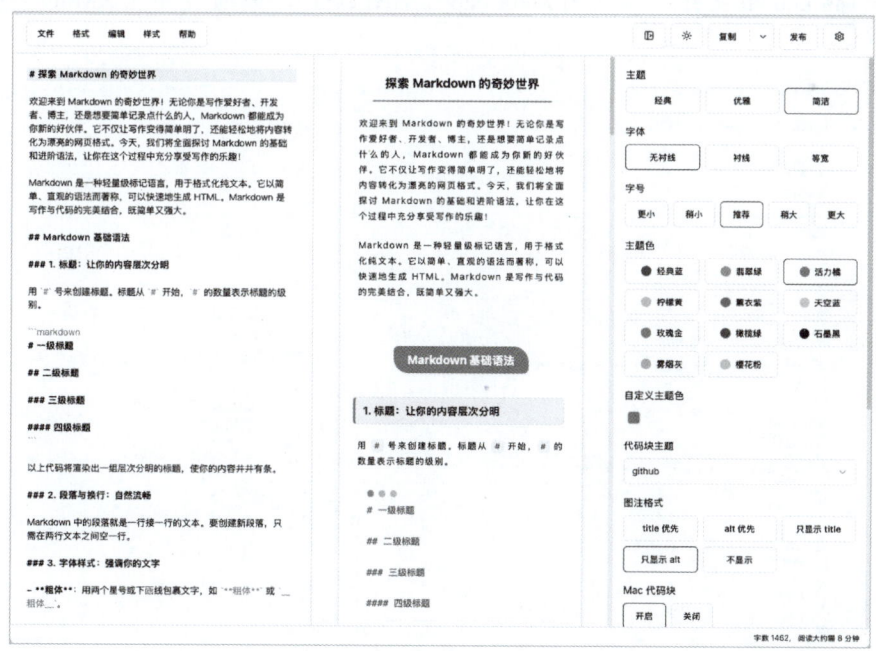

图 2-9　微信 Markdown 编辑器 md

在日常办公或学习场景中，可以直接在飞书文档或企业微信文档（见图 2-10）中输入 Markdown 语法，实现快速排版，也可以直接粘贴写好的 Markdown 文档进行快速转换。

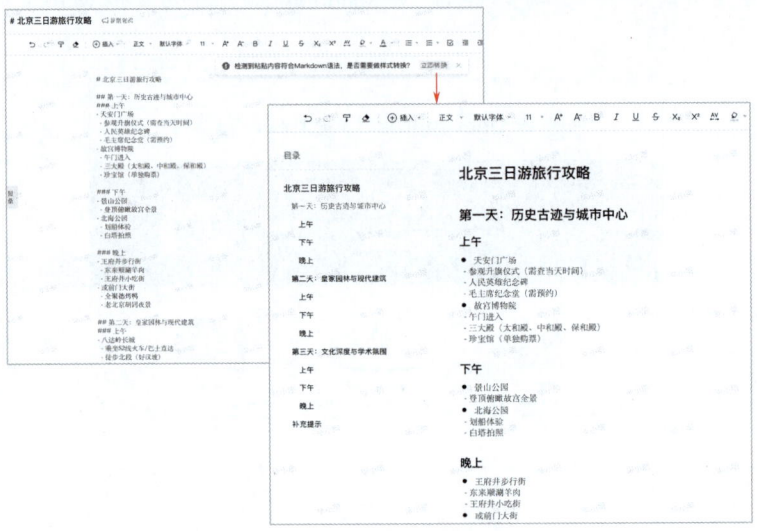

图 2-10　企业微信文档

另外，Markdown 文件还能利用 Markmap（见图 2-11），或通过导入 XMind 转换为思维导图。

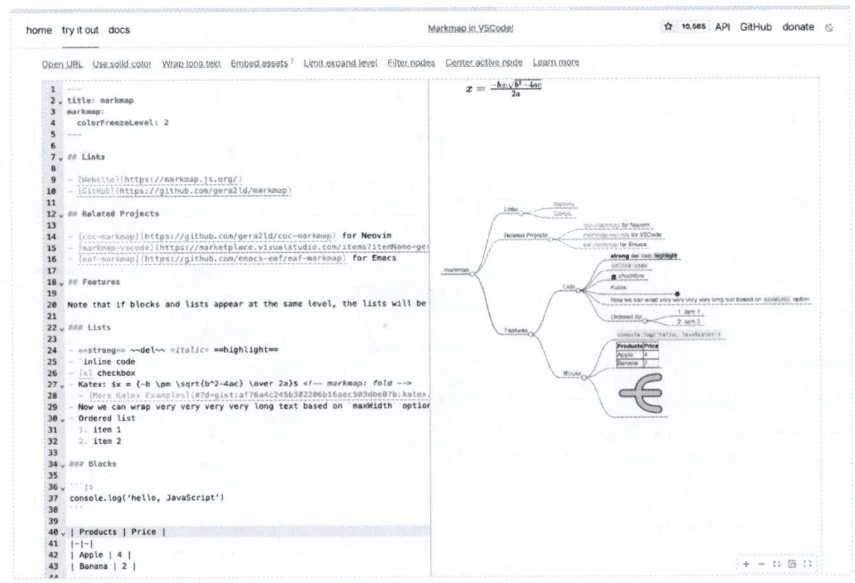

图 2-11　Markmap

Markdown 也可以与 reveal.js、Slidev（见图 2-12）等工具结合制作幻灯片，或使用 Kimi、通义千问、Gamma 等平台智能生成 PPT。

图 2-12　Slidev

如果想写电子书，那么将 Markdown 与 mdBook（见图 2-13）、HonKit 结合也是不错的选择。

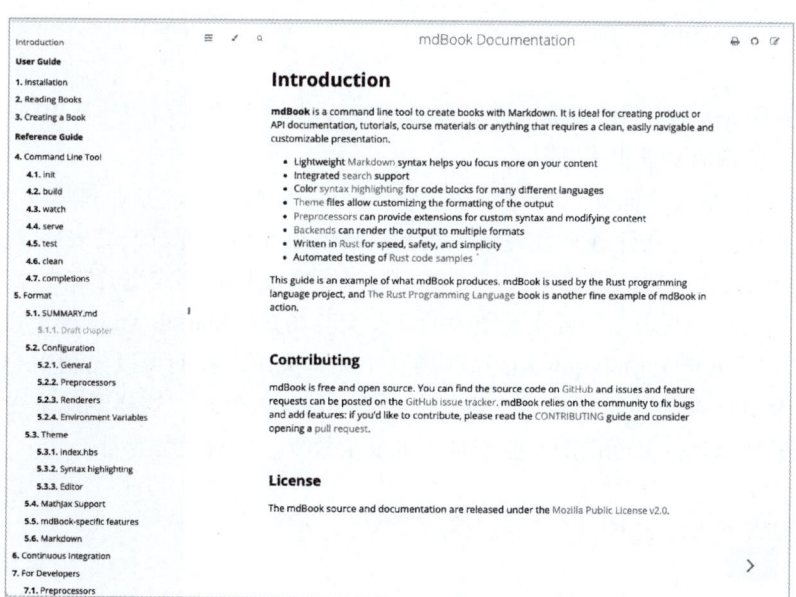

图 2-13　mdBook

甚至可以通过 MD2Card 将 Markdown 文档转换为精美的卡片，如图 2-14 所示。

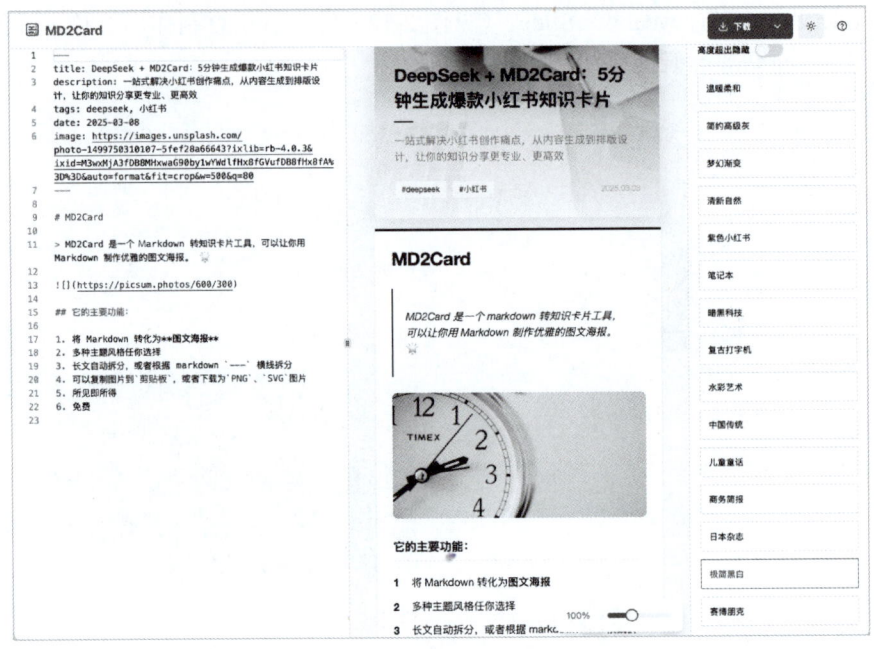

图 2-14　MD2Card

## 2.4.2　使用局限

然而，Markdown并非写作世界的"万能钥匙"。它的优势在于简洁与通用，这也意味着它在面对一些复杂需求时会显得力不从心。

当需要精确控制文字间距、段落缩进、多栏布局等细节时，专业排版工具的精细度是Markdown无法企及的；在处理复杂表格，尤其是涉及单元格合并、嵌套表格、条件格式等情况时，Markdown 的表格功能也显得过于简单；对于图文混排且要求图片有文字环绕的混合内容，或者需要插入可填写表单、可交互图表的动态交互场景，Markdown 同样难以满足需求。

不过，这并不意味着 Markdown 在这些场景中完全无用。我们可以先利用 Markdown 完成基础内容，再将其转换为其他格式，借助专业工具进行深入处理。这样既能享受 Markdown 在内容创作初期的便捷性，又能借助专业工具实现复杂效果，实现优势互补。

## 2.5　Markdown 编辑器的不同类型

虽然 Markdown 与编辑器没有强依赖关系，即便用纯文本编辑器也能写作，但有语法高亮、实时渲染，以及更多扩展语法和功能的加持，会让写作和管理更加得心应手。下面介绍四种常见的 Markdown 编辑器模式。

## 1. 语法高亮模式

Markdown 编辑器一般都支持语法高亮，它们通过不同的颜色和样式突出显示各种语法元素，极大提高了 Markdown 源码的可读性。Obsidian 和 VS Code 的编辑模式，以及 Typora 的源代码模式都支持语法高亮，如图 2-15 所示。

## 2. 分屏预览模式

分屏预览是将 Markdown 源码与渲染效果分开，左边是源码，右边显示渲染效果。这种模式既保留了源码写作的灵活性，又能实时查看渲染后的效果，方便写作者及时调整内容。VS Code、Cursor、Trae CN 和 Obsidian 都能实现分屏预览，如图 2-16 所示。

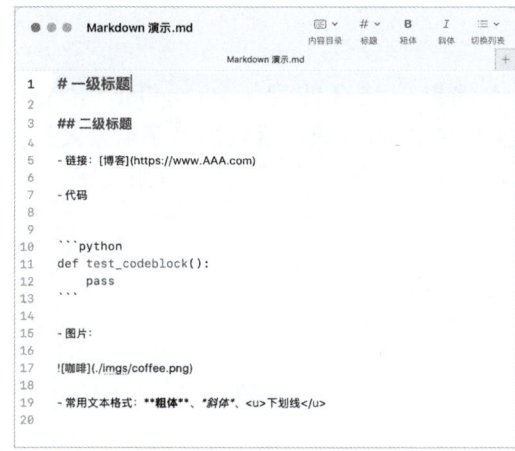

图 2-15 语法高亮的效果

图 2-16 Trae CN 分屏预览的效果

## 3. 实时渲染模式

实时渲染是在输入语法后，随即显示渲染效果。在这种模式下，写作者无须在源码和渲染效果之间来回切换，能够更加专注于内容创作。Typora、Obsidian 都支持实时渲染。Typora 实时渲染的效果如图 2-17 所示。

#### 4. 内置语法支持

实时渲染的特性使 Markdown 能与众多富文本编辑器结合使用。ima.copilot、语雀、Notion、飞书文档和企业微信文档等平台，都支持输入 Markdown 语法后随即显示渲染效果。这些平台将传统的编辑器功能与 Markdown 便捷的语法特性结合，大大提升了排版效率，如图 2-18 所示。

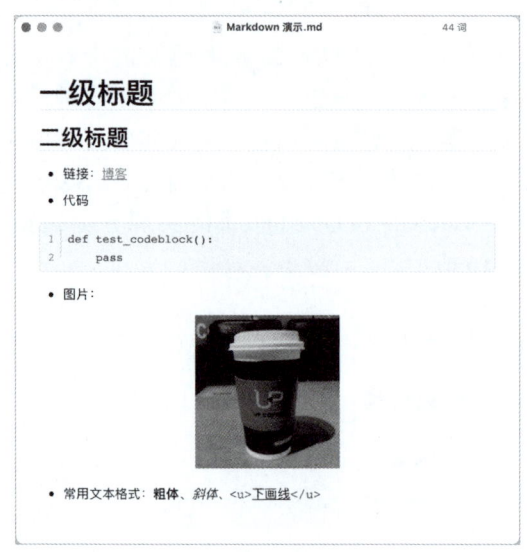

图 2-17　Typora 实时渲染的效果　　　　　图 2-18　飞书文档

编辑器的选择没有好坏之分，只有是否适用、是否符合个人使用习惯、是否满足写作与管理需求。当然，也可以将几种编辑器结合使用，比如专注写作时用 Typora、管理知识时用 Obsidian、写技术博客时用 VS Code 或 Trae CN 等。选择适合自己的编辑器，才能让写作过程更加顺畅。

## 2.6　Markdown 的系统化学习指南

如何才能学好 Markdown，让它为我们的写作助力呢？

### 2.6.1　重视排版

版式是文章的外貌，良好的版式不仅能提升文章的可读性，还能让读者在阅读过程中获得更好的体验。在学习 Markdown 之前，首先要意识到排版的重要性，掌握基本的排版规则和技巧，为后续的 Markdown 学习打下好基础。

### 2.6.2　学会语法

语法是 Markdown 的核心，只有掌握它才能真正发挥 Markdown 的优势。学习语法的过程就像学习一门新的语言，需要循序渐进。

- **基础语法**：这是 Markdown 的根基，能应对大部分常见的排版场景。
- **扩展语法**：在基础语法之上，扩展语法为我们提供了更多的可能性，让文档内容更加丰富，表达力更强。
- **高级语法**：当我们熟练掌握基础语法和扩展语法后，可以进一步学习高级语法，利用 HTML 实现更复杂的排版效果。
- **编写规范**：掌握 Markdown 的编写规范，可以让文档的可读性更强，错误更少，兼容性更好。

### 2.6.3　用好工具

再好的工具，如果不会用，也难以发挥其真正价值。在 Markdown 的世界里，有许多优秀的编辑工具，它们各有千秋。有些编辑器注重简洁易用，有些则功能强大、扩展丰富。本书精心挑选了一些具有代表性的工具，将在后续章节中结合不同的应用场景为大家详细介绍。

### 2.6.4　融于实践

"实践是检验真理的唯一标准"，这句话在学习 Markdown 的过程中同样适用。学习时，可以从简单的排版开始，逐步将 Markdown 应用到日常写作中，通过不断实践，让写作更加高效。

## 2.7　本章总结

本章系统介绍了 Markdown 的特性及应用场景，智能时代的到来和自媒体的兴起，让人们对自我表达的渴望增加、对知识管理的需求加强，并且不断追求卓越的理念，让 Markdown 有了更广阔的用武之地。

在 Markdown 不断进化的同时，其设计理念也影响着图形化表达的创作和管理，如 Mermaid、Graphviz、PlantUML 等工具，能够通过简单易读的文本生成图片，更加便于编辑、维护和转换。这些图形脚本与 Markdown 结合使用，进一步丰富了编辑器的创作能力，为我们的写作和知识管理提供了更多的可能性。

# 第 3 章
# 人人都能学会 Markdown

Markdown 最大的特点就是简单，可以这么说，只要想学，就一定能学会。只要想用，就一定能用好。掌握 Markdown 真正的挑战不是语法，也不是工具，而是开始用，从现在就开始用。就像跑步最难的并不是跑步本身，而是跨出家门的那一刻。只要下定决心跨出第一步，然后坚持下去，一切就会水到渠成。

话虽如此，对于没有接触过编程的人来说，可能天然地就会抗拒那些由各种符号组成的语法。因此，本章将由浅入深，循序渐进地通过语法说明、实例演示、编写规范来讲解 Markdown，让每个人都能看得懂，学得会，用得上。

有人可能会疑惑，为什么还要学习规范？大家都知道，没有规矩不成方圆，Markdown 当然也有自己的"规矩"。这些规范是高手们总结出来的最佳实践，是智慧的结晶，可以让我们养成良好的写作习惯，避免重复"踩坑"。另外，遵循这些规范，也可以让源码（没有渲染过的文本）有更强的可读性、可移植性（一处编写，随处使用）和可维护性（有统一的认知）。

学习 Markdown，但不止于 Markdown。本章将详细介绍 Markdown 的基础语法、扩展语法以及 HTML 辅助的高级语法，帮助你完全掌握 Markdown。

## 3.1 基础语法

Markdown 的基础语法是遵循 CommonMark 规范的相对公认的标准语法，也是通用语法，被大多数编辑器支持，大部分扩展语法也基于此语法开发。基础语法实现了最常用的排版效果，包括标题、粗体、斜体、段落、换行、列表、分割线、图片、链接、行内代码、代码块、引用和转义，接下来将逐一讲解。

### 3.1.1 标题

文章的结构由一个个标题组成,标题构成了大纲,大纲既体现了逻辑,也能用来导航。在 Markdown 语法中,有两种字符格式可以用于标记标题:底线(-/=)和 #。

#### 1. 语法说明

使用底线标记一级标题和二级标题,底线是等号(=)时表示一级标题,底线是短横(-)时表示二级标题,底线符号的数量至少为 2 个,如图 3-1 所示。

语法格式如下。

```
一级标题
==========

二级标题
--------
```

在行首插入井号(#)来标记标题,# 的个数不同表示不同的标题等级,一个 # 表示一级标题,两个 # 表示二级标题,依此类推,最多支持六级标题,如图 3-2 所示。语法格式如下。

```
# + 空格 + 标题内容
```

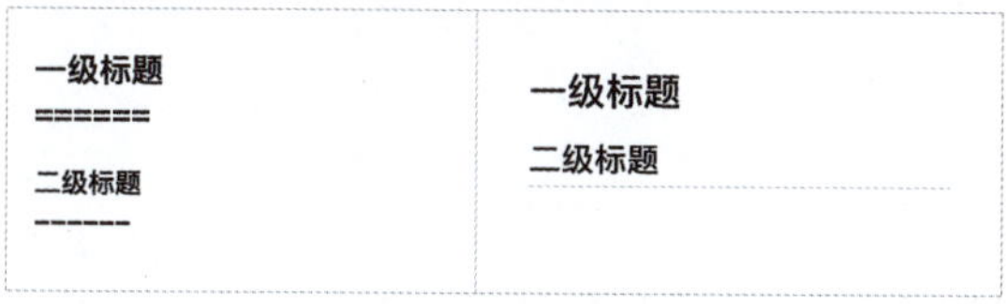

图 3-1　使用底线标记标题

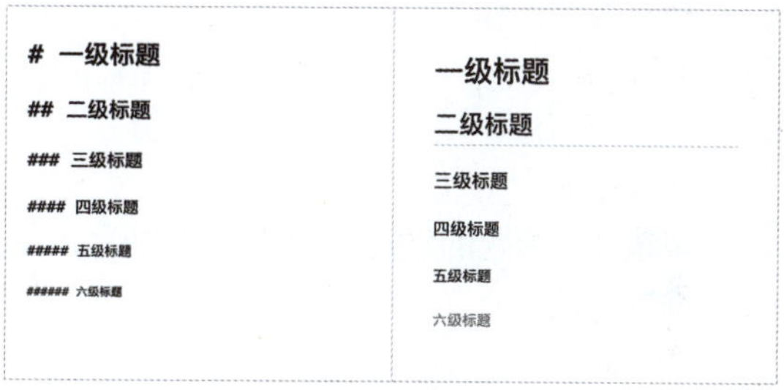

图 3-2　使用井号标记标题

#### 2. 编写规范

**规范 1**:为了统一性、可阅读性和可维护性,建议使用 # 标记标题,而不使用 = 或 -,因为后者会难以阅读和维护,且只支持两级标题,而 # 可以标记 6 级标题,也更直观。

推荐写法:

```
# 我是一级标题

## 我是二级标题

### 我是三级标题
```

不推荐写法:

```
你猜我是几级标题?
```

```
=========

你猜我是几级标题？
----------
```

规范 2：要保持间距，建议标题的前后都要空 1 行（除非标题在文档开头），# 与标题文本之间也要有 1 个空格，否则会导致阅读困难。

推荐写法：

```
本文主要介绍标题的书写规范……

## 标题 1

首先你要把标题写清楚……
```

不推荐写法：

```
本文主要介绍标题的书写规范……

##标题 1
首先你要把标题写清楚……
```

规范 3：不要有多余的空格。标题要写在一行的开头，结尾也不要有空格。

推荐写法：

```
# 我是标题
```

不推荐写法：

```
 # 我是标题
```

规范 4：标题的结尾不要有标点符号，如句号、逗号、冒号和分号等。

推荐写法：

```
## 实例演示

## 参考资料
```

不推荐写法：

```
## 实例演示：

## 参考资料。
```

规范 5：标题要尽量简短，便于生成目录时引用。如果标题是一个长句，那么可以从长句中提取标题，将长句作为标题下的内容。

推荐写法：

```
## 内容要简短

为了引用时更加方便，标题的内容要尽量简短。
```

不推荐写法：

```
## 为了引用时更加方便，标题的内容要尽量简短
```

## 3.1.2 粗体和斜体

粗体和斜体用来表示强调,特别是粗体,在排版中是画龙点睛之笔,应用最为广泛。在 Markdown 中,粗体和斜体由星号或下画线标记。

### 1. 语法说明

Markdown 中用两个星号(**)或两个下画线(_ _)包裹需要加粗的内容,语法格式如下。

```
**加粗内容**

或

__加粗内容__
```

Markdown 中用 1 个星号(*)或 1 个下画线(_)包裹需要倾斜的内容,语法格式如下。

```
*斜体内容*

或

_斜体内容_
```

粗体和斜体语法可以混合使用,例如加粗倾斜用三个星号包裹。虽然不推荐用这种写法,但如果有需要,也可以使用,如图 3-3 所示。其语法格式如下。

```
***粗斜体用三个星号包裹***
```

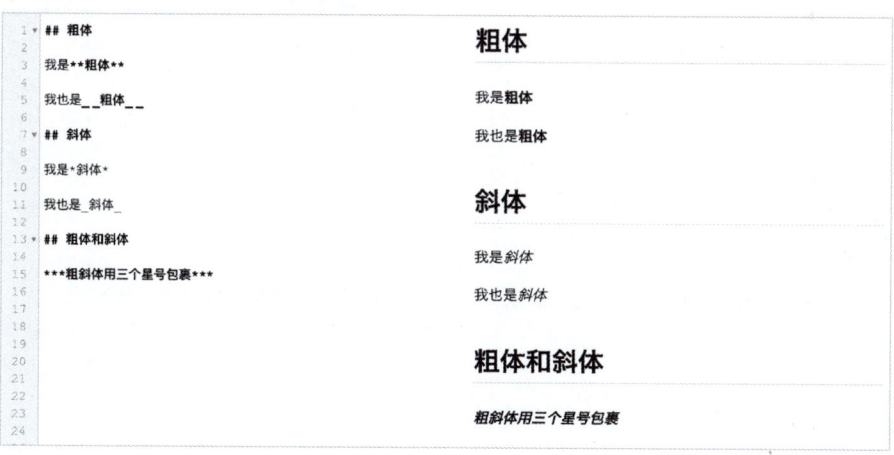

图 3-3 粗体和斜体语法

### 2. 编写规范

规范 1:建议粗体使用 2 个 * 包裹,斜体使用 1 个 * 包裹,因为 * 比较常见,而且比 _ 可读性更强。

推荐写法：

我是 ** 粗体 **，我是 * 斜体 *。

不推荐写法：

我是 _ _ 粗体 _ _，我是 _ 斜体 _。

规范 2：在粗体和斜体语法标记的内部不要有空格，否则会导致一些语法严格的编辑器无法识别。

不推荐写法：

我是 ** 粗体 **，我是 * 斜体 *。

### 3.1.3 段落与换行

Markdown 中的段落由一行或多行文本组成，不同的段落之间使用空行标记。

#### 1. 语法说明

- 如果行与行之间没有空行，则会被视为同一个段落。
- 如果行与行之间有空行，则会被视为不同的段落。
- 如果想在段内换行，则需要在上一行的结尾插入两个以上的空格然后按"Enter"键。

空行和换行如图 3-4 所示。

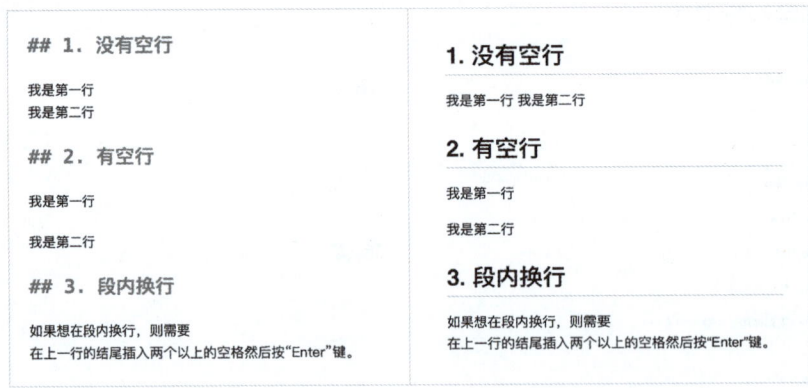

图 3-4　空行和换行

#### 2. 编写规范

规范 1：不使用两个连续的空行。连续的空行虽然不影响渲染效果，但会影响整体的统一性和可读性，如图 3-5 所示。

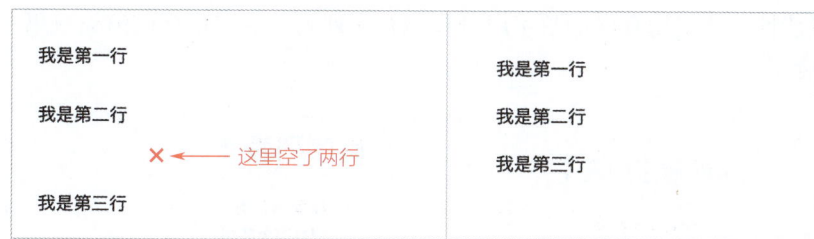

图 3-5　不使用两个连续的空行

规范 2：当 URL 较长时换行。URL 较长会导致行字符数量过多而显得混乱，可以在 URL 之前加一个换行符，这样既不影响渲染效果，又能提升可读性。例如：

```
大家好，本文参考的是：
[Markdown 风格指南](https://www.AAA.com/google/styleguide/blob/gh-pages/docguide/style.md)
```

或者通过引用链接进行优化，如图 3-6 所示。

```
大家好，本文参考的是：[Markdown 风格指南]

[Markdown 风格指南]: https://www.AAA.com/google/styleguide/blob/gh-pages/docguide/style.md
```

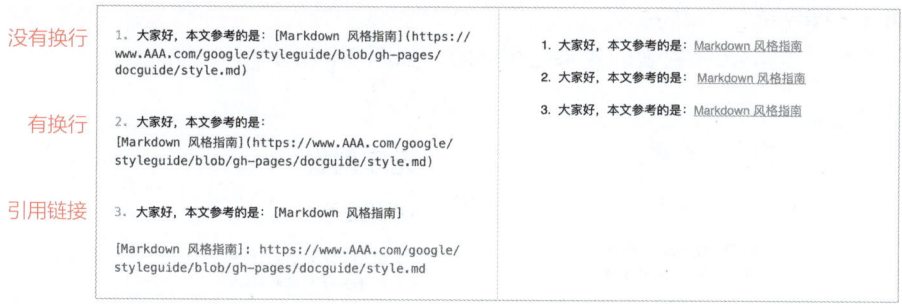

图 3-6　当 URL 较长时换行

## 3.1.4　列表

有序列表和无序列表用来将信息再分组，提高文章的可读性。Markdown 中的有序列表用有序的数字或无序的数字标记，无序列表可用星号、加号、短横等标记。

### 1. 语法说明

Markdown 中有序列表的语法格式如下。

数字序号 + 英文句号 + 空格 + 列表内容

有序列表中的数字序号既可以是有序的，也可以是相同的或无序的，最终渲染的效果都一样。但为了可读性，建议用有序的数字序号标记有序列表，这与最终的渲染效果一致。实例演示如图 3-7 所示。

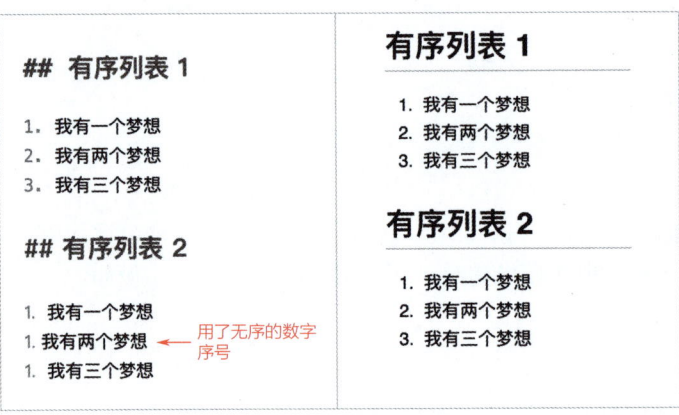

图 3-7　有序列表实例演示

无序列表由"短横（-）、星号（*）、加号（+）+空格+列表内容"标记，语法格式如下。

- + 空格 + 列表内容
* + 空格 + 列表内容
+ + 空格 + 列表内容

使用 -、*、+ 标记无序列表的效果是相同的，如图 3-8 所示。

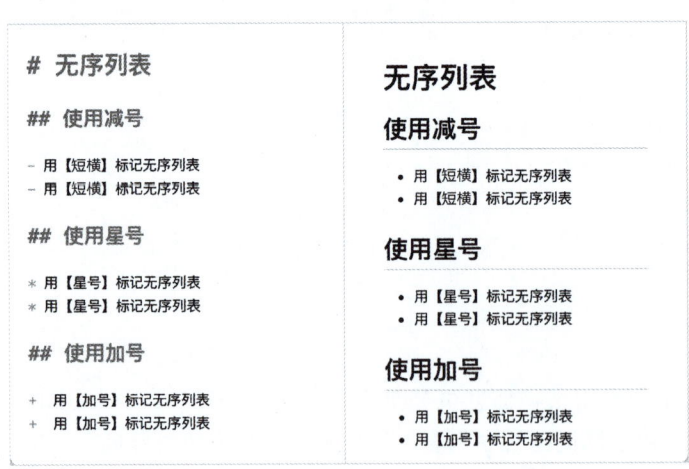

图 3-8　使用短横、星号和加号标记无序列表

列表中可以嵌套列表，有序列表和无序列表也可以互相嵌套。嵌套列表示例如图 3-9 所示，嵌套列表的语法如下。

```
+ 第一层列表
TAB + 第二层列表
TAB + TAB + 第三层列表
```

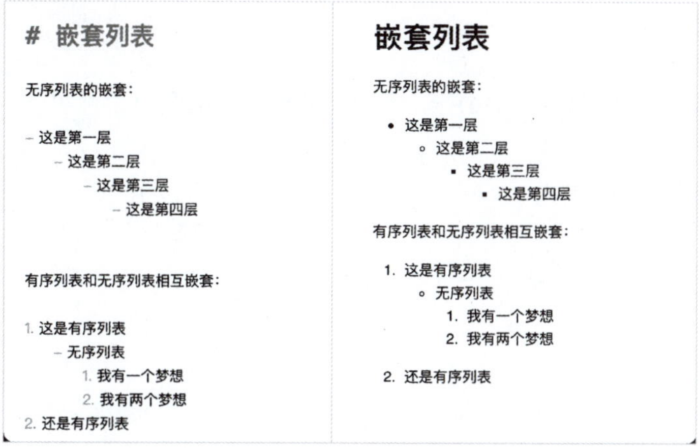

图 3-9　嵌套列表示例

## 2. 编写规范

**规范 1**：建议使用 - 标记无序列表,因为 * 容易与粗体和斜体混淆,而 + 不常用。推荐写法如下。

```
- 吃
- 喝
```

不推荐写法如下。

```
* 吃
* 喝
+ 玩
+ 乐
```

**规范 2**：如果一个列表中所有的列表项都没有换行,则建议在列表的开头使用 - 加 1 个空格。推荐写法如下。

```
- 说
- 学
```

不推荐写法如下。

```
- 说
- 学
```

**规范 3**：如果一个列表中的每个列表项都只有 1 行,则建议列表项之间不要有空行。推荐写法如下。

```
- 抽烟
```

- 喝酒
- 烫头

不推荐写法如下。

- 抽烟
- 喝酒
- 烫头

**规范 4**：建议在列表的前后都空 1 行，不但格式整齐，而且可读性更强。

推荐写法如下。

我的爱好：
- 抽烟
- 喝酒
- 烫头

跟于老师是一样的。

不推荐写法如下。

我的爱好：
- 抽烟
- 喝酒
- 烫头
跟于老师是一样的。

### 3.1.5 分割线

分割线用来分割文章内容。如果文章的前后语义差别比较大，则可以用分割线来区分。在 Markdown 中，分割线由 3 个以上的星号（*）、短横（-）、下画线（_）标记，如图 3-10 所示，行内不能有其他的字符，可以在标记符中间加上空格。使用分割线的语法格式如下。

```
***
或
---
或
___
```

### 3.1.6 图片

一图胜千言，文章中的插图必不可少。Markdown 插入图片的语法是叹号 + 中括号包裹图片替代文字 + 圆括号包裹图片地址，符号之间没有空格。基本格式如下。

```
![图片替代文字](图片地址)
```

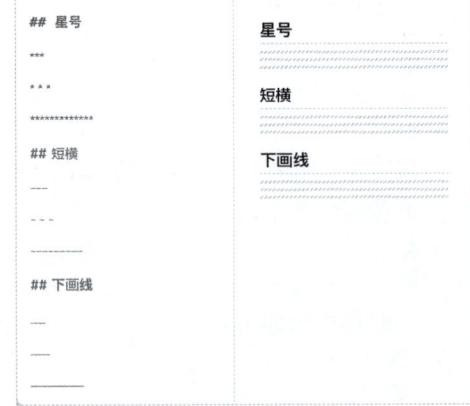

图 3-10 分割线

说明如下,如图 3-11 所示。
- 图片替代文字在图片无法正常显示时会比较有用。
- 图片地址既可以是本地图片的路径,也可以是网络图片的地址。
- 本地图片支持相对路径和绝对路径两种方式。

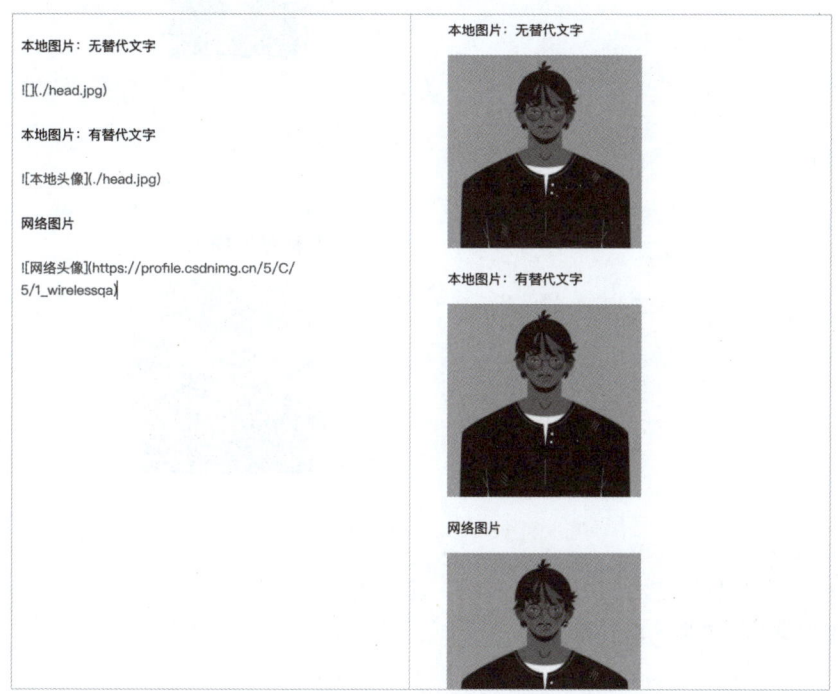

图 3-11　图片

当图片无法正常显示时,会显示替代文字,如图 3-12 所示。

图 3-12　显示替代文字

在一些 Web 编辑器中,替代文字会显示为图片说明,如图 3-13 所示。

如果要给图片加上鼠标悬停提示文字,如图 3-14 所示,那么语法格式如下。

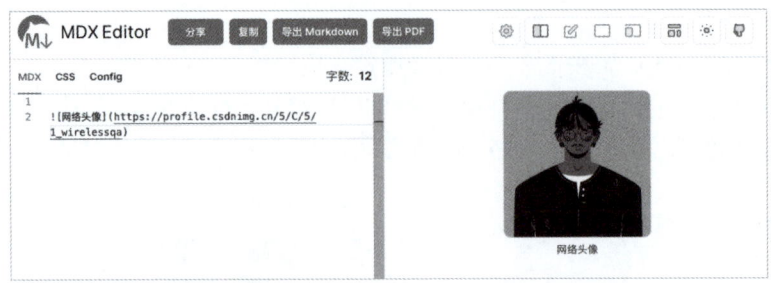

图 3-13　替代文字会显示为图片说明

图 3-14　鼠标悬停提示

如果要给图片加上链接，如图 3-15 所示，那么语法格式如下。

[](链接地址)

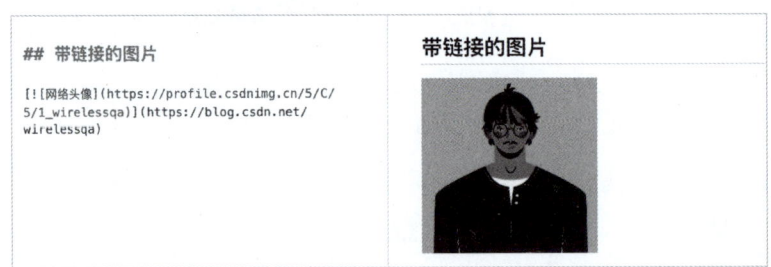

图 3-15　带链接的图片

带链接的图片，把光标放上去会显示一个小手，点击图片，即可跳转到链接地址。

## 3.1.7　链接

### 1．文字链接

文字链接即把链接地址直接写在文本中。文字链接的语法比图片链接少了一个叹号（!），用中括号包裹链接文字，后面紧接着圆括号包裹的链接地址，如图 3-16 所示，语法格式如下。

[ 链接文字 ]（ 链接地址 ）

图 3-16　文字链接

如果要给链接加上鼠标悬停提示文字，如图 3-17 所示，那么语法格式如下。

[ 链接文字 ]（ 链接地址 " 提示文字 "）

图 3-17　文字链接增加鼠标悬停提示文字

### 2. 引用链接

如果文本中的链接比较多，那么源码看起来会很乱。

在工作中我经常访问的网址有 [Google](https://\*\*\*www.google.com/)、[GitHub](https://\*\*\*github.com/) 和 [Stack Overflow](https://\*\*\*stackoverflow.com/)

如果换一种写法，那么其条理性和可读性会好很多。

在工作中我经常访问的网址有 [Google]、[GitHub] 和 [Stack Overflow]

[Google]: https://\*\*\*www.google.com/
[GitHub]: https://\*\*\*github.com/
[Stack Overflow]: https://\*\*\*stackoverflow.com/

对于这种情况，先把链接地址在某个地方统一定义好，然后在正文中通过"变量"来引用的方法叫**引用链接**。**引用链接**主要分为两步。

第一步，在文档底部定义链接标记，可以理解为定义一个地址变量，注意冒号后要加一个空格。语法格式如下。

[ 链接标记 ]： 链接地址 " 可选标题 "

或

[ 链接标记 ]： 链接地址 　（可选标题）

第二步，在正文中引用链接标记，可以理解为引用定义好的变量。语法格式如下。

[ 链接标记 ]

语法说明如下，如图 3-18 所示。
- 链接标记可以包括字母、数字、空格和标点符号等。
- 链接标记中的字母不区分大小写。
- 定义的链接内容可以放在当前文件的任意位置，建议放在页尾。
- 当链接地址为网络地址时，要以 http/https 开头，否则会被识别为本地地址。

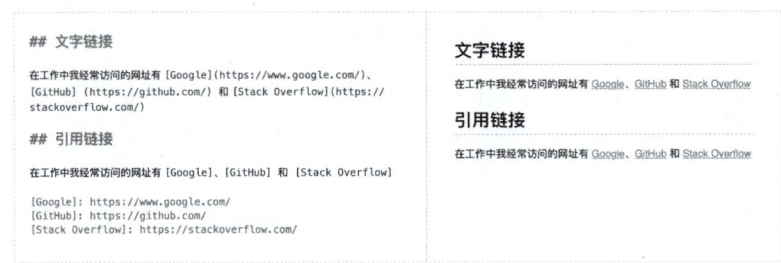

图 3-18　链接标记

### 3. 网址链接

在 Markdown 中，将网络地址或邮箱地址使用 <> 包裹起来可以将其自动转换为超链接，如图 3-19 所示。语法格式如下。

```
<URL 或邮箱地址 >
```

图 3-19　网址链接

### 4. 编写规范

链接标题的描述信息应该更丰富，从标题中可以看出链接的内容，所以要使用有意义的链接标题。推荐写法如下。

```
如果想了解关于 Markdown 的更多信息，请查看 [Markdown 指南](markdown_guide.md)
```

不推荐写法如下。

```
如果想了解关于 Markdown 的更多信息，请查看 [这里](markdown_guide.md)
```

建议使用 <> 包裹自动链接，这种方式更通用。推荐写法如下。

```
<http://www.AAA.com>
```

不推荐写法如下。

```
http://www.AAA.com
```

自动链接要以 http/https 开头。推荐写法如下。

```
<https://www.AAA.com>
```
不推荐写法如下。
```
<AAA.com>
```

## 3.1.8 行内代码与代码块

### 1. 行内代码

顾名思义,行内代码就是在文字中插入代码,Markdown 中使用反引号(`)包裹行内代码,可使插入的代码高亮,与其他文字区分开来,如图 3-20 所示。语法格式如下。
```
`代码`
```

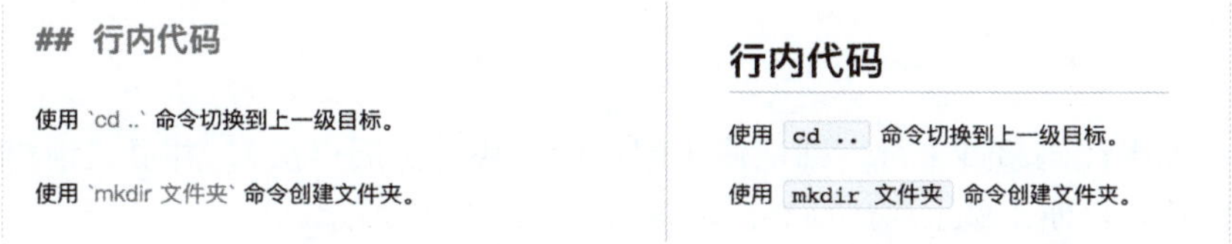

图 3-20　行内代码

行内代码会以编辑器设置的主题样式高亮显示,但不会有语法高亮。

### 2. 代码块

代码块是单独的代码片段。在 Markdown 中,代码块以 Tab 键或 4 个空格开头,如图 3-21 所示,语法格式如下。

以 Tab 键开头:
```
def test_print():
    pass
```
或者以 4 个空格开头:
```
    def test_print():
        pass
```

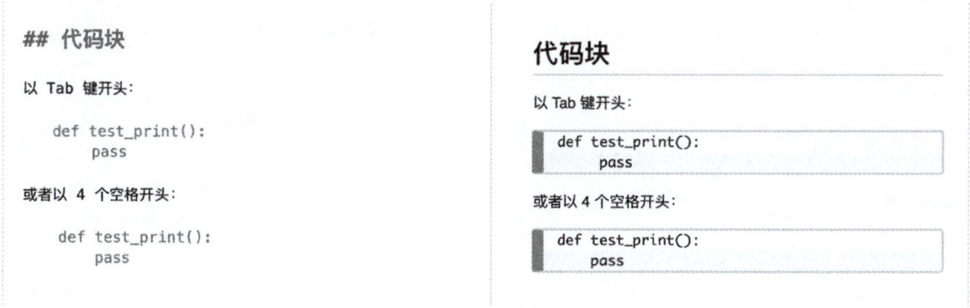

图 3-21　代码块

小提示：因为代码块使用 Tab 键或 4 个空格开头的效果不够直观，很多扩展语法（如 GFM）提供了围栏代码块，并且支持语法高亮。

### 3. 编写规范

**规范 1**：除行内代码可以使用 ` 包裹外，如果想转义或强调某些字符，那么也可以使用 ` 包裹。推荐用法如图 3-22 所示。

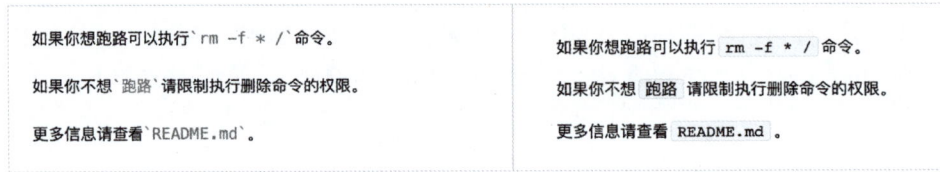

图 3-22　行内代码推荐用法（1）

**规范 2**：如果代码超过 1 行，则请使用围栏代码块（扩展语法），并显式地声明语言，这样做既便于阅读，也便于显示语法高亮。推荐用法如图 3-23 所示。

图 3-23　行内代码推荐用法（2）

**规范 3**：如果代码片段比较简单，那么使用 4 个空格缩进的代码块通常更清晰。推荐用法如图 3-24 所示。

图 3-24　行内代码推荐用法（3）

规范 4：如果要将 Shell 命令粘贴到终端执行，那么最好不要让命令换行，怎么做呢？命令太长时，在行尾使用一个 \，既能避免命令换行，又能提高源码的可读性。推荐写法如下。

```shell
jvs run --test=tests/home/test_login.py::TestLogin::test_login_failed --env=online \
--username="15858171558" --password="20180926" --url="https://www.AAA.com"
```

规范 5：建议不要在没有输出内容的 Shell 命令前加 $。加 $ 的目的是区分命令和命令的输出内容，当命令没有输出内容时，就没必要加 $ 了，如图 3-25 所示。

图 3-25　不在没有输出内容的 Shell 命令前加 $

## 3.1.9　引用

引用是比较常见的排版效果，拥有单独的分段和不同的颜色（一般是灰色）效果。在 Markdown 中使用大于号（>）标记引用。

**1. 语法说明**

引用的语法是大于号（>）+ 引用内容，语法格式如下。

> 引用内容

语法说明如下，如图 3-26 所示。
- 多行引用也可以在每行的开头都插入 >。
- 在引用中可以嵌套引用。
- 在引用中可以使用其他的 Markdown 语法。
- 段落与换行的格式在引用中也是适用的。

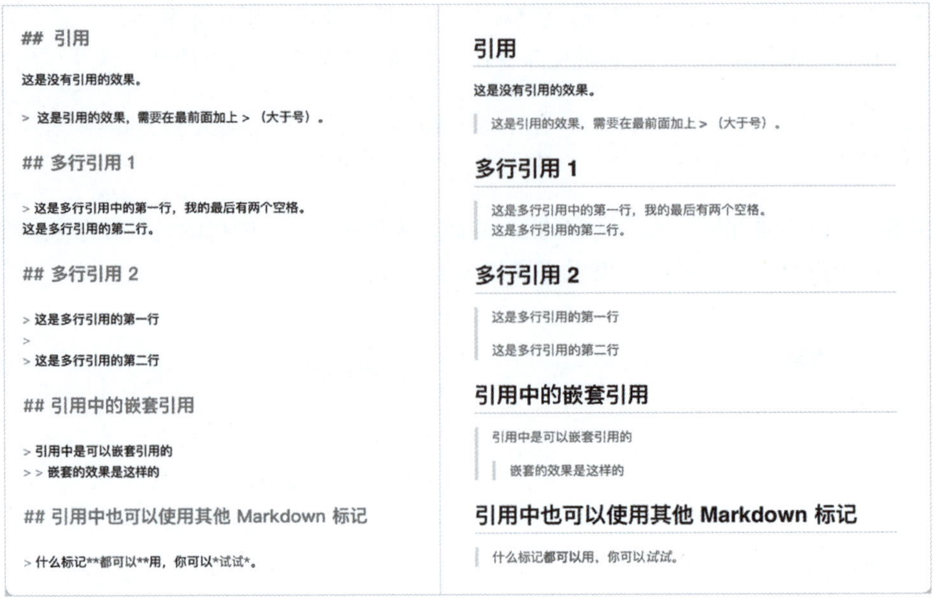

```
## 引用
这是没有引用的效果。
> 这是引用的效果，需要在最前面加上 >（大于号）。
## 多行引用 1
> 这是多行引用中的第一行，我的最后有两个空格。
这是多行引用的第二行。
## 多行引用 2
> 这是多行引用的第一行
>
> 这是多行引用的第二行
## 引用中的嵌套引用
> 引用中是可以嵌套引用的
> > 嵌套的效果是这样的
## 引用中也可以使用其他 Markdown 标记
> 什么标记**都可以**用，你可以*试试*。
```

图 3-26　引用

### 2. 编写规范

**规范 1**：为了提高可读性，建议在 > 之后加一个空格。

推荐写法如下。

> 美是到处都有的。

不推荐写法如下。

>美是到处都有的

**规范 2**：为了提高可读性和可维护性，建议在每行引用的开头都加上 >。

推荐写法如下。

> 美是到处都有的，
> 我们缺少的是发现美的眼睛。

不推荐写法如下。

> 美是到处都有的，
我们缺少的是发现美的眼睛。

**规范 3**：不要在引用中添加空行。

推荐写法如下。

> 美是到处都有的，
>
> 我们缺少的是发现美的眼睛。

不推荐写法如下。

> 美是到处都有的，

> 我们缺少的是发现美的眼睛。

## 3.1.10 转义

Markdown 可以使用标记符号来标记内容，但如果内容本身就是标记符号怎么办呢？例如，内容为星号（*）、井号（#）、减号（-）等。如果不想让这些符号被渲染，那么除了使用反引号（`）把特殊符号当成行内代码包裹，还可以使用反斜杠（\）将这些符号转义。语法格式如下。

```
\特殊符号
```

下面这些符号能被转义，如图 3-27 所示。

```
\    反斜杠
`    反引号
*    星号
_    下画线
{}   花括号
[]   中括号
()   圆括号
#    井号
+    加号
-    短横
.    英文句点
!    叹号
```

- \\ 反斜杠
- \` 反引号
- \* 星号
- \_ 下画线
- \{} 花括号
- \[] 中括号
- \() 圆括号
- \# 井号
- \+ 加号
- \- 减号
- \. 英文句点
- \! 叹号

- \ 反斜杠
- ` 反引号
- * 星号
- _ 下画线
- {} 花括号
- [] 中括号
- () 圆括号
- # 井号
- + 加号
- - 短横
- . 英文句点
- ! 叹号

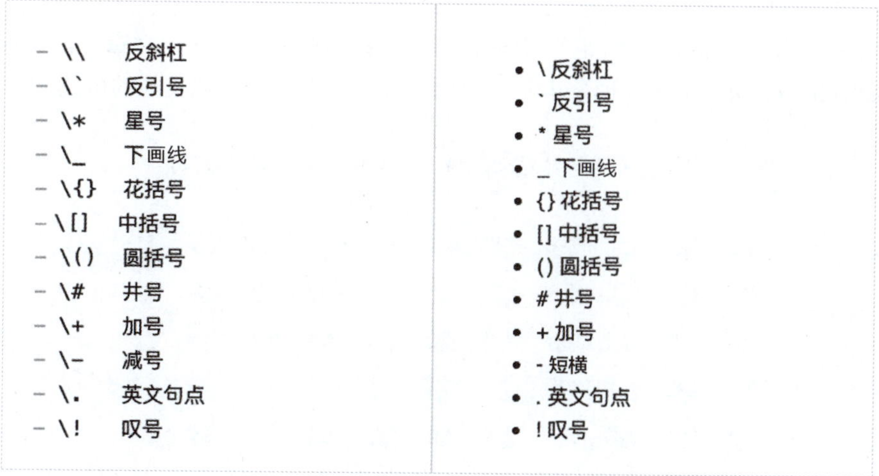

图 3-27 转义

掌握了基础语法后，接下来进一步学习扩展语法，解锁更多排版功能，增强表达力。

## 3.2 扩展语法

扩展语法让 Markdown 的排版变得更加丰富，能够满足更多需求。目前，比较流行的扩展语法是 GFM，它提供了删除线、表情符号（Emoji）、自动链接、表格、任务列表、围栏代码块和锚点等扩展语法。

### 3.2.1 删除线

删除线用来标记某些内容需要被删除，GFM 中的删除线用两个波浪号（~~）包裹，如图 3-28 所示，语法格式如下。

```
~~ 被删除的文字 ~~
```

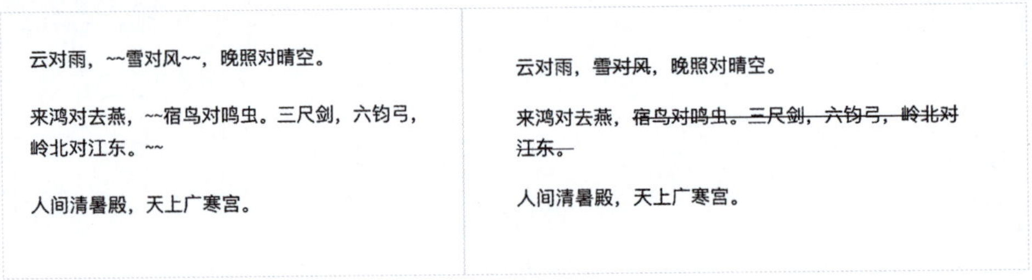

云对雨，~~雪对风~~，晚照对晴空。
来鸿对去燕，~~宿鸟对鸣虫。三尺剑，六钧弓，岭北对江东。~~
人间清暑殿，天上广寒宫。
云对雨，雪对风，晚照对晴空。
来鸿对去燕，宿鸟对鸣虫。三尺剑，六钧弓，岭北对江东。
人间清暑殿，天上广寒宫。

图 3-28　删除线

### 3.2.2 表情符号

表情符号又叫作 Emoji，在互联网中随处可见，微信聊天、微博、文章，甚至视频中都经常出现，如图 3-29 所示。Emoji 形象丰富、生动有趣，可以用来增强文本的可读性和趣味性。

最近使用
emoji
>_< 颜文字
特殊符号
笑脸
动物
食物
活动
旅行
物体
符号
旗帜

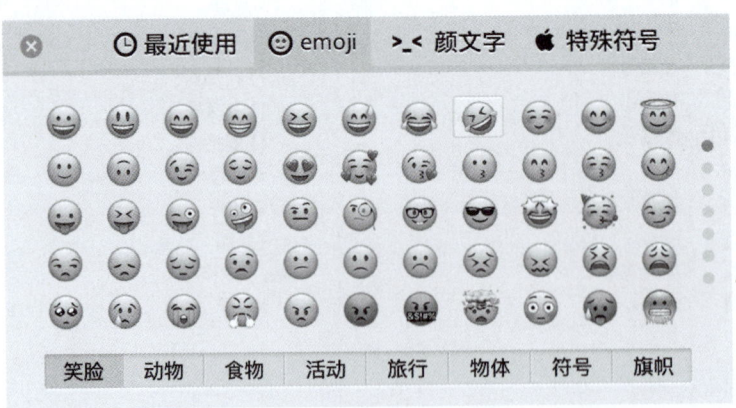

图 3-29　表情符号

下面对比一下使用 Emoji 的效果。

示例 1：
- 今天吃了超好吃的火锅，太满足了。
- 今天吃了超好吃的火锅，太满足了！👄🔥😋

示例 2：
- 新年快乐，祝你万事如意，心想事成，幸福安康。
- 🎉新年快乐，祝你万事如意✨，心想事成🌈，幸福安康💕。

在 Markdown 中使用 Emoji 有两种方法。

第一种方法是通过复制粘贴插入 Emoji。可选的途径包括使用电脑系统自带的表情符号、使用输入法的表情符号，以及使用各类网站提供的表情符号。

以从网站复制 Emoji 为例，在 emojiall.com/zh-hans 网站中找到需要的 Emoji，单击复制，然后粘贴到 Markdown 中，如图 3-30 所示。

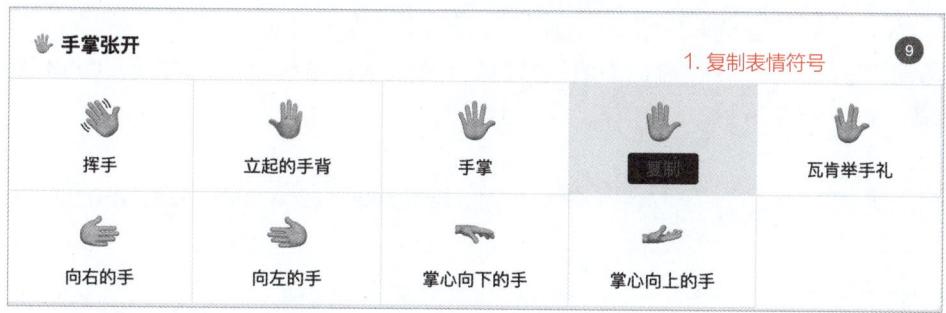

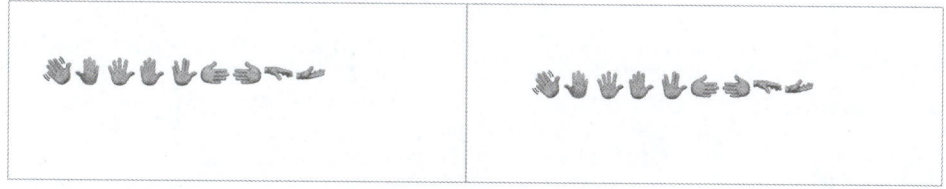

图 3-30　从网站复制 Emoji

使用这种方法的优点是 Markdown 源码和渲染效果一致，缺点是 Emoji 不可编辑。

第二种方法是使用表情代码插入 Emoji，表情代码用冒号（:）包裹，代码是可编辑的，如图 3-31 所示。语法格式如下。

:表情代码:

如果记不住表情代码，那么可以到 webpagefx.com 网站查看，找到对应的 Emoji，点击复制即可。也可以到 GitHub 搜索开源项目 ikatyang/emoji-cheat-sheet，查看其表情代码。

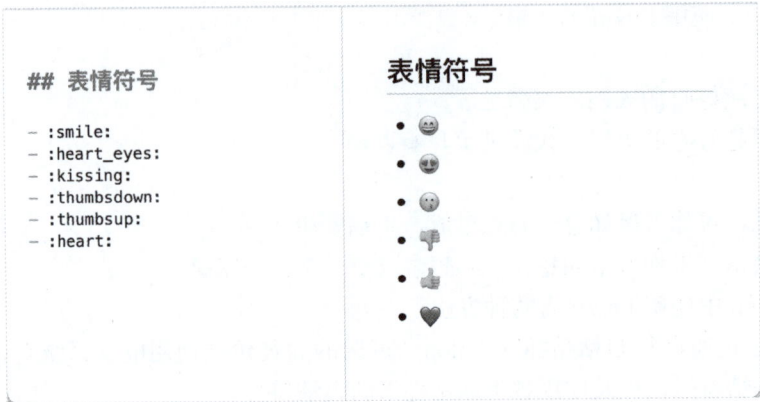

图 3-31 使用表情代码插入 Emoji

### 3.2.3 自动链接

在基础语法中，由 <> 包裹的 URL 地址被自动识别并被解析为超链接，GFM 则可以不用 <> 包裹，如图 3-32 所示。

图 3-32 自动链接

注意：自动链接只识别以 www、http:// 或 https:// 开头的 URL 地址。

如果不想使用自动链接，那么也可以用 ' 包裹 URL 地址，如下所示。

`'www.AAA.com'`

### 3.2.4 表格

#### 1. 语法说明

GFM 中的表格语法由竖线（|）和短横（-）组成。单元格之间使用 | 分隔，表格的第一行

是表头，表头与其他行使用 ---- 分隔。表格支持左对齐、右对齐和居中对齐，语法格式如下。

```
|表头1 | 表头2 | 表头3|
|---- | ---- | ---- |
|内容1 | 内容2 | 内容3|
|内容1 | 内容2 | 内容3|
```

语法说明如下，如图 3-33 所示。

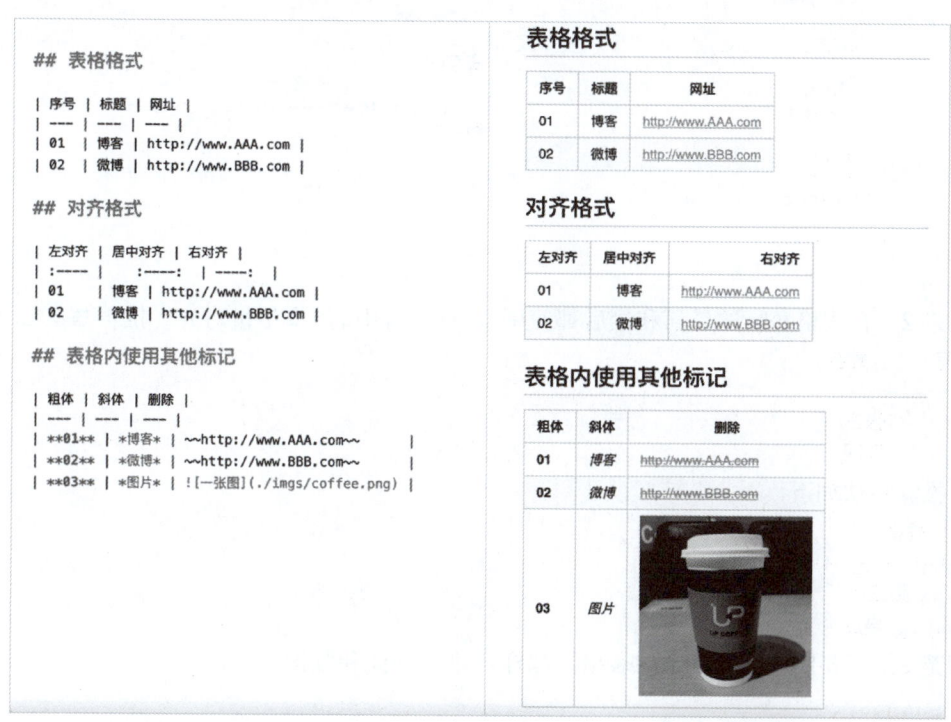

图 3-33　表格

- 为了便于阅读，建议每行的开始和结束都使用 |。
- 单元格和 | 之间的空格会被移除。
- 表格对齐格式如下。
  ◊ 左对齐（默认）：:----。
  ◊ 右对齐：----:。
  ◊ 居中对齐：:----:。
- 块级元素（代码区块、引用区块）不能被插入表格中。

**2. 编写规范**

**规范 1**：为了能正确地解析表格语法，在表格的前、后各空 1 行，如图 3-34 所示。

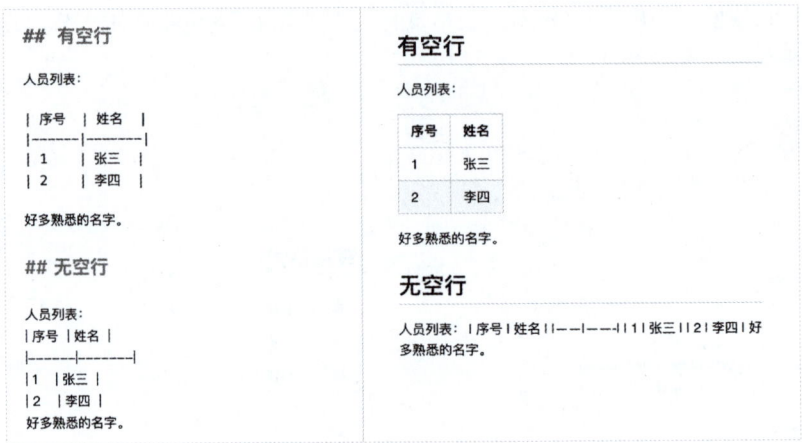

图 3-34　表格语法编写规范（1）

规范 2：在表格每行的最前和最后都使用 |，且每行中的 | 要尽量对齐。推荐写法如下。

| 序号   | 姓名   |
|--------|--------|
| 1      | 张三   |
| 2      | 李四   |

不推荐写法如下。

序号 | 姓名
------|---------------
1    | 张三
2    | 李四

规范 3：不要使用庞大复杂的表格，那样会难以阅读和维护。

### 3. 扩展知识

如果表格的单元格内要换行或者使用列表怎么办？虽然 GFM 没有语法支持单元格内换行或使用列表，但是可以使用 HTML 标签实现这两种效果，如图 3-35 所示。

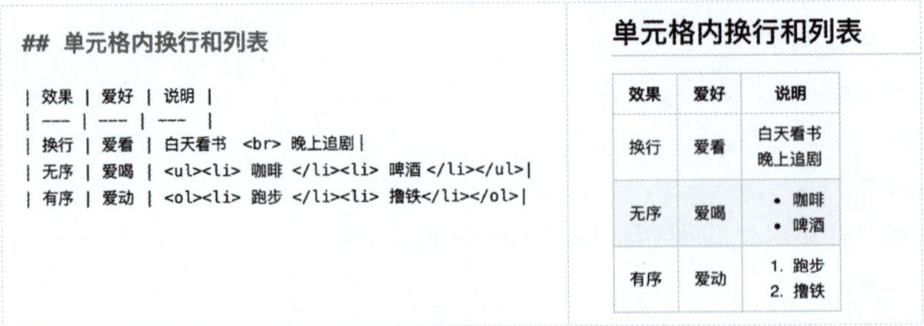

图 3-35　表格语法编写规范（2）

- 使用 HTML 的 <br> 标签实现换行的效果。
- 使用 HTML 的 <ul>、<ol>、<li> 标签实现列表的效果。<ul> 包裹 <li> 可以实现无序列表，<ol> 包裹 <li> 可以实现有序列表。

### 3.2.5 任务列表

任务列表又叫作待办事项列表，是一个带有复选框的项目列表，一个项目代表一个任务，当一个任务完成后，就可以划掉它，然后执行下一个任务。任务列表是非常好的时间管理和任务管理工具。

GFM 中的任务列表由短横（-）+ 空格 + 中括号（[]）组成，当任务未被勾选时，中括号中是一个空格；当任务被勾选时，中括号中是一个 x。x 可以小写，也可以大写，有些编辑器不支持大写，所以为避免解析错误，推荐使用小写的 x，如图 3-36 所示。语法格式如下。

```
- [ ] 未勾选
- [x] 已勾选
```

图 3-36　任务列表

### 3.2.6 围栏代码块

在基础语法中，代码块使用 Tab 键或 4 个空格开头。在 GFM 中，围栏代码块使用 3 个反引号（```）或 3 个波浪号（~~~）包裹，就像一个围栏一样把代码围起来。围栏代码块支持语法高亮，加上语言名称即可，可读性和可维护性都比较强，如图 3-37 所示。语法格式如下。

```
```
code
```

或

~~~
```

```
code
~~~

或

``` 语言名称
code
```
```

图 3-37　围栏代码块

## 3.2.7　锚点

很多人在看书的时候都喜欢先浏览目录了解文章的整体结构，再定位到具体的章节仔细阅读。Markdown 中的目录是怎么生成的呢？大多数 Markdown 编辑器支持使用 [TOC] 自动生成文章目录，例如 Typora、VS Code 和印象笔记。但是 GitHub 不支持，如果想在 GitHub 的 Markdown 文件中插入目录，则需要使用锚点。锚点是一种比较通用的制作目录的方法，除了用于制作目录，也可用于文档间的交叉引用和文档内的位置跳转。用锚点制作目录的格式如下。

```
*［一级标题］(# 一级标题)
    *［二级标题1](# 二级标题)
        *［三级标题](# 三级标题)
    *［二级标题2](# 二级标题)
```

锚点其实是一种超链接,在 Markdown 中用于链接到文档的标题,通过锚点也可以实现文档内或文档间的跳转。

锚点由**锚文本**和**锚链接**组成。**锚文本**是链接指向位置的文本描述,**锚链接**是链接到文档和标题的路径,如果链接到的是文档内的标题,则链接由 # 和**标题名**组成,如果链接到的是另一个文档的标题,则需要在 # 前加上文档的路径。语法格式如下。

```
［锚点描述](# 标题名)

或

［锚点描述](另一个文档.md# 标题名)
```

语法说明如下。
- # 和标题名之间没有空格,且不管几级标题,都只有一个 #。
- 标题名最好使用字母和数字,虽然也可以使用中文,但不排除有些网站支持得不够好。
- 标题名要区分英文大小写,如果标题中有大写字母,则在链接中最好将其转换成小写字母。
- 标题名中不能含有空格,如果有空格,则使用短横(-)代替。另外,不要使用特殊字符。

实例演示如下。

```
目录

* [1.1 Why](#1.1-why)
* [1.2 What](#1.2-what)
* [1.2.1 Where](#1.2.1-where)
* [1.3 How](#1.3-how)


## 1.1 Why
ba la ba la

## 1.2 What
ba la ba la

### 1.2.1 Where
ba la ba la
```

```
## 1.3 How
更多技巧，请参考《[使用技巧](docs/chapter03.md#3.5-使用技巧)》。
```

### 3.2.8 脚注

脚注，又名注脚（Footnote），可用来进一步解释信息和参考。如果把文章中的解释或附加说明都放在脚注里，那么可以让文章读起来更加完整和流畅。

GFM 中的脚注语法分为定义和引用。通常是先在文档末尾定义脚注，再在文本中引用脚注。引用处会有一个带链接的上标编号，点击就可以查看脚注内容。

定义脚注的语法格式如下。

```
[^脚注标识符]：脚注的文本内容。
```

这里要注意的是，脚注标识符可以是数字或文字，中括号里不能有空格，冒号后要加上空格。

引用脚注的语法是将 [^脚注标识符] 插入引用的位置。

```
在文本中插入 [^脚注标识符] 即可引用脚注。
```

实例演示如下，如图 3-38 所示。

```
exa 是一个用 Rust[^1] 编写的开源命令行 [^2] 工具。


[^1]：一门赋予每个人构建可靠且高效软件能力的语言。
[^2]：一个基于文本的用来查看、处理和操作您的计算机上的文件的应用程序。
```

> exa 是一个用 Rust [1] 编写的开源命令行 [2] 工具。
>
> [^1]：一门赋予每个人构建可靠且高效软件能力的语言。↵
>
> [^2]：一个基于文本的用来查看、处理和操作您的计算机上的文件的应用程序。↵

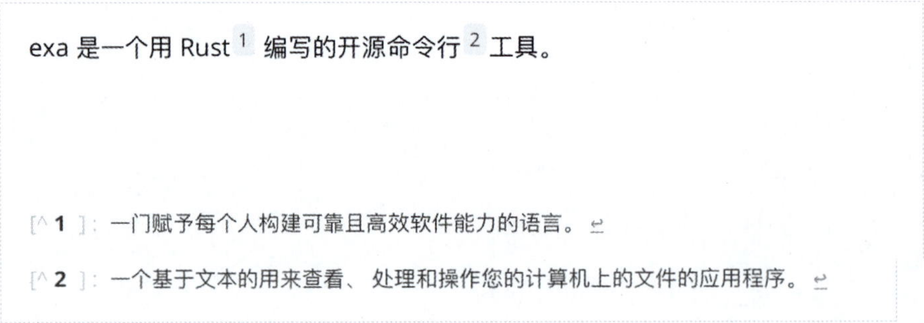

图 3-38 脚注

### 3.2.9 警告

警告通过彩色提示框突出显示文章中的某些关键信息，以便读者能够快速抓住重点。GFM 支持五种标准警告类型，如表 3-1 所示。

表 3-1　GFM 支持五种标准警告类型

| 类型标识 | 视觉特征 | 适用场景 |
| --- | --- | --- |
| [!NOTE] | 蓝色 / 信息图标 | 补充说明有用的信息 |
| [!TIP] | 绿色 / 灯泡图标 | 提供更好的优化建议 |
| [!IMPORTANT] | 紫色 / 星标图标 | 强调必要的关键信息 |
| [!WARNING] | 橙色 / 三角警示标 | 提示规避潜在的风险 |
| [!CAUTION] | 红色 / 停止图标 | 警示危险操作的后果 |

语法格式如下。

> [!TYPE]
> 正文内容（支持粗体、斜体等基础格式）

需要注意：

- 类型标识必须大写且保持语法完整（如 [!NOTE]）。
- 提示框与上下文保持 2 行间距。
- 单个段落建议不超过 3 行，复杂内容建议采用折叠列表。

不同警告类型的效果如图 3-39 所示。

图 3-39　不同警告类型的效果

## 3.3 高级语法

所谓"高级语法",可以理解为满足"特殊"排版需求的语法。Markdown 语法,甚至是扩展语法实现的排版效果都是有限的,因为 Markdown 的特点就是易读、易写,再怎么扩展也不能违背这个原则。但特殊需求在所难免,要想实现,就要用相对复杂的语法,需要 HTML 或 CSS 来协助。为了可读性、兼容性和可维护性,不建议大量使用"高级语法"。

### 3.3.1 上标和下标

上标,也叫上角标,是出现在一列正常字体文字的**上边**的数字、字母或其他符号。下标,也叫下角标,是出现在一列正常字体文字**下边**的数字、字母或其他符号。

上标和下标常用于化学式、数学公式、引用文字的脚注等。Markdown 原生语法并不支持上标和下标,需要用 HTML 标签实现。

在 HTML 语法中,上标用 `<sup>` 标签包裹,下标用 `<sub>` 标签包裹,语法示例如下,如图 3-40 所示。

- 我是 `<sup>` 上标 `</sup>`
- 我是 `<sub>` 下标 `</sub>`

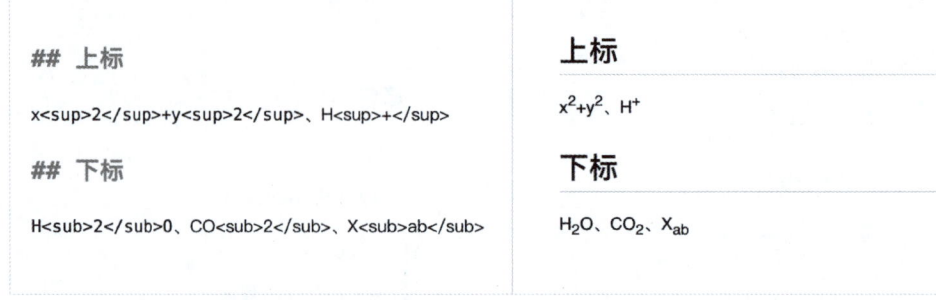

图 3-40　上标和下标

在 Typora 中,上标和下标有语法支持,上标用 ^ 包裹,下标则用 ~ 包裹。

- 我是 ^ 上标 ^
- 我是 ~ 下标 ~

效果与 HTML 语法实现的相同。

### 3.3.2 下画线

下画线并不常用,但如果想在 Markdown 中使用,那么可以通过 HTML 的 `<u>` 标签实现。示例如下,如图 3-41 所示。

`<u>` 你站在桥上看风景 `</u>`,看风景的人在楼上看你。明月装饰了你的窗子,`<u>` 你装饰了别人的梦 `</u>`。

> 你站在桥上看风景，看风景人在楼上看你。明月装饰了你的窗子，<u>你装饰了别人的梦</u>。

图 3-41　下画线

### 3.3.3　高亮

文本高亮显示是比较常见的排版需求，目前有两种方法可以实现高亮效果。一是使用 HTML 的 \<mark\> 标签，二是使用两个等号（==）包裹需要高亮显示的内容。示例如下，如图 3-42 所示。

```
<mark>你站在桥上看风景</mark>，看风景的人在楼上看你。明月装饰了你的窗子，== 你装饰了别人的梦 ==。
```

> 你站在桥上看风景，看风景人在楼上看你。明月装饰了你的窗子，你装饰了别人的梦。

图 3-42　高亮

### 3.3.4　颜色

在 Markdown 中，如果想为文字设置不同的颜色，则需要在 HTML 标签内设置 CSS 字体颜色属性 color。语法示例如下。

```
<p style="color:red"> 颜色名称 </p>
<p style="color:#ff0000">十六进制颜色代码 </p>
<p style=" color:rgb(255, 0, 0)" >RGB 颜色值 </p>
```

文字颜色可以使用 HTML 颜色名称（如 red），或者使用十六进制颜色代码（如 #ff0000），也可以使用 RGB 颜色值（如 rgb(255,0,0)）。推荐使用颜色名称，可读性相对高一些，如图 3-43 所示。

| ## 文字颜色<br><br>\*\*文字颜色\*\*可以使用\<span style="color:red"\>颜色名称\</span\>，或\<span style="color:#ff0000"\>十六进制颜色代码\</span\>，或\<span style="color:rgb(255, 0, 0)"\> RGB 颜色值\</span\>。推荐使用\*\*颜色名称\*\*，可读性相对高一些。 | **文字颜色**<br><br>**文字颜色**可以使用颜色名称，或十六进制颜色代码，或 RGB 颜色值。推荐使用**颜色名称**，可读性相对高一些。 |
|---|---|

图 3-43　颜色

文字颜色可参考代码，如图 3-34 所示。

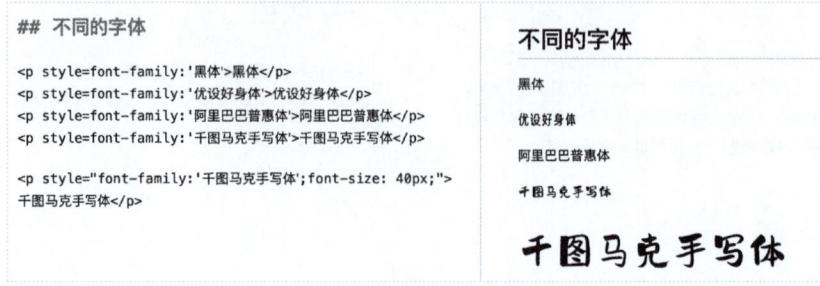

图 3-44　文字颜色参考代码

## 3.3.5　字体

如果想改变 Markdown 中文字的字体,则需要在 HTML 标签内设置 CSS 字体属性 font-family。语法示例如下,如图 3-45 所示。

```
<p style=font-family:'黑体'>将字体设置为黑体</p>
<p style=font-family:'阿里巴巴普惠体'>将字体设置为阿里巴巴普惠体</p>
```

图 3-45　字体

如果在本地指定字体，则需要确保电脑中已经安装了该字体。如果在网站上指定字体，则需要确保网站支持该字体。

### 3.3.6 字号

如果想改变 Markdown 中文字的字号，则需要在 HTML 标签内设置 CSS 字号属性 font-size。语法示例如下，如图 3-46 所示。

```
<p style="font-size: 20px;">设置字号</p>
<p style=" font-family:'字体';font-size: 20px;color:red;">不同字体不同字号不同颜色</p>
```

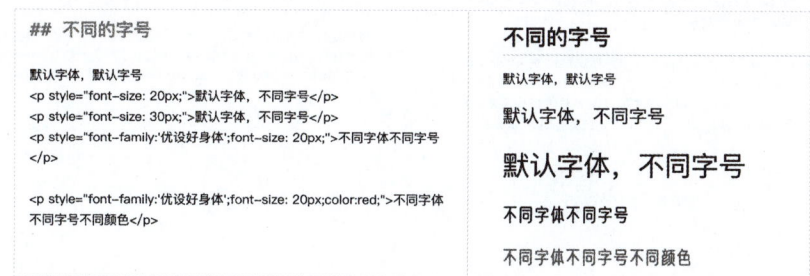

图 3-46　字号

也可以使用 HTML 的 <small> 和 <big> 标签设置字号。嵌套一个 <small> 标签会使字体小一号，嵌套两个 <small> 标签会使字体小两号，依此类推。<big> 标签会让字体大一号，嵌套两个 <big> 标签会使字体大两号，依此类推。语法示例如下，如图 3-47 所示。

```
<small>小一号</small>

<big>大一号</big>
```

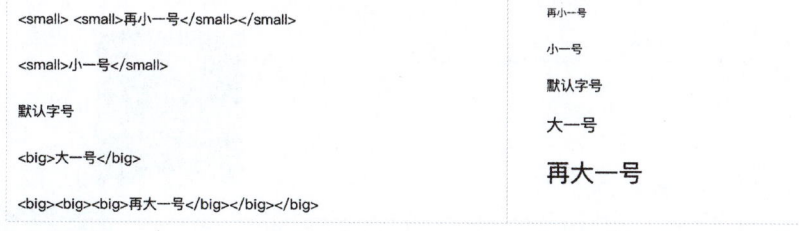

图 3-47　字号实例

### 3.3.7 缩进

虽然新媒体排版不建议使用段首缩进，但如果你的文章是要出版的，那么段首缩进两格还是需要的。在 Markdown 中，需要在 HTML 标签内设置 CSS 文本缩进属性 text-indent。语法示例如下。

`<p style=" text-indent:2em;" >段首缩进两个文字的宽度</p>`

一个 em 代表缩进一个文字的宽度，2em 代表缩进两个文字的宽度，正好实现段首空两格的效果，如图 3-48 所示。

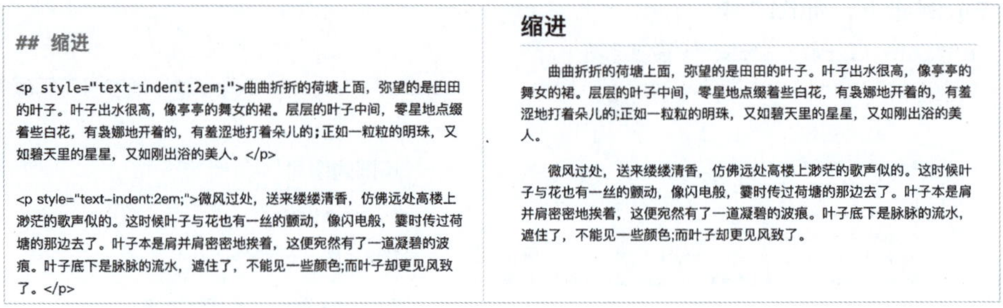

图 3-48　缩进

### 3.3.8　对齐

在 Markdown 中，需要在 HTML 标签内设置 CSS 文本对齐属性 text-align。语法示例如下，如图 3-49 所示。

`<p style="text-align:center">居中对齐</p>`
`<p style=" text-align:right" >右对齐</p>`

图 3-49　对齐

使用 HTML 标签包裹的内容中不应使用 Markdown 语法，例如本例中图片使用了 HTML 的 <img> 标签。

### 3.3.9 图片大小

如果需要在 Markdown 中设置图片的大小，则使用 HTML 的 <img> 标签插入图片，不能用原生的 Markdown 语法。通过 <img> 标签的 width 和 height 属性设置图片的宽度和高度。

语法示例如下，如图 3-50 所示。

```
<img src="图片地址" width="像素值" height ="像素值">
```

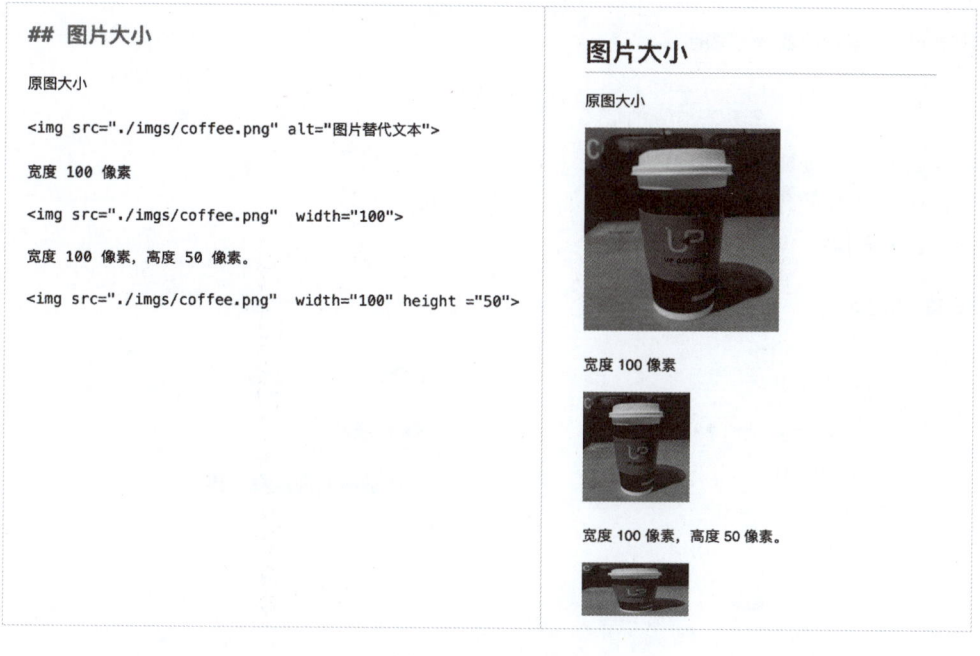

图 3-50　图片大小

### 3.3.10 注释

如果有些提示性或解释性的备注需要只在读源码的时候才能看到，就要用到注释。Markdown 中的注释主要有三种方法。

方法一：在 HTML 标签中使用 CSS 的 display 属性，语法格式如下。

```
<div style="display:none">我是注释，你看不见我。</div>
```

这种方法比较复杂，不推荐使用。

方法二：使用 XML 的注释语法，语法格式如下。

```
<!-- 我是注释 -->
```

```
<!--
我也是注释,不过我换行了。
-->
```

这种方法比较通用且自由,推荐使用。

方法三:巧用引用链接,只定义链接标记,但不引用,可实现注释效果。定义引用链接的格式如下。

```
[链接标记]:链接地址 " 可选标题 "
```

或

```
[链接标记]:链接地址 (可选标题)
```

如果作为注释使用,那么参考格式如下,如图 3-51 所示。

```
[#]:(这里写注释)
```

```
[这里写注释]:#
```

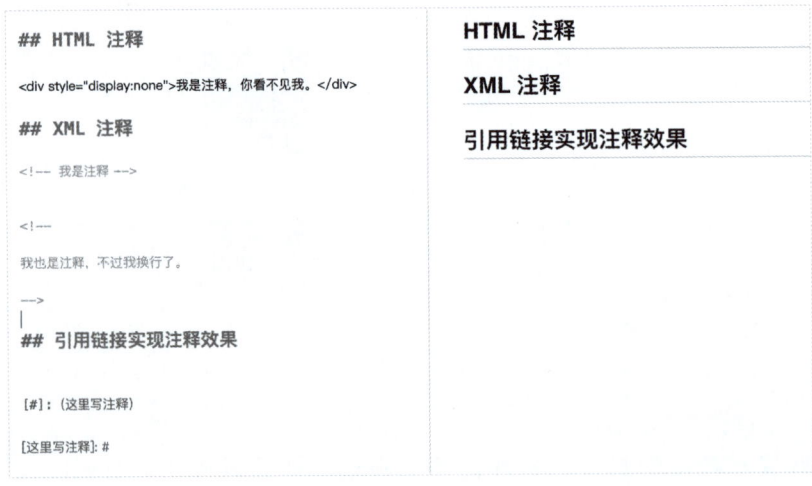

图 3-51 注释

## 3.3.11 折叠

折叠是网页中比较常见的效果,在默认情况下,内容被折叠,当想查看详情时点击展开。在 Markdown 中,要想实现折叠效果需要借助 HTML 的 <details> 标签,并搭配 <summary> 为隐藏内容定义标题。标题是可见的，语法示例如下，如图 3-52 所示。

```
<details><summary> 我是标题 </summary>
<p>
我是被隐藏的内容。隐藏图片、表格、标题、代码、引用等都可以。
</p>
</details>
```

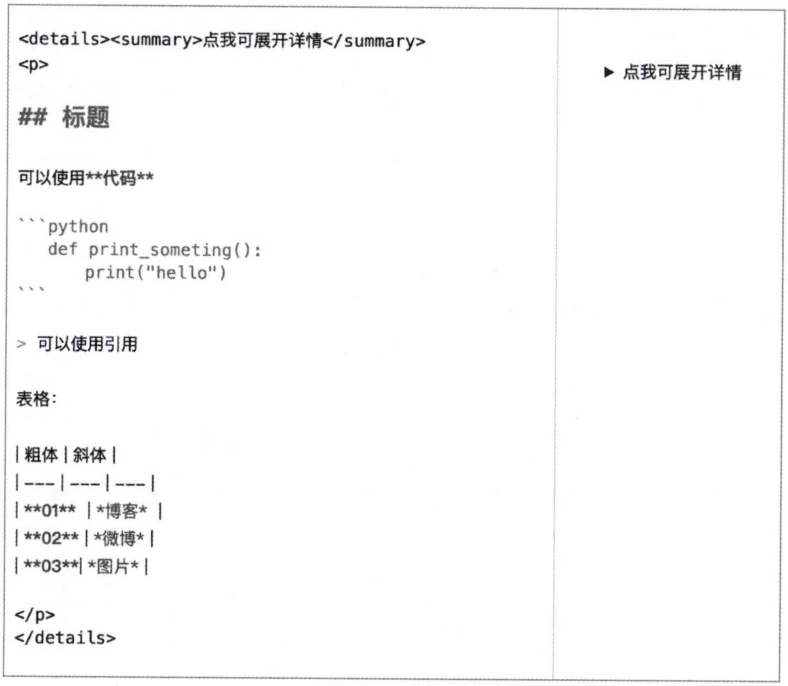

图 3-52　折叠

## 3.4　本章总结

每个人都能学会 Markdown，只要你开始用起来。每个人都能用好 Markdown，只要你遵循规范，养成良好的写作习惯。本章循序渐进地介绍了 Markdown 语法及其使用规范，从通用的基础语法，到流行的扩展语法，再到更复杂的高级语法。从此，在 Markdown 的世界中，你将畅通无阻。接下来，只需选择一款适合自己的 Markdown 工具，你的写作就会如虎添翼。

# 工 具 篇

# 第 4 章
# 沉浸式写作工具：Typora

如果要评选最好用的 Markdown 编辑器，那么 Typora 必定榜上有名，这与其专注、克制、极简、舒适的特点，以及曾经长期免费的策略是分不开的。虽然 Typora 已经开始收费，但它的魅力丝毫未减，依然是非常值得尝试的编辑器。

毫不夸张地说，Typora 已经成为现代 Markdown 编辑器的标杆，很多新的编辑器在开发和宣传时都会以它为参照。有句话叫"一直被模仿，从未被超越"，用在 Typora 身上再合适不过了。无论你最终选择哪一款编辑器，Typora 都是一定要尝试的。

本章将全面介绍 Typora 这款沉浸式写作工具，让你体验专注写作的乐趣。

## 4.1 简介

Typora 是一款功能全面的 Markdown 编辑器，简单且高效，在设计上非常优雅。它将源码编辑与效果预览合二为一，输入标记后会立即生成预览效果，提供了"所见即所得"的写作体验。Typora 基本信息如表 4-1 所示。

表 4-1  Typora 基本信息

| 属性 | 内容 |
| --- | --- |
| 支持平台 | Windows、macOS、Linux |
| 主要特点 | 所见即所得的编辑体验、简洁美观的界面、支持多种格式 |
| 作者 | Abner Lee |
| 是否收费 | 1.0 版本开始收费 |

Typora 不仅支持 GFM，还支持数学公式、图表、流程图等多种扩展功能。作为一款流行

的编辑器，它的文件管理、图片管理，以及不同的视图模式都十分好用。更妙的是，Typora 为绝大多数 Markdown 标记和常用功能配备了快捷键，不离开键盘就能轻松完成各种操作。无论是做计划、写文章，还是记笔记，Typora 都能成为你的得力助手。

对了，Typora 从 2021 年 11 月 23 日发布 1.0 版本时开始收费，售价为 14.99 美元。付费方式是买断制，也就是一次性付费，可以同时激活三台设备。

Typora 的功能特性如下。

- 编辑器支持实时预览模式和源代码模式。
- 侧边栏支持大纲、文档列表、文件树等显示方式。
- 支持打字机模式、专注模式。
- 支持 GFM、数学公式、流程图等扩展语法。
- 支持切换和安装主题，有丰富的主题库。
- 配合 Pandoc 能够自由地转换文件格式。
- 没有手机应用程序。
- 没有内置云同步功能，但可以配合其他云同步工具一起使用。

### 4.1.1 下载安装

访问 Typora 官网，下载适合你操作系统的安装包，根据提示安装即可，如图 4-1 所示。

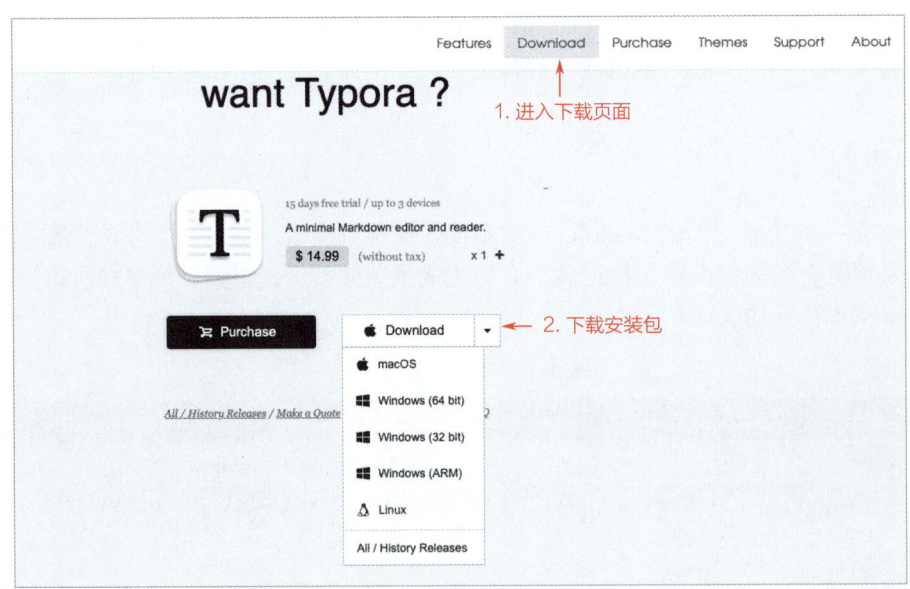

图 4-1 下载安装

小提示：如果要购买，那么请单击"Purchase"按钮，按照提示购买即可，此处不做演示。

## 4.1.2 工作界面

Typora 的工作界面主要由以下四个区域构成，在 macOS 系统中如图 4-2 所示，在 Windows 系统中如图 4-3 所示。

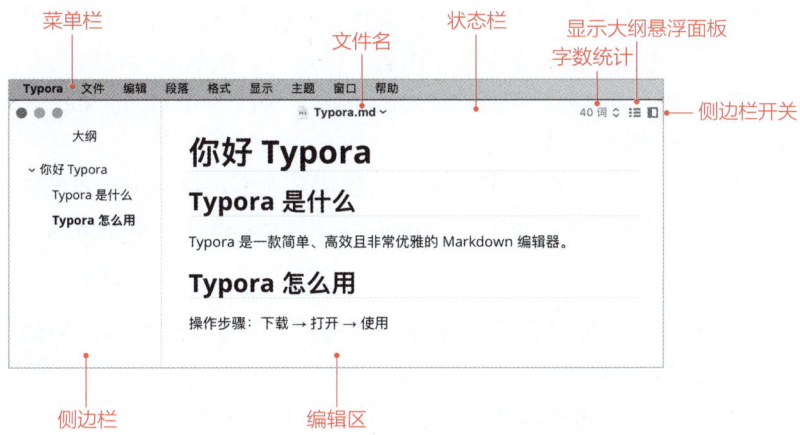

图 4-2　macOS 系统中的 Typora 工作界面

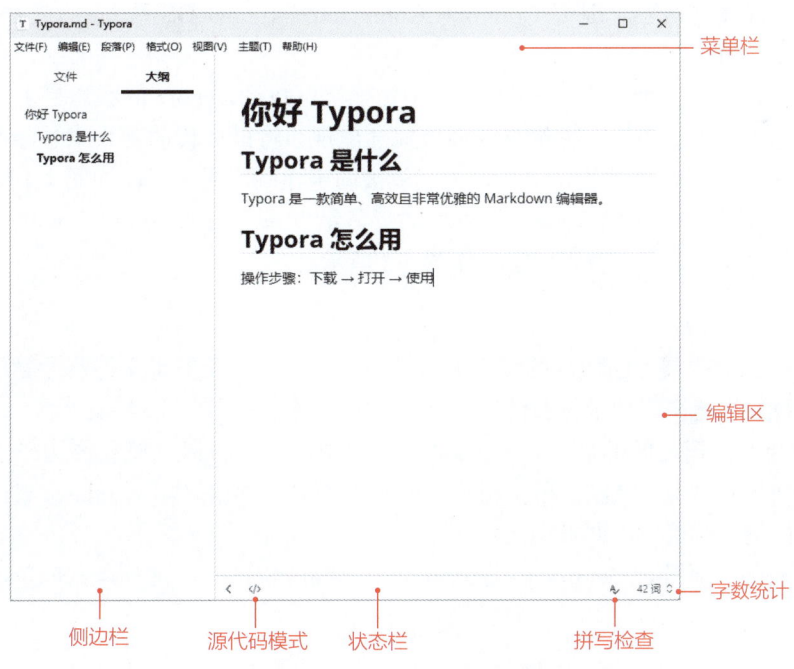

图 4-3　Windows 系统中的 Typora 工作界面

- **菜单栏**：汇集了编辑器的所有功能选项，方便用户查找和操作，与其他常见编辑器类似。
- **状态栏**：用于显示当前文件的状态信息（如是否已编辑、字数统计），以及侧边栏、大纲悬浮面板等功能的开关。
- **侧边栏**：用于显示文章大纲、文档列表、文件树和搜索功能，同时提供文件管理操作。
- **编辑区**：默认以实时预览模式显示文档内容，也可以切换至源代码模式进行编辑。

将编辑区视图从实时预览模式切换到源代码模式，快捷键是 Command+/（macOS 系统）或 Ctrl+/（Windows/Linux 系统）。

Typora 的侧边栏用于显示大纲、文档列表、文件树及搜索。显示或隐藏侧边栏的快捷键是 Command + Shift + L（macOS 系统）或 Ctrl + Shift + L（Windows/Linux 系统）。

### 1. 大纲

大纲是根据文档中的各级标题自动生成的结构视图，能直观地展示文档的层次和逻辑关系，帮助我们快速了解文档的整体框架。

在写长篇文档之前，可以通过大纲来规划文档的结构，明确各部分的内容和层次，确保文档整体逻辑清晰、条理分明。在编辑和阅读文档时，可以利用大纲快速跳转到文档的任意部分，提高编辑和阅读效率。

显示大纲视图的快捷键是 Control + Command + 1（macOS 系统）或 Ctrl + Shift + 1（Windows/Linux 系统）。

通过界面操作也很方便。在 macOS 系统中，把鼠标放到 Typora 的状态栏上，右上角会显示"大纲"图标，单击该图标，大纲悬浮面板就会出现。将鼠标移动到大纲悬浮面板上，会显示向左的指示图标"◐"，单击指示图标，大纲就被固定在侧边栏上了，如图 4-4 所示。

在 Windows 系统中，单击 Typora 左下角的"显示"→"隐藏侧边栏"菜单命令，显示侧边栏之后，单击"大纲"标签就可以了，如图 4-5 所示。

### 2. 文件树

文件树以树状结构展示已加载的文件夹及其包含的文件，类似于文件资源管理器中的文件夹结构，方便我们快速浏览和定位文件。

对于大纲与文件树之间的切换，在 macOS 系统中，只需将鼠标放在侧边栏上，左上角就会出现切换按钮"≡"或"▤"，单击后可切换到大纲或文件树。在 Windows 系统中，大纲和文件树是两个标签，直接单击即可切换。

显示文件树的快捷键是 Control + Command + 3（macOS 系统）或 Ctrl + Shift + 3（Windows/Linux 系统）。

第 4 章　沉浸式写作工具：Typora

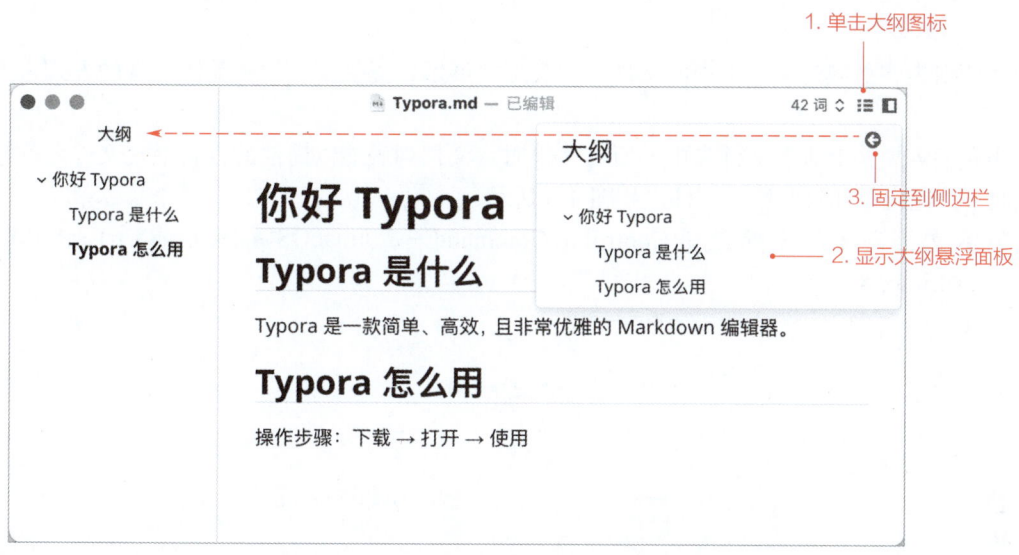

图 4-4　macOS 系统显示大纲

图 4-5　Windows 系统显示大纲

### 3. 文档列表

文档列表将加载的文件夹中的文件以列表形式展示，提供了一种更简洁直观的方式来查看文件。

当我们需要快速查看文件夹中的所有文件时，文档列表能以简洁的方式呈现文件名称等信息，便于快速定位和打开所需文件，如图 4-6 所示。

显示文档列表的快捷键是 Control + Command + 2（macOS 系统）或 Ctrl + Shift + 2（Windows/Linux 系统）。

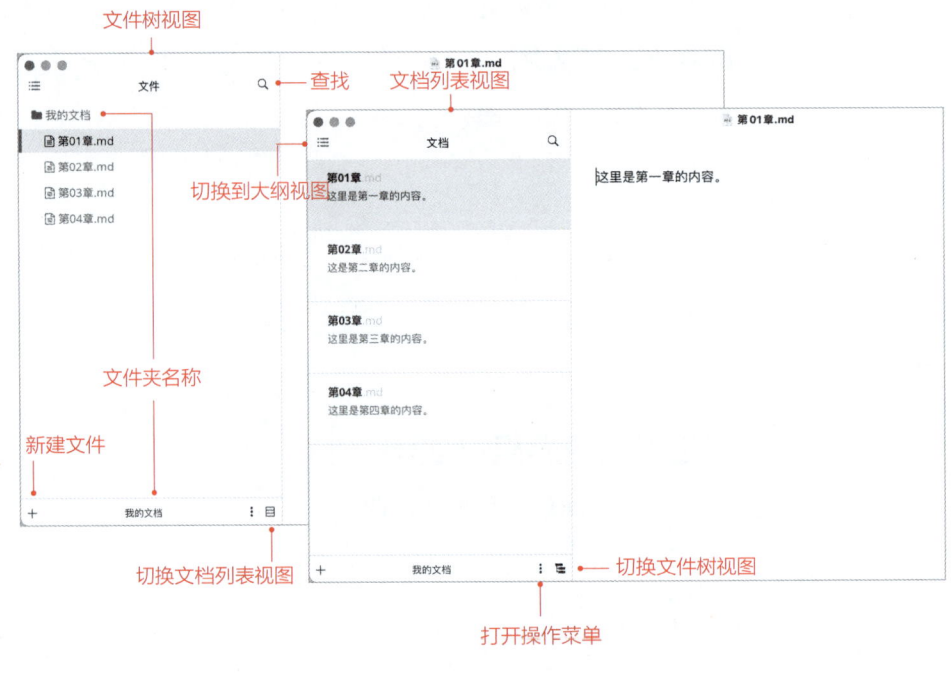

图 4-6　文档列表

### 4. 搜索

Typora 的侧边栏提供了快速搜索的功能。在大纲视图下，搜索的是当前文档的标题内容。文档列表和文件树视图支持全局搜索，搜索的是当前目录下的文件夹及其子文件夹中的文件内容，而不仅仅是文件名。可以快速定位到包含特定信息的文件，极大地提高了编辑效率。

全局搜索的快捷键是 Shift + Command + F（macOS 系统）或 Shift + Ctrl + F（Windows/Linux 系统）。搜索结果会高亮显示，方便用户快速定位到目标内容，如图 4-7 所示。全局搜索还支持正则表达式，可以进行更复杂的搜索模式匹配。

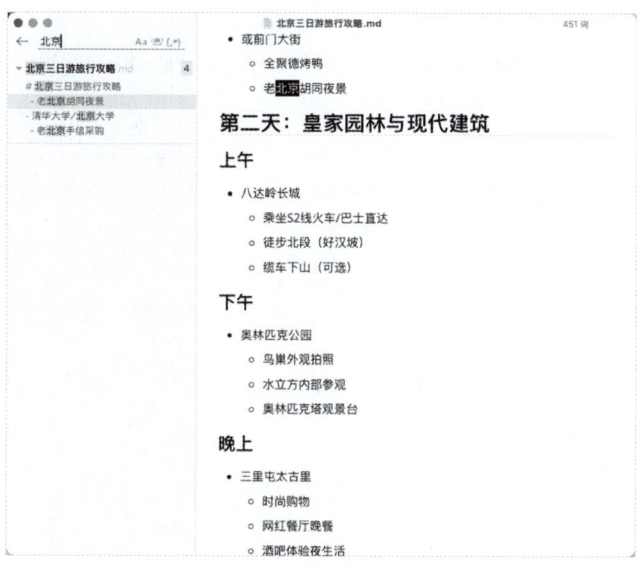

图 4-7　全局搜索

## 4.1.3　设置界面

Typora 提供了丰富的偏好设置选项，涵盖文件、编辑器、图像、Markdown、导出、外观和通用等方面，方便我们根据个人习惯进行定制。我们可以通过以下方式打开 Typora 的设置界面。

- 菜单栏。
  - ◇ macOS 系统：单击"Typora"→"偏好设置"菜单命令。
  - ◇ Windows/Linux 系统：单击"文件"→"偏好设置"菜单命令。
- 快捷键。
  - ◇ macOS 系统：Command + 逗号。
  - ◇ Windows/Linux 系统：Ctrl + 逗号。

以下是对各项设置内容的简要说明。

- **文件**：管理启动行为、默认文件类型、历史记录，以及文件拖动操作。
- **编辑器**：配置缩进、符号配对、即时渲染、复制行为、打字机模式和专注模式。
- **图像**：设置图片插入方式、语法偏好和上传服务。
- **Markdown**：自定义语法偏好、启用扩展语法、设置智能标点、代码块、公式、空格与换行等。
- **导出**：管理导出格式，包括添加、删除、重命名和配置导出规则。
- **外观**：调整窗口样式、字体大小、字数统计、主题切换和管理。

- **通用**：设置更新、语言、自定义快捷键，以及服务器。

**注意**：为了确保后续关于 Markdown 及扩展语法的演示能够顺利进行，请务必在设置中勾选"Markdown"选项卡下的所有扩展语法复选框，如图 4-8 所示。

图 4-8　设置界面

## 4.2　格式排版

Typora 提供了丰富的文本格式设置功能，包括加粗、斜体、下画线、代码、内联公式、删除线、高亮、上标、下标、注释、超链接、图像和清除样式等。通过菜单栏的"格式"选项可以查看和操作这些功能，不过，更高效的方式是直接利用 Markdown 语法或快捷键进行操作，如表 4-2 所示。

表 4-2　文本格式设置语法及其对应的快捷键

| 操作 | 语法格式 | 快捷键（macOS 系统） | 快捷键（Windows/Linux 系统） |
| --- | --- | --- | --- |
| 加粗 | \*\* 文字 \*\* | Command + B | Ctrl + B |
| 斜体 | \* 文字 \* | Command + I | Ctrl + I |
| 下画线 | &lt;u&gt; 文字 &lt;/u&gt; | Command + U | Ctrl + U |
| 代码 | \`code\` | Control + \` | Ctrl + Shift + \` |
| 内联公式 | $ 公式 $ | Control + M | 无 |
| 删除线 | ~~ 文字 ~~ | Control + Shift + ~ | Alt + Shift + 5 |
| 高亮 | == 高亮内容 == | Shift + Command + H | 无 |
| 上标 | ^ 上标内容 ^ | 无 | 无 |

(续表)

| 操作 | 语法格式 | 快捷键(macOS 系统) | 快捷键(Windows/Linux 系统) |
|---|---|---|---|
| 下标 | ~下标内容~ | 无 | 无 |
| 注释 | <!-- 我是注释 --> | Control + - | 无 |
| 超链接 | [ 链接文字 ]( 链接地址 ) | Command + K | Ctrl + K |
| 插入图片 | ![]( 图片地址 ) | Control + Command + I | Ctrl + Shift + I |
| 清除样式 | 无 | Command + \ | Ctrl + \ |

基础的文本格式排版简单易用，结合快捷键操作能够显著提升写作效率。接下来，我们将重点介绍一些扩展语法和实用功能。

## 4.2.1 下画线

Typora 中的下画线是通过 HTML 的 <u> 标签实现的，其语法如下。

```
<u> 这段文字下面有下画线。</u>
```

显示效果为：这段文字下面有下画线。

## 4.2.2 内联公式

Typora 中内联公式的语法是用 $ 将公式包裹起来，语法如下。

```
$ 数学公式 $
```

示例演示如下。

```
内联公式举例：

- 分数：$f(x,y) = \frac{x^2}{y^3}$

- 开根号：$f(x,y) = \sqrt[n]{{x^2}{y^3}}$

- 省略号：$f(x_1, x_2, \cdots, x_n) = x_1 + x_2 + \cdots + x_n$
```

内联公式如图 4-9 所示。

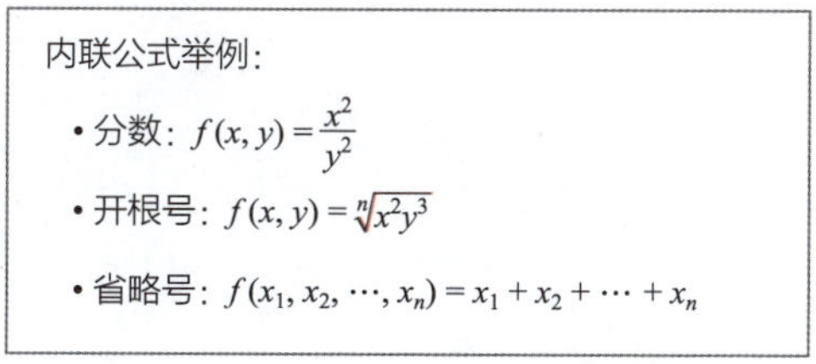

内联公式举例：

- 分数：$f(x,y) = \dfrac{x^2}{y^2}$
- 开根号：$f(x,y) = \sqrt[n]{x^2 y^3}$
- 省略号：$f(x_1, x_2, \cdots, x_n) = x_1 + x_2 + \cdots + x_n$

图 4-9 内联公式

### 4.2.3 删除线

Typora 中的删除线是用 ~~ 包裹文字实现的,语法如下。

```
~~ 一段被删除的文字。~~
```

显示效果为:~~一段被删除的文字。~~

### 4.2.4 高亮

Typora 中高亮的语法是使用 == 将要高亮的内容包裹起来实现的,语法如下。

```
== 高亮内容 ==
```

示例演示如下。

```
春对夏,秋对冬,== 暮鼓对晨钟 ==。观山对玩水,绿竹对苍松。
```

高亮的渲染效果如图 4-10 所示。

春对夏,秋对冬,==暮鼓对晨钟==。观山对玩水,绿竹对苍松。

图 4-10 高亮的渲染效果

使用 HTML 的 <mark> 标签也可以实现同样的效果。

### 4.2.5 上标和下标

在 Typora 中,上标和下标的语法是使用 ^ 和 ~ 将内容包裹起来,语法如下。

```
^ 上标内容 ^
```

```
~ 下标内容 ~
```

当然也支持 HTML 语法:

```
<sup> 上标内容 </sup>
```

```
<sub> 下标内容 </sub>
```

实例演示如下。

```
Typora 语法:

- 上标:X^2^+Y^2^
- 下标:H~2~O



HTML 语法:

- 上标:X<sup>2</sup>+Y<sup>2</sup>
```

- 下标:H&lt;sub&gt;2&lt;/sub&gt;O

渲染效果如图 4-11 所示。

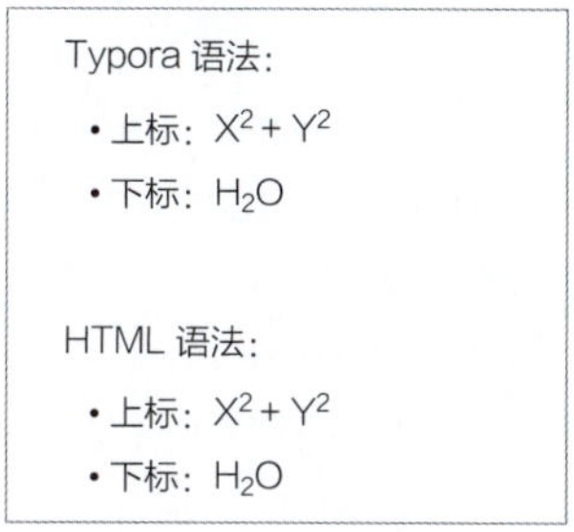

图 4-11 上标和下标

### 4.2.6 注释

在编辑和预览时,注释的内容会被显示,但在导出为 PDF 或 Word 时,注释会被隐藏。Typora 使用的是 XML 的注释语法,语法如下。

&lt;!-- 我是注释 --&gt;

### 4.2.7 清除样式

清除样式功能用于移除文本中的 Markdown 标记,将其恢复为普通文本,有两种主要方法可以实现。

**方法一:快捷键反向操作。**
选中已标记样式的文字后,再次按下应用该样式的快捷键,即可清除该样式。

**方法二:使用"清除样式"功能。**
通过以下方式可以调用清除样式功能。
- 菜单栏:选择"格式→清除样式"菜单命令。
- 快捷键。
  - macOS 系统:Command + \。
  - Windows/Linux 系统:Ctrl + \。

操作范围。
- **清除单行样式**:将光标置于需要清除的样式的行内的任意位置,然后执行清除样式操作。
- **清除选中文本样式**:选中需要清除样式的文本段落,然后执行清除样式操作。

### 4.2.8 图像

Typora 的图像管理功能非常好用,支持插入本地图片和网络图片。在插入图片时,还可以将图片复制到指定的位置或上传到指定图床，并且能够设置图片大小，这些功能弥补了 Markdown 在图像管理方面的很多不足。

1. 插入本地图片

向 Typora 插入本地图片，除了通过 Markdown 标记，还有 3 种更便捷的方法。
- 方法一：在编辑区输入 Markdown 图片标记后，单击右边的文件夹图标，选择本地图片。
- 方法二：选中本地图片，直接拖动到 Typora 中。
- 方法三：复制本地图片，然后粘贴到 Typora 中。

本地图片插入 Typora 后，名称会被自动提取为 Markdown 文件中的图片替代文字，图片链接是绝对路径。插入本地图片的 3 种方法如图 4-12 所示。

图 4-12　插入本地图片的 3 种方法

2. 插入网络图片

直接复制粘贴就可以插入网络图片，Typora 会自动将其转换为 Markdown 的图片语法格式。

3. 插入图片时的操作

如果想在插入图片时进行一些操作，例如将图片复制到指定文件夹，或将图片上传到指定的图床，那么可以进行如下设置。

进入设置界面，单击"图像"选项卡，找到"插入图片时 ..."的第一个选项列表，可用的选项如下。

- 无特殊操作。
- 复制图片到当前文件夹（./）。
- 复制图片到 ./assets 文件夹。
- 复制图片到 ./$(filename).assets 文件夹。
- 上传图片。
- 复制图片到指定路径。

无特殊操作指的是保留图片的原始路径，不做任何处理。其余选项则可以根据你的喜好和习惯处理复制到 Typora 的图片，可以将其复制到指定位置，也可以将其上传到图床。

如果你喜欢将所有图片都放在某个指定目录下，那么可以先选择"复制到指定路径"，接着在其下方的输入框中输入或选择地址。然后对本地和网络位置的图片都应用上述规则，设置完成后，所有复制到 Typora 中的图片都会被保存到该路径中。

例如，将网络图片和本地图片都复制到当前文件夹的 imgs 目录下，配置如图 4-13 所示。

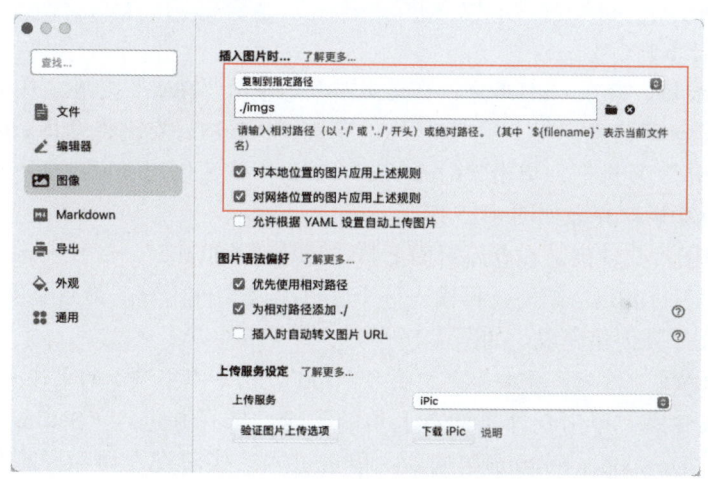

图 4-13　插入网络图片的配置

### 4. 使用图床

Markdown 是纯文本文件，插入的本地图片只是引用了外部的图片地址，如果将 Markdown 文件移动到别处，如发布到博客，那么文件中引用的所有本地图片都应随之移动，否则将会出现找不到图片的情况。可若移动图片，数量少的时候还好，数量一多，就特别麻烦。加上图片可能需要修改，若想同步更新所有引用该图片的文件，就更麻烦了。

如果能将本地图片全都转换为网络图片，Markdown 文件引用图片的网络地址，这些问题也就迎刃而解了。通常来说，只要有互联网，那么图片无论是在博客中还是在本地计算机中，都可以正常显示。维护图片时，只需要在图床中替换一次，所有引用该图片的文件就都同步更新了。

图床就是网络上用于存储图片的服务。Typora 支持与多种图床管理工具配合，在插入图片时自动将其上传至图床，将本地图片转为网络图片。常用的图床管理工具包括 iPic、uPic、Picsee 和 PicGo 等。

下面以 PicGo + GitHub 为例，介绍 Typora 的图片上传功能。

PicGo 是一款开源的图片上传和管理工具，基于 electron-vue 开发，支持 macOS、Windows 和 Linux 系统。可在 GitHub 中搜索"Molunerfinn/PicGo"找到该项目。

PicGo 支持的图床服务包括七牛云、腾讯云 COS、又拍云、GitHub、SM.MS、阿里云 OSS 和 Imgur 等。

Typora + PicGo + GitHub 是一组免费且功能强大的组合，配置过程分为以下三步。
- 配置 GitHub：创建仓库用于存放图片，并获取 Token。
- 配置 PicGo：设置服务地址，将 GitHub 设为图床。
- 配置 Typora：将 PicGo 设为上传服务。

（1）配置 GitHub。

**步骤 1：新建仓库**。登录 GitHub 后，在首页左上角单击"New"按钮，进入新建仓库页面。

**步骤 2：填写仓库信息**。输入仓库名称，单击"Public"按钮将仓库设置为公开，勾选"Add a README file"复选框，单击"Create repository"按钮创建仓库，如图 4-14 所示。

新仓库创建成功后，界面如图 4-15 所示。

**步骤 3：创建图片文件夹**。在仓库页面上方，选择"Add file"→"Create new file"菜单命令，输入文件夹的名称并以 / 结尾，再输入一个文件名及文件内容，最后单击底部的"Commit new file"按钮，文件夹创建完成，如图 4-16 所示。

小提示：在输入文件名时，需要加上扩展名".md"，例如本书演示的文件名为"readme.md"。

**步骤 4：生成令牌**。单击仓库页面右上角的头像，选择并进入"Settings"页面。在左侧的菜单栏中找到"Developer Settings"选项，单击进入。接着在左侧菜单栏中找到"Personal access tokens"下拉菜单，展开后单击"Tokens（classic）"选项，再单击"Generate new token（classic）"按钮，打开"New personal access token (classic)"界面，配置完成后，单击"Generate token"按钮生成令牌，如图 4-17 所示。

记得复制并保存好令牌，因为它只显示一次，我们在配置 PicGo 图床时会用到这个令牌。

（2）配置 PicGo。

**步骤 1：启用服务**。在左侧导航栏单击"PicGo 设置"选项卡，找到"设置 Server"并单击右边的"点击设置"按钮，开启"是否开启 Server"开关，设置监听地址为 127.0.0.1，端口为 36677，单击"确定"按钮。

**步骤 2：开启重命名**。在"PicGo 设置"界面开启"上传前重命名"和"时间戳重命名"功能，避免图片重名。

**步骤 3：设置图床。** 在左侧导航栏单击"图床设置"选项卡，选择 GitHub，输入之前生成的令牌，单击"确定"按钮。

**步骤 4：设置上传区。** 在左侧导航栏中单击"上传区"选项卡，将"图片上传"设置为 GitHub。如图 4-18 所示。

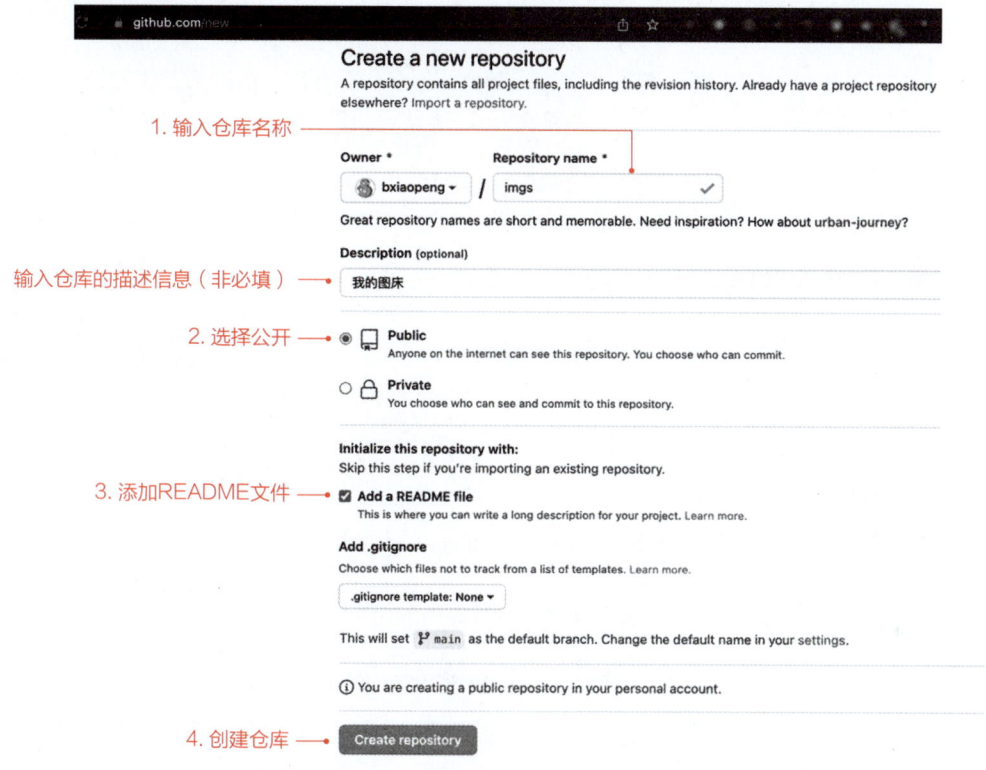

图 4-14　填写仓库信息

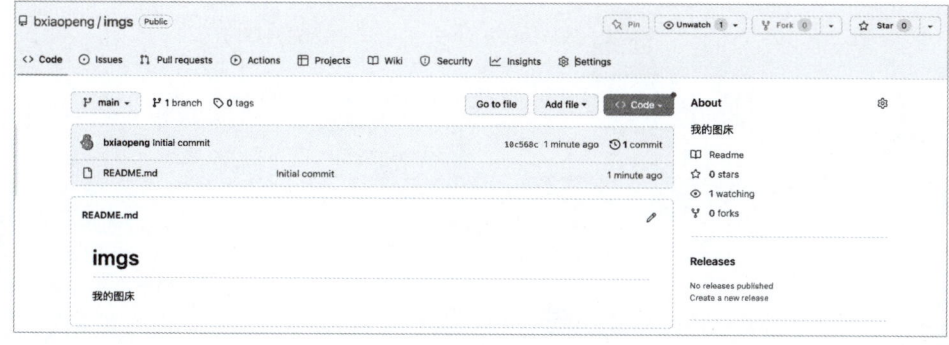

图 4-15　新创建的仓库

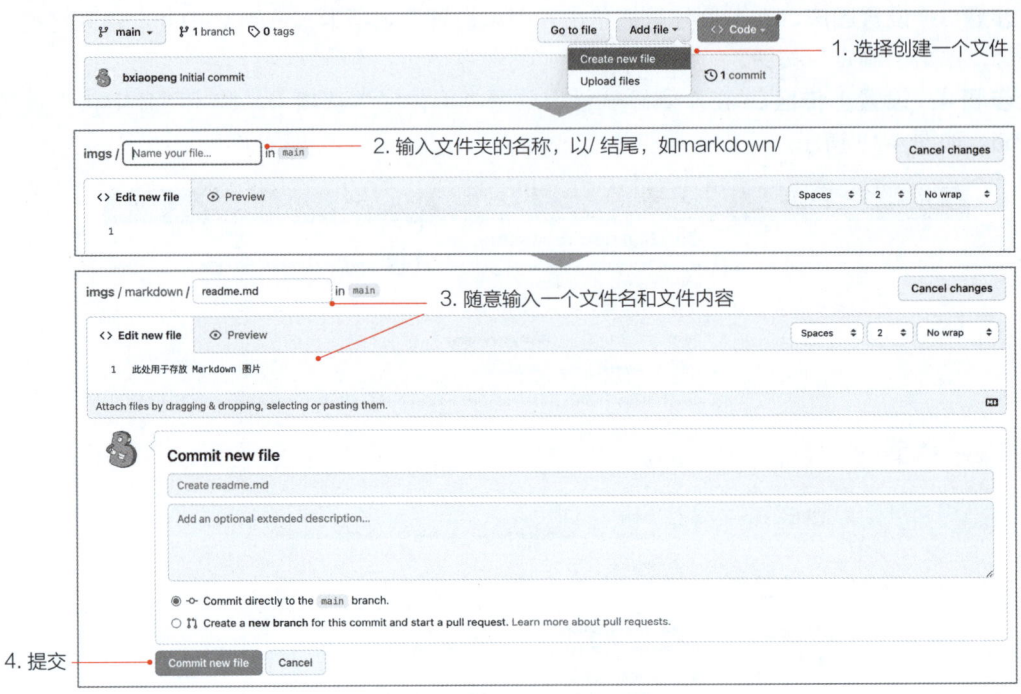

图 4-16　创建文件夹的操作步骤

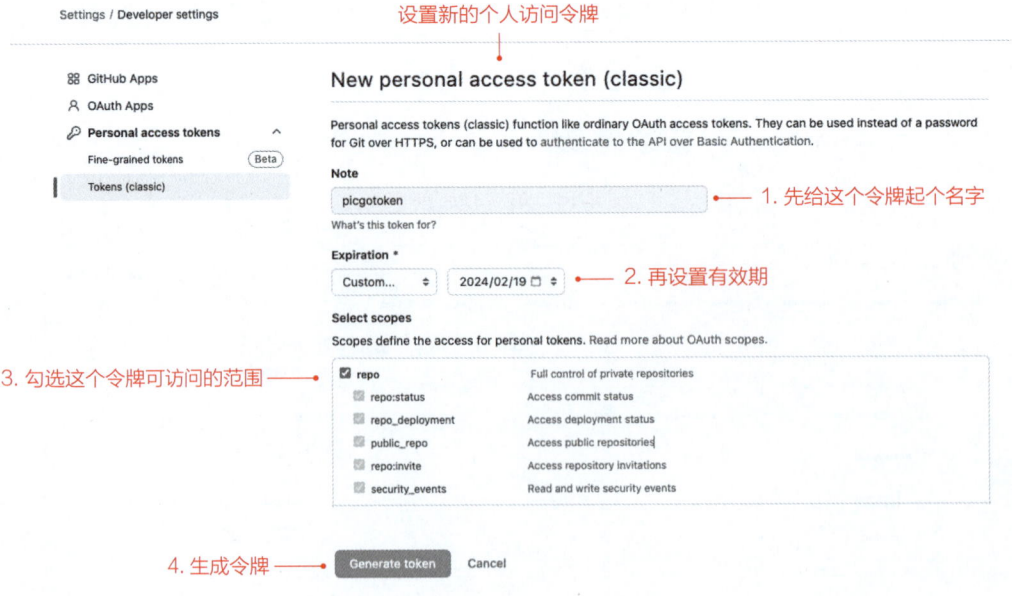

图 4-17　生成个人访问令牌

第 4 章 沉浸式写作工具：Typora

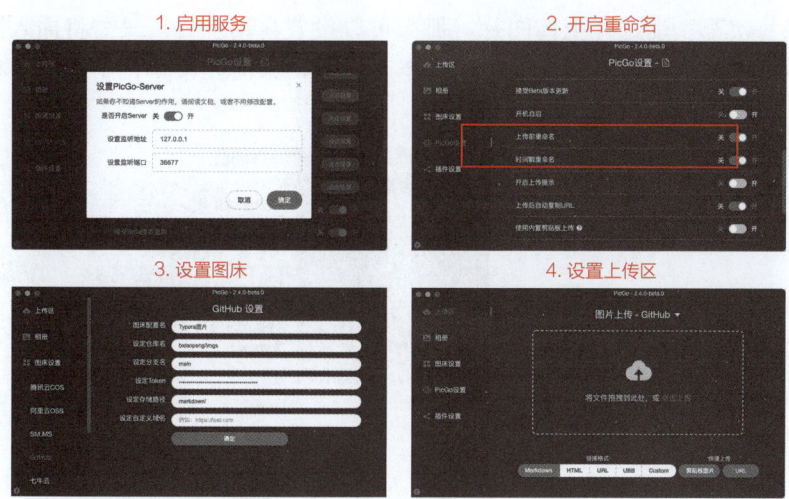

图 4-18　PicGo 配置步骤

（3）配置 Typora。

**步骤 1：配置上传服务**。在设置界面，单击"图像"选项卡，在"上传服务设定"中选择 PicGo.app 作为上传服务，然后单击"验证图片上传选项"按钮，如图 4-19 所示。

**步骤 2：验证上传图片**。粘贴一张本地图片到 Typora 中，右键单击图片后，在弹出的快捷菜单中选择"上传图片"选项，按提示将图片上传至 GitHub 图床之后，图片地址自动转换为网络地址，如图 4-20 所示。

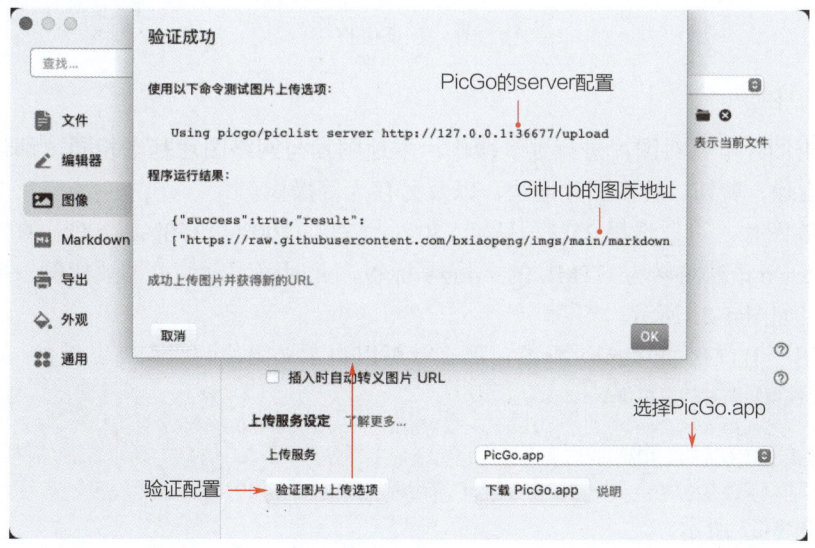

图 4-19　配置上传服务

如果不想每次都手动选择上传图片,那么可以设置自动上传。只需将插入图片的操作设置为上传图片即可。也可以一次性上传所有本地图片,只需在菜单栏中选择"格式"→"图像"→"上传所有本地图片"菜单命令即可。

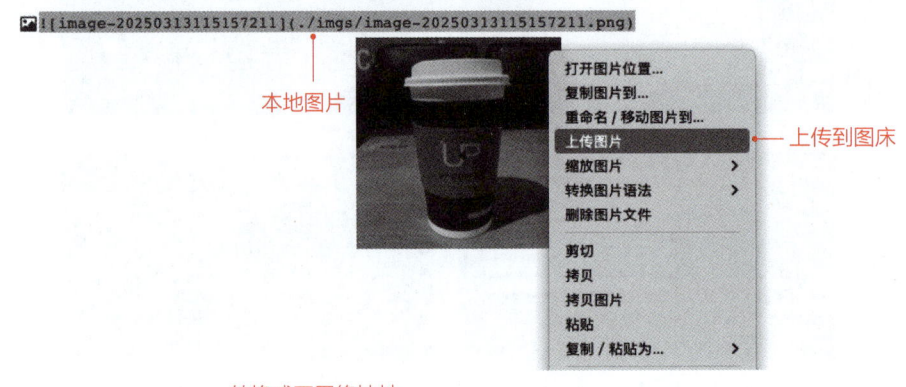

图 4-20　验证上传图片

### 5. 图片操作

右键单击图片可以对图片进行更多操作,本地图片与网络图片基本相同,都包括复制、上传、缩放、删除、剪切、转换图片语法,以及另存为等操作。

比如缩放图片,可以选择 25%、33%、50%、67%、100%、150%、200% 的缩放比例。设置后,Markdown 语法将转为 HTML 的 <img> 标签,此时可手动调整缩放比例,也可自定义图片的宽和高,如图 4-21 所示。

既然使用了 HTML 的 <img> 标签,那么就可以自定义图片的宽和高。例如:

```
<!-- 通过属性设置图片的宽和高 -->
<img src="./imgs/coffee.jpeg" width="200px" height="200px" />
<!-- 通过样式设置图片的宽和高 -->
<img src="./imgs/coffee.jpeg" style="width:200px;height:200px" />
```

效果如图 4-22 所示。

图 4-21　缩放图片

图 4-22　自定义图片的宽和高

## 4.3　段落排版

　　Typora 提供了全面且便捷的段落格式化功能，涵盖了标题、表格、代码块、公式块、引用、列表、分割线、目录等常用元素。我们可以通过菜单栏的"**段落**"选项浏览和使用这些功能，但更高效的方式是直接采用 Markdown 语法或快捷键，如表 4-3 所示。

表 4-3　段落排版的语法和对应的快捷键

| 排版操作 | 语法格式 | 快捷键（macOS 系统） | 快捷键（Windows/Linux 系统） |
| --- | --- | --- | --- |
| 一级标题 | # | Command + 1 | Ctrl + 1 |
| 二级标题 | ## | Command + 2 | Ctrl + 2 |
| 三级标题 | ### | Command + 3 | Ctrl + 3 |
| 四级标题 | #### | Command + 4 | Ctrl + 4 |
| 五级标题 | ##### | Command + 5 | Ctrl + 5 |
| 六级标题 | ###### | Command + 6 | Ctrl + 6 |
| 普通文本 | 无 | Command + 0 | Ctrl + 0 |
| 提升标题级别 | 无 | Command + + | Ctrl + = |
| 降低标题级别 | 无 | Command + - | Ctrl + - |
| 表格 > 插入表格 | 由 \| 和 - 组成 | Option + Command + T | Ctrl + T |
| 表格 > 下方插入行 | 无 | Command + Enter | Ctrl + Enter |
| 表格 > 上移该行 | 无 | Control + Command + ↑ | Alt + ↑ |
| 表格 > 下移该行 | 无 | Control + Command + ↓ | Alt + ↓ |
| 表格 > 左移该行 | 无 | Control + Command + ← | Alt + ← |
| 表格 > 右移该行 | 无 | Control + Command + → | Alt + → |
| 表格 > 删除该行 | 无 | Shift + Command + Delete | Ctrl + Shift + 退格 |
| 代码块 | 由 ``` 包裹 | Option + Command + C | Ctrl + Shift + K |
| 公式块 | 由 $$ 包裹 | Option + Command + B | Ctrl + Shift + M |
| 引用 | > + 空格 | Option + Command + Q | Ctrl + Shift + Q |
| 有序列表 | 数字序号 . 列表内容 | Option + Command + O | Ctrl + Shift + [ |
| 无序列表 | - 列表内容 | Option + Command + U | Ctrl + Shift + ] |
| 任务列表 | -[ ] 任务描述 | Option + Command + X | Ctrl + Shift + X |
| 列表缩进 > 增加缩进 | 无 | Command + ] | Ctrl + ] |
| 列表缩进 > 减少缩进 | 无 | Command + [ | Ctrl + [ |
| 链接引用 | [ 链接标记 ]: 链接地址 " 可选标题 " | Option + Command + L | 无 |

（续表）

| 排版操作 | 语法格式 | 快捷键（macOS 系统） | 快捷键（Windows/Linux 系统） |
| --- | --- | --- | --- |
| 脚注 | [^ 脚注标识符 ]: 脚注的文本内容 | Option + Command + R | 无 |
| 水平分割线 | --- | Option + Command + - | 无 |
| 内容目录 | TOC | 无 | 无 |

掌握这些段落排版方法能够帮助我们更高效地组织和呈现文档内容。接下来，我们将深入探讨一些扩展语法和实用技巧。

## 4.3.1 表格

直接使用 Markdown 的表格语法确实有些复杂，管理和维护也不方便，Typora 在表格的处理上堪称业界典范。

例如，在创建表格时，无须记忆复杂语法，只需使用快捷键 Option + Command + T（macOS 系统）或 Ctrl + T（Windows/Linux 系统）即可快速插入表格，如图 4-23 所示。

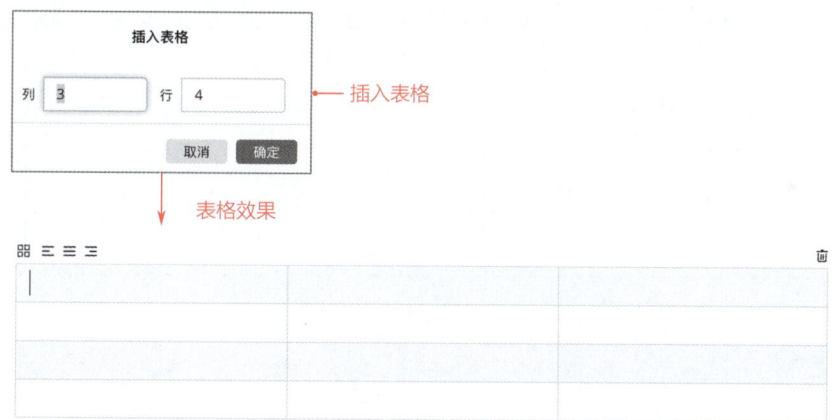

图 4-23　插入表格

若需调整表格的行数、列数及对齐方式，那么可将光标置于表格内，此时表格左上方将显示操作菜单，直接调整即可，如图 4-24 所示。

若要改变表格中行或列的顺序，那么可将光标移至行首或列顶，待光标变为双向箭头后拖动即可。对于更多操作，可右键单击表格，在弹出的快捷菜单中选择行列移动、删除复制，以及格式化等操作。

另外，Typora 还支持直接从 Excel、Numbers 等工具中复制并粘贴表格，极大地提高了工作效率，如图 4-25 所示。

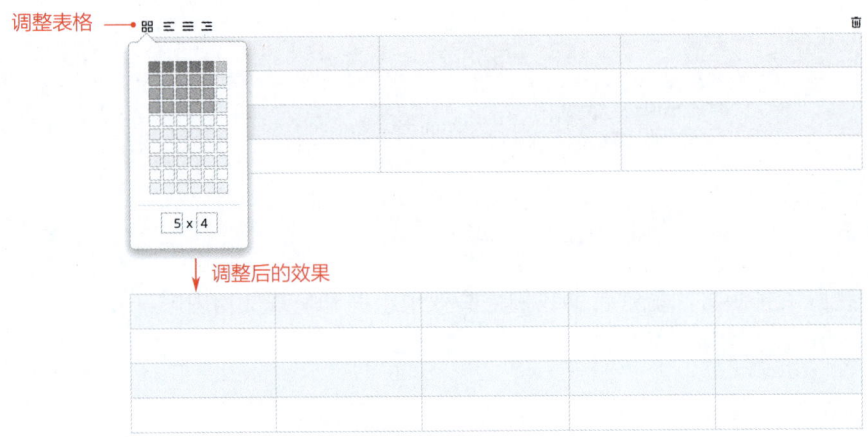

图 4-24　调整表格

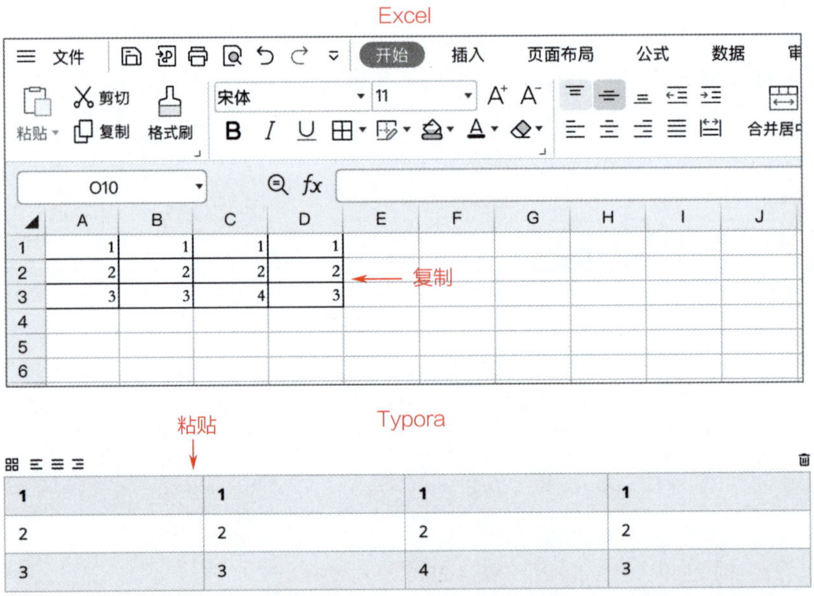

图 4-25　复制粘贴表格

## 4.3.2　代码块

在 Typora 中插入代码块的常用方法是使用围栏代码块。输入三个反引号 ``` 后，紧接着输入编程语言的名称，Typora 会触发自动联想功能，帮助我们快速选择所需的语言，代码块如图 4-26 所示。

# 第 4 章　沉浸式写作工具：Typora

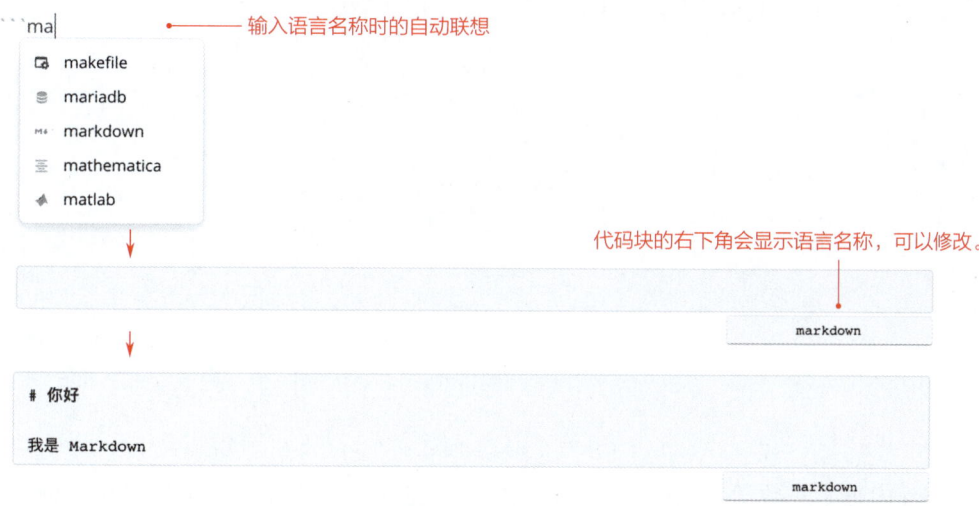

图 4-26　代码块

若要配置代码块的显示方式，例如是否显示行号、启用自动换行、设置代码缩进，以及指定默认的代码块语言，那么请进入 Typora 的设置界面，单击"Markdown"选项卡，在"代码块"选项组中进行详细设置，如图 4-27 所示。

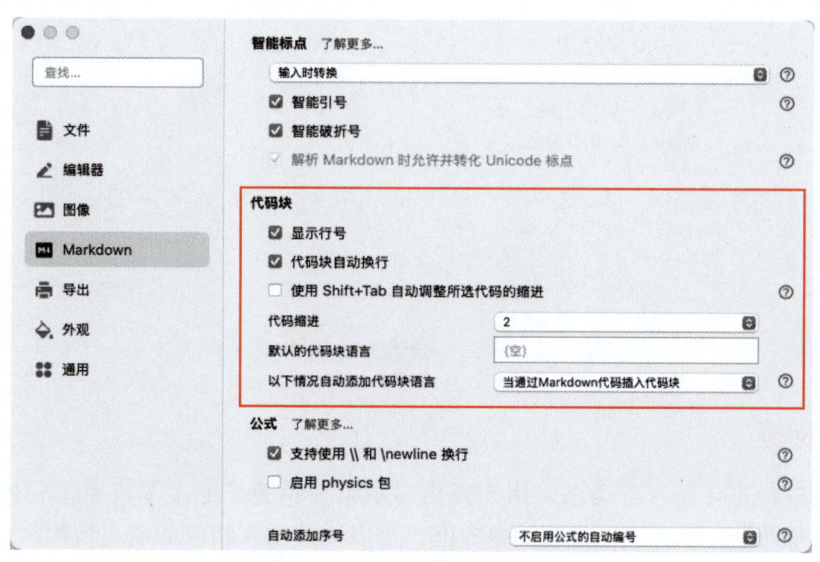

图 4-27　设置代码块

值得注意的是，Typora 的代码块支持 diff 语法，这对于标记代码或文本的更改（新增和删除）非常有用，方便进行版本比较和协同开发，diff 语法如图 4-28 所示。

```diff
--- a/original_text.txt
+++ b/modified_text.txt
@@ -1,3 +1,3 @@
 这是原始的一句话。
-这句话将被删除。
+这是新增的一句话。
 这是另一句没有变化的文字。
```

diff

图 4-28 diff 语法

## 4.3.3 公式块

Typora 内置了对数学公式的强大支持，它能够通过解析 Tex 和 LaTeX 语法，将复杂的数学表达式清晰地渲染出来。只需要将数学公式用双美元符号 $$ 包裹起来即可创建公式块。

语法如下。

```
$$
数学公式
$$
```

公式块的效果如图 4-29 所示。

公式 ✓

```
$$
\$$
\lim_{n \to \infty} \left( 1 + \frac{1}{n} \right)^n = e
\$$
$$
```

$$\$\$ \lim_{n\to\infty}\left(1+\frac{1}{n}\right)^n = e\$\$ \qquad (1)$$

图 4-29 公式块的效果

## 4.3.4 警告框

Typora 支持 GFM 警告框语法，用于突出显示重要信息。通过单击菜单栏的“段落”→“警告框”菜单命令，选择不同类型的警告框，可以快速插入相应的语法结构。然后只需补充正文内容即可，如图 4-30 所示。

此功能可以用于创建不同样式的警告框，如提示、注意、警告或错误，有效组织和呈现文档信息。

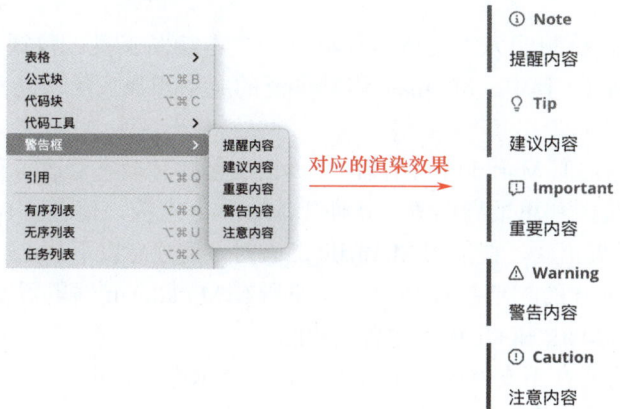

图 4-30　警告框

## 4.3.5　目录

Typora 可以在实时预览模式下快速生成文章目录。只需在编辑区输入 [TOC] 并按下回车键，Typora 就会自动提取文档中的各级标题，生成一个可导航的目录。

目录（Table of Contents，TOC）会根据文档标题的层级结构自动创建，并在修改标题时同步更新，确保目录始终与文档内容保持一致，如图 4-31 所示。

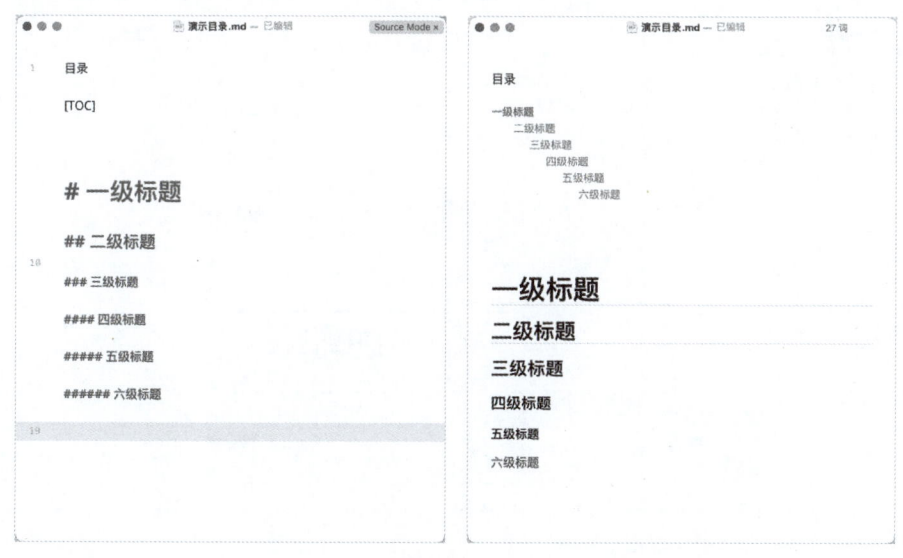

图 4-31　目录

## 4.3.6 图表

Typora 具备强大的图表绘制能力,支持多种流行的文本绘图工具,包括 flowchart.js、js-sequence-diagrams 和 Mermaid。其中,Mermaid 因其广泛的应用和强大的功能而备受推崇,我们将重点介绍它。

Mermaid 允许我们通过类似 Markdown 的简洁文本语法创建和动态修改各种图表,例如序列图、流程图、甘特图、饼图和思维导图等。在使用 Mermaid 之前,请务必在 Typora 的设置中启用 Markdown 的图表扩展语法。在使用 Mermaid 图表时,请注意以下几点。

- **兼容性**:图表是 Typora 的一项扩展功能,并非所有 Markdown 编辑器都支持。标准的 Markdown、CommonMark 和 GFM 不包含此功能。
- **跨平台使用**:如果需要在不支持 Mermaid 的平台中展示图表,那么建议先将图表截图,然后以图片形式插入,这样可以确保不同平台上的兼容性。
- **导出格式**:将文档导出为 HTML、PDF、epub 或 docx 格式时,图表通常可以正常显示。但导出为其他格式时,可能无法保证图表的正常显示。

接下来,让我们通过一些示例来了解 Mermaid 的基本用法。

### 1. Mermaid 时序图

Mermaid 的时序图以关键词 sequenceDiagram 开头。可以使用 ->> 表示实线箭头,-->> 表示虚线箭头。要添加备注,可以使用 "Note [ right of | left of | over ] [ 参与者 ]: 内容" 的语法,如图 4-32 所示。

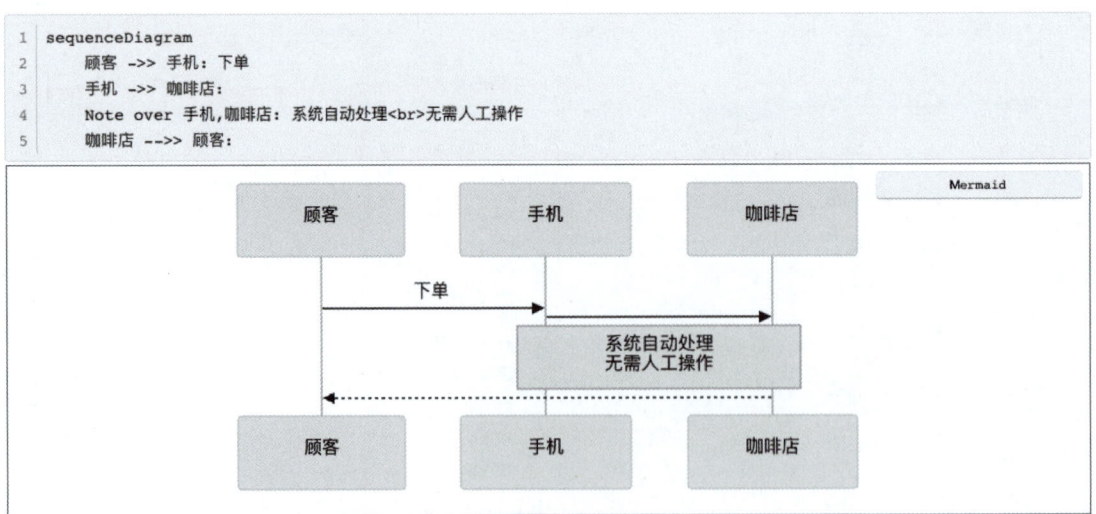

图 4-32　时序图示例

## 2. Mermaid 流程图

Mermaid 的流程图以关键词 graph 开头,并在其后指定图表的布局方向,常用的方向参数包括 TB(Top to Bottom,从上到下)、BT(Bottom to Top,从下到上)、RL(Right to Left,从右到左)和 LR(Left to Right,从左到右),如图 4-33 所示。

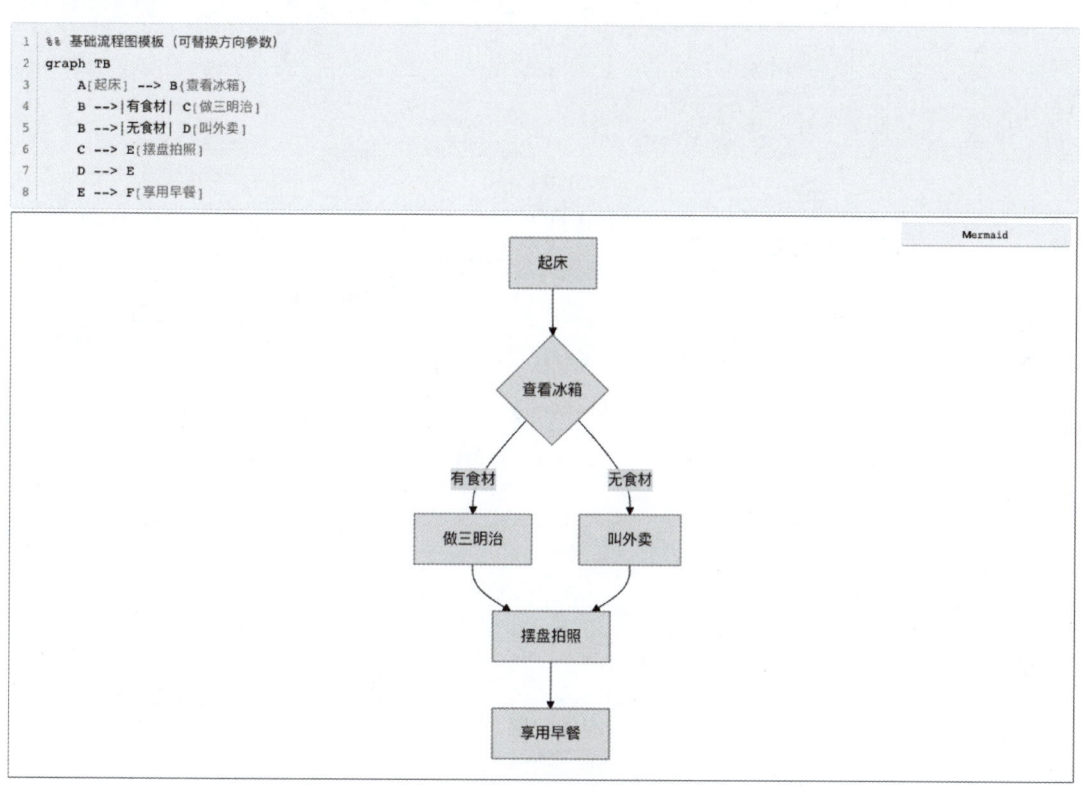

图 4-33　Mermaid 流程图示例

## 3. Mermaid 甘特图

甘特图是一种将活动与时间关联的可视化工具,能够清晰地展示每个活动的持续时间。它常被用于项目管理中,帮助管理者把控项目进度,明确各项任务的开始和结束时间。

在 Mermaid 中,甘特图以关键词 gantt 开头,通常包含图表的标题(title)、日期格式(dateFormat),以及各事项(section)及其细分任务的时间信息,如图 4-34 所示。

## 4. Mermaid 饼图

Mermaid 的饼图以关键词 pie 开头,可以使用 title 关键字指定饼图的标题,然后列出各扇区的名称及其对应的数据值,如图 4-35 所示。

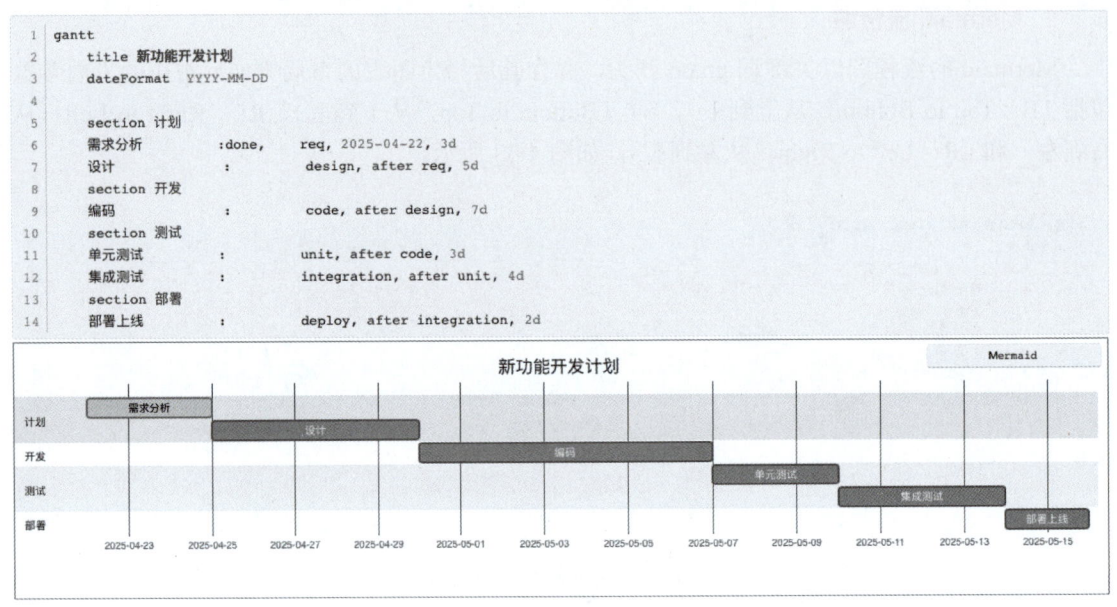

图 4-34　Mermaid 甘特图示例

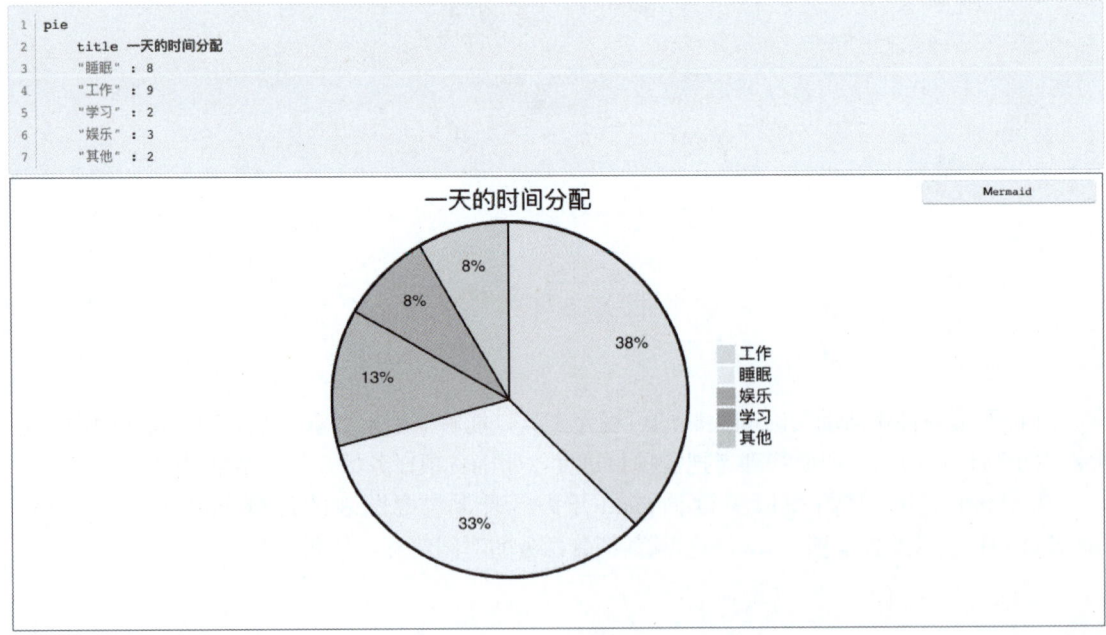

图 4-35　Mermaid 饼图示例

#### 5. Mermaid 思维导图

Mermaid 的思维导图以关键词 mindmap 开头，节点之间的层级关系通过缩进表示，根节点需要以 root 关键字开始。可以通过在节点内容两侧添加特定的符号来定义节点的形状。

- [ 节点内容 ]：表示正方形。
- ( 节点内容 )：表示圆角正方形。
- (( 节点内容 ))：表示圆形。
- )) 节点内容 ((：表示爆炸形状。
- ) 节点内容 (：表示云朵形状。

如果节点内容没有被任何符号包裹，那么将使用默认的形状，Mermaid 思维导图如图 4-36 所示。

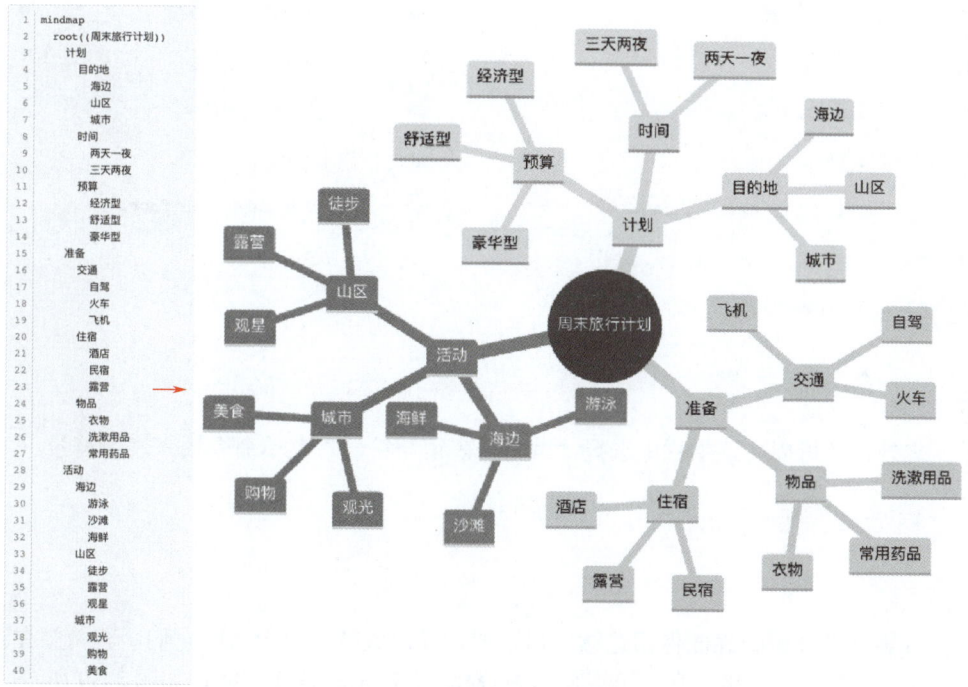

图 4-36　Mermaid 思维导图

除了以上介绍的，Mermaid 还支持状态图、类图、Git 图等更多图表类型。如果想了解更多 Mermaid 的用法，那么请在 GitHub 上搜索 mermaid-js/mermaid 进行查阅。

## 4.4　实用功能

Typora 的强大除了体现在高效的排版上，还体现在很多好用的功能上，如表情符号的自动补全、空格与换行的人性化设计、文件的版本控制和导入导出、沉浸的写作模式、丰富的开源主题、可自由定义的快捷键，以及配合坚果云实现的云同步功能。

### 4.4.1 插入表情符号

在 Typora 中插入表情符号只需输入英文冒号 (:) + 字母，Typora 会自动联想出相关表情符号供选择，如图 4-37 所示。

输入的字母是表情符号对应的短码，如图 4-38 所示。

图 4-37　表情符号自动补全

| 表情符号 | 短码 | 表情符号 | 短码 |
| --- | --- | --- | --- |
| 😀 | `:grinning:` | 😃 | `:smiley:` |
| 😄 | `:smile:` | 😁 | `:grin:` |
| 😆 | `:laughing:` `:satisfied:` | 😅 | `:sweat_smile:` |
| 🤣 | `:rofl:` | 😂 | `:joy:` |
| 🙂 | `:slightly_smiling_face:` | 🙃 | `:upside_down_face:` |
| 😉 | `:wink:` | 😊 | `:blush:` |
| 😇 | `:innocent:` | | |

图 4-38　表情符号短码示例

除此之外，还可以在菜单栏中选择"编辑→表情与符号"菜单命令插入表情符号。

### 4.4.2 用好空格与换行

#### 1. 空格

Typora 默认会在编辑界面保留连续空格，但在导出或打印时会忽略它们。若希望在不改变设置的情况下保留连续空格，那么可以使用 HTML 的   替换空格，如图 4-39 所示。

| 实时预览模式 | 源码模式 | 导出PDF |
| --- | --- | --- |
| 1.　五个连续空格<br>2.　五个连续空格 | 1.　·　五个连续空格<br>2.　     五个连续空格 | 1.　五个连续空格<br>2.　　　五个连续空格 |

图 4-39　空格

如果要改变设置，只需进入设置界面，单击"Markdown"选项卡，找到"空格与换行"，将"编辑时"和"导出与打印"都设置为"保留连续空格与单个换行",这样,以后不管是在编辑中还是在导出或打印时,看到的空格效果都是一样的。

### 2. 换行

在 Markdown 中,段落由一行或多行文本组成,不同段落间用空行标记。在 Typora 中,按下"Enter"键可以创建新段落,而换行分为软换行和硬换行,如图 4-40 所示。

- **软换行**:在默认情况下,软换行仅在编辑界面有效,导出或打印时会被忽略。勾选"保留单换行符"复选框后,可以使用 Shift + Enter 实现软换行。
- **硬换行**:在行尾使用两个空格 +Shift + Enter,或者使用 HTML 的 <br/> 标签可以实现硬换行。

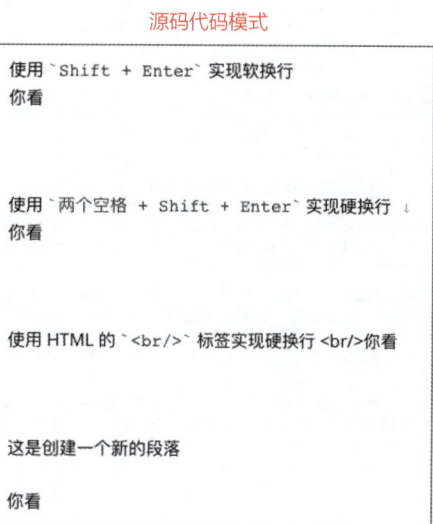

图 4-40 软换行和硬换行

如果希望在导出或打印时不忽略软换行,那么可以在设置界面的"Markdown"选项卡中将"导出与打印"选项设置为"保留连续空格与单个换行"。

### 3. 首行缩进

在默认情况下,Typora 的段落首行没有缩进。如果需要首行缩进,那么可以通过选择"编辑"→"空格与换行"菜单命令,选择"首行缩进"选项,前行缩进效果如图 4-41 所示。

### 4. 使用建议

为了避免换行相关的麻烦,Typora 官方给出如下建议。

- 使用默认设置。

- 在实时预览界面写作。
- 使用 Enter 键插入新段落，避免插入新行。
- 如果需要硬换行，则使用 HTML 标签 <br/>。

若希望在编辑界面中显示 <br/>，那么可以在"编辑"→"空格与换行"菜单命令中，确保选择了"显示 <br/>"选项。

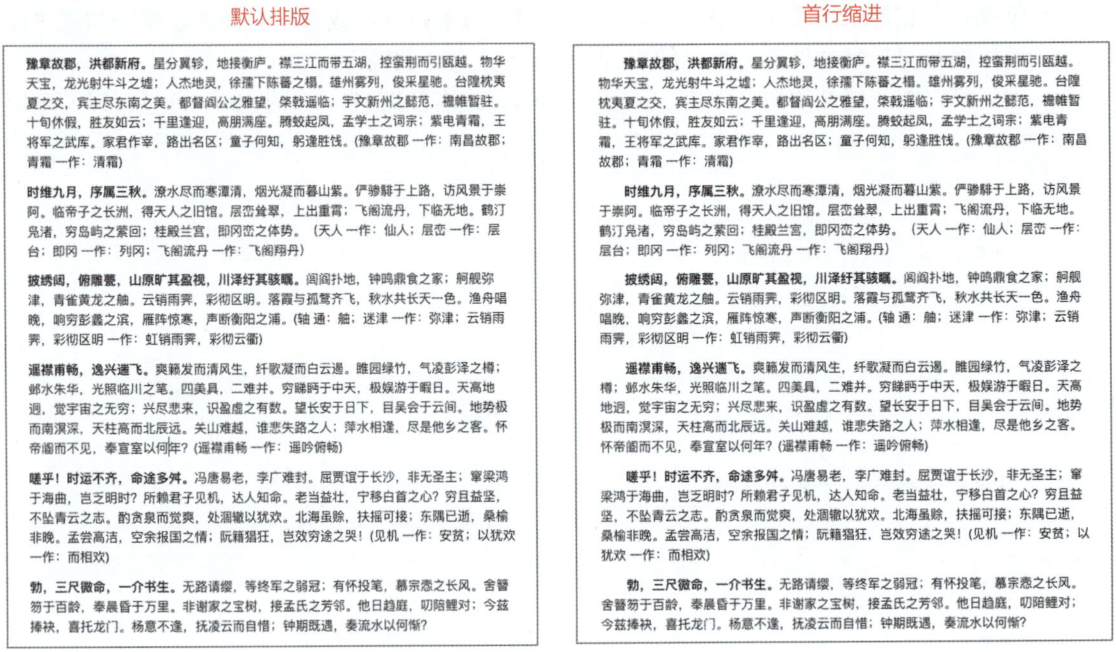

图 4-41　首行缩进效果

## 4.4.3　文件的版本控制

macOS 系统下的 Typora 提供了文件复原功能，相当于对文件进行了版本管理，此功能可以把文件复原到某个指定的时间点。

在菜单栏中选择"文件"→"复原到"菜单命令，会看到"上次打开的版本"和"浏览所有版本…"按钮，单击"浏览所有版本…"按钮，会进入文件恢复操作界面，在此界面选择想复原到哪个时间点的版本，如图 4-42 所示。

虽然 Windows 系统上的 Typora 没有版本控制功能，但是可以恢复自动保存到草稿中的内容。选择"文件"→"偏好设置"菜单命令，在"偏好设置"对话框中单击"文件"选项卡，找到"保存 & 恢复"选项勾选"恢复未保存的草稿"复选框，进入"draftsRecover"文件列表，找到以日期和文件名（或文件的第一个标题 / 句子）命名的草稿进行恢复，如图 4-43 所示。

# 第 4 章 沉浸式写作工具：Typora

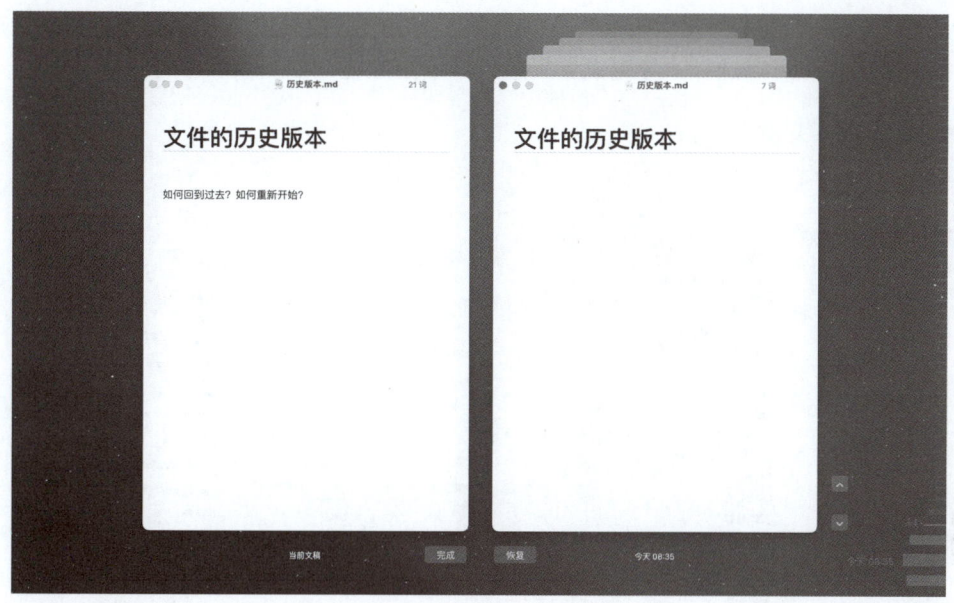

图 4-42　macOS 系统中的文件版本控制

图 4-43　Windows 系统的草稿

## 4.4.4　文件的导入和导出

　　Typora 的文件转换依赖 Pandoc，它是一个标记语言转换工具，可实现不同标记语言之间的格式转换。Pandoc 的通用安装方法是：在 GitHub 中搜索"jgm/pandoc"项目，单击"current releases"按钮，下载最新的安装包（要对应你的操作系统），按照提示一步一步安装即可。macOS 用户可以使用 Homebrew 安装，命令如下。

```
brew install pandoc
```

　　安装完成后，Typora 导入的文件支持 .docx、.latex、.tex、.ltx、.rst、.rest、.org、.wiki、.dokuwiki、.textile、.opml、.epub 等格式。导出的文件支持 HTML、PDF、图像、Word、OpenOffice、RTF、ePub、LaTeX、MediaWiki、reStructuredText、Textile、OPML 等格式。

导出时，选择"文件"→"导出"菜单命令，然后选择要导出的文件格式。如果想对文件格式进行设置，那么可以选择"导出设置"进行详细的配置，如图 4-44 所示。

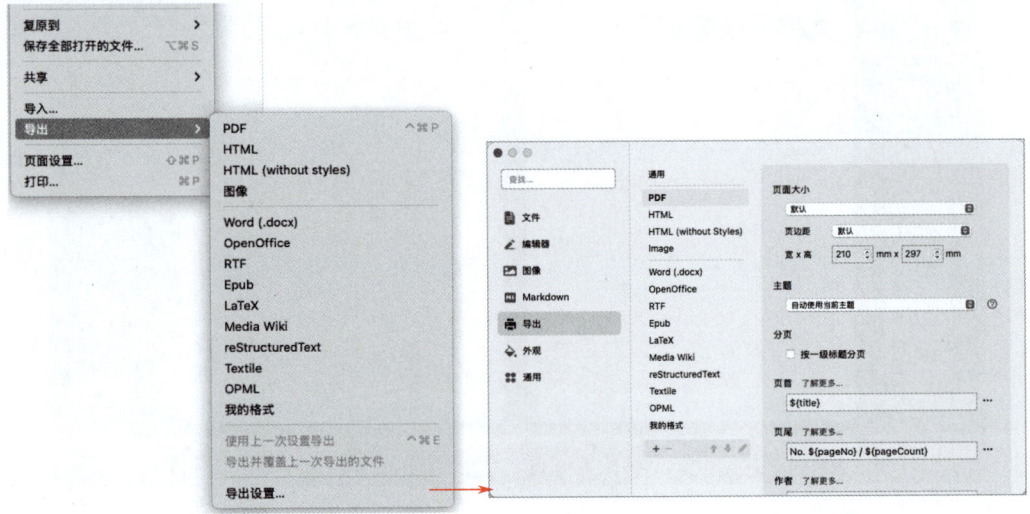

图 4-44 导出设置

导入时，选择"文件"→"导入..."菜单命令，然后选择要导入的文件。导入 Word 文档的效果如图 4-45 所示。

图 4-45 导入 Word 文档

## 4.4.5 开启沉浸式写作

想拥有沉浸式的写作体验，只需完成以下三步。

（1）开启打字机模式，让光标始终位于屏幕中央。打字机模式模仿机械打字机的行为，会自动将当前编辑的段落滚动到屏幕中央，保持光标位置固定，让用户始终在屏幕中央进行输入，提供稳定、居中的视觉焦点。

（2）开启专注模式，只高亮显示光标所在行，其余内容全部变灰。专注模式会将除当前行/块外的其他内容淡出，只突出显示当前正在编辑的内容，使用户能够将注意力集中在当前内容上，减少视觉干扰。

（3）全屏，最大化文件窗口，排除其他软件的干扰。

以上操作的快捷键如表 4-4 所示。

表 4-4 开启沉浸式写作的快捷键

| 操作 | macOS 系统 | Windows/Linux 系统 |
| --- | --- | --- |
| 打字机模式 | F9 | F9 |
| 专注模式 | F8 | F8 |
| 全屏 | Command + Control + F | F11 |

沉浸式写作的效果如图 4-46 所示。

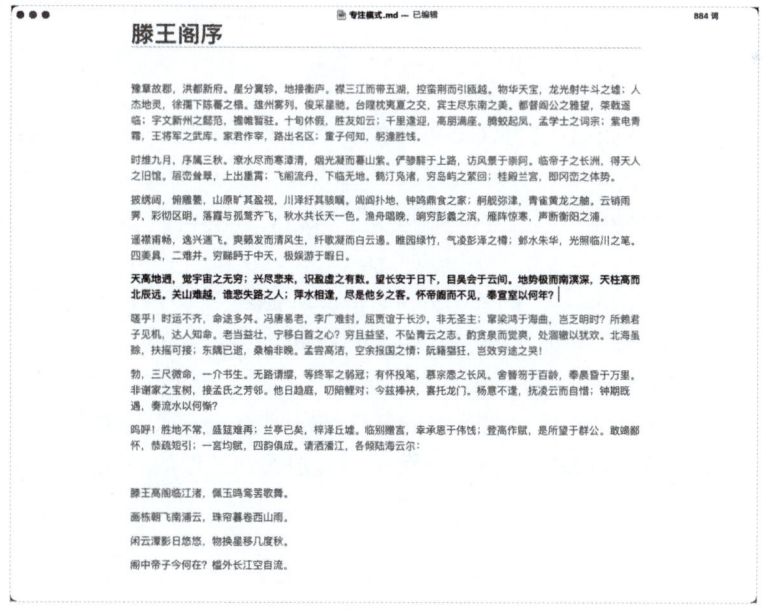

图 4-46 沉浸式写作

## 4.4.6 选择心仪的主题

Typora 内置了 6 款经典主题 —— Github、Gothic、Newsprint、Night、PixyII 和 Whitey，但为满足用户的个性化需求，Typora 还支持用户自定义主题，有很多漂亮的开源主题可选。从 Typora 官方主页进入 Themes 页面即可查看，主题列表如图 4-47 所示。

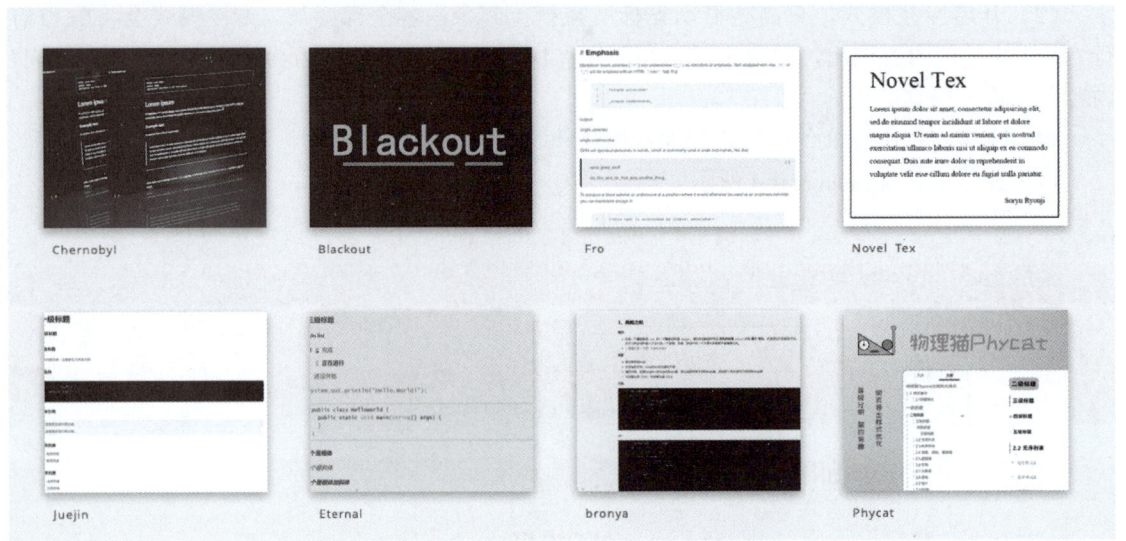

图 4-47 Typora 主题列表

以 Drake 为例，这是一个有 12 种风格可选的简单扁平化主题，安装步骤如图 4-48 所示。

（1）**下载主题**。在 Typora 主题页面搜索"Drake"，单击"Download"按钮，或直接访问 Github 项目"liangjingkanji/DrakeTyporaTheme"，进入 Release 页面后，下载最新版本的"Source code.zip"压缩包。

（2）**复制文件**。解压后进入"DrakeTyporaTheme-[ 版本号 ]"目录，复制主题所需内容，包括 drake 文件夹、drake.css、drake-google.css、drake-material.css 等。

（3）**粘贴文件**。打开 Typora 的设置界面，选择"外观"选项卡，单击底部的"打开主题文件夹"按钮，进入 themes 文件夹。将复制的文件粘贴到 themes 文件夹中。

（4）**重启生效**。重启 Typora 后，在主题菜单中就能看到新增的主题了。

Drake 和 Drake Purple 的主题效果如图 4-49 所示。

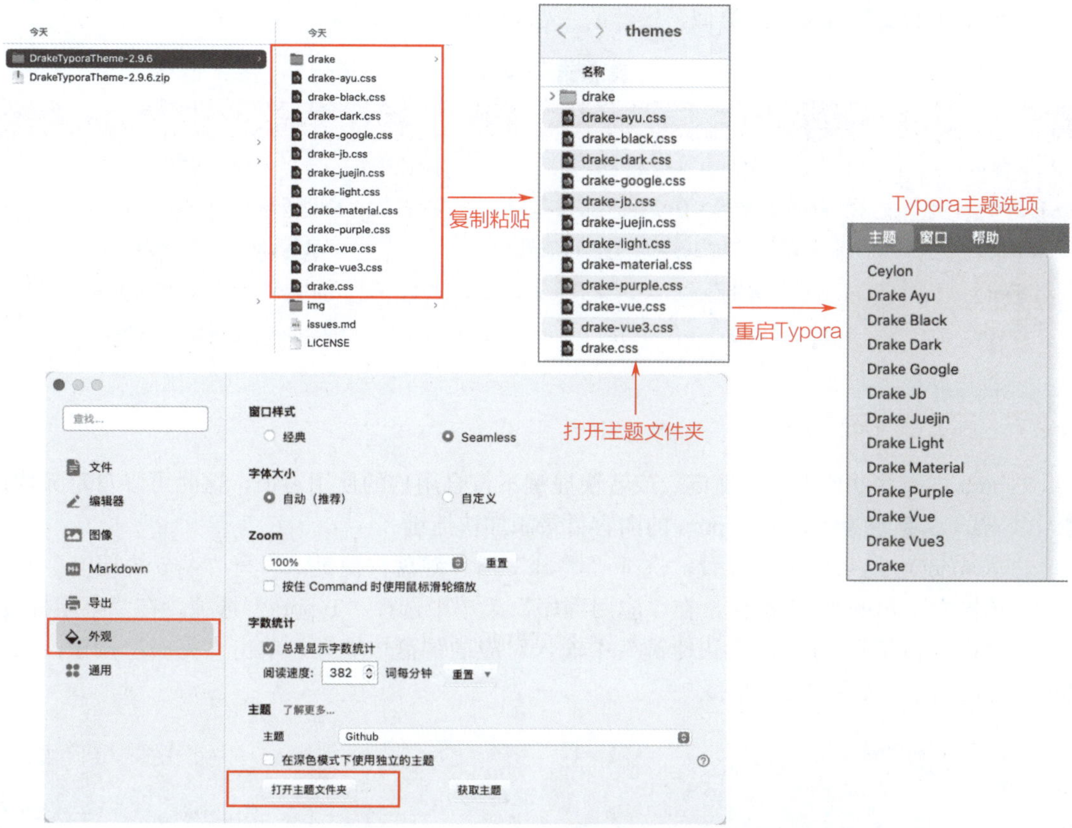

第 4 章 沉浸式写作工具：Typora

图 4-48 Drake 主题的安装步骤

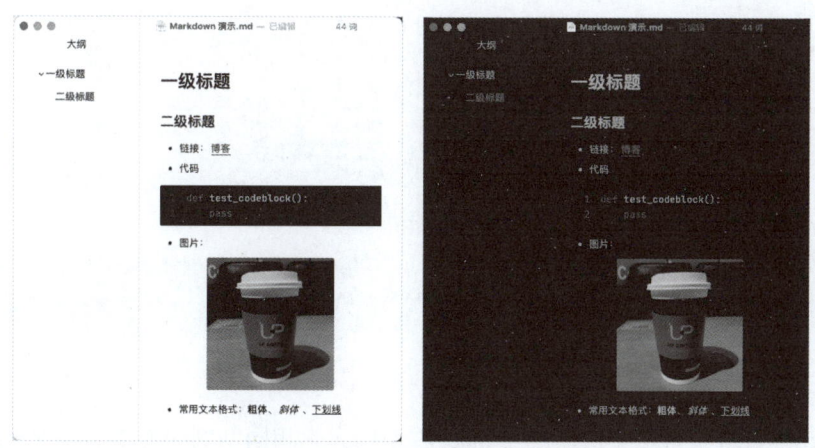

图 4-49 Drake 和 Drake Purple 的主题效果

其他主题的安装方法与此类似，推荐的主题如表 4-5 所示。

表 4-5 推荐主题

| 主题名称 | 一句话介绍 | GitHub 搜索 |
| --- | --- | --- |
| Mdmdt | Markdown 极简文档主题 | cayxc/Mdmdt |
| Latex | 将 Typora 伪装成 LaTeX 的中文样式主题 | Keldos-Li/typora-latex-theme |
| Lapis | 一款以蓝色为主色调的 Typora 主题 | YiNNx/typora-theme-lapis |
| Spring | 一款令人如沐春风的 Typora 灵动主题 | SprInec/typora-spring-theme |
| Phycat | 一款精心打磨过的多色多功能 Typora 主题 | sumruler/typora-theme-phycat |

## 4.4.7 自定义快捷键

Typora 中有些功能没有快捷键，或者快捷键不符合用户的使用习惯，这时可以自定义快捷键。以 macOS 系统为例，为 Typora 的内容目录添加快捷键。

进入 macOS 的系统偏好设置，选择"键盘"→"键盘快捷键…"→"App 快捷键"菜单命令，单击左下角的"+"按钮，在"应用程序"菜单中选择"Typora"选项，在"菜单标题"中输入"内容目录"，在"键盘快捷键"中输入对应的键盘快捷键，单击"完成"按钮，快捷键就添加成功了，如图 4-50 所示。

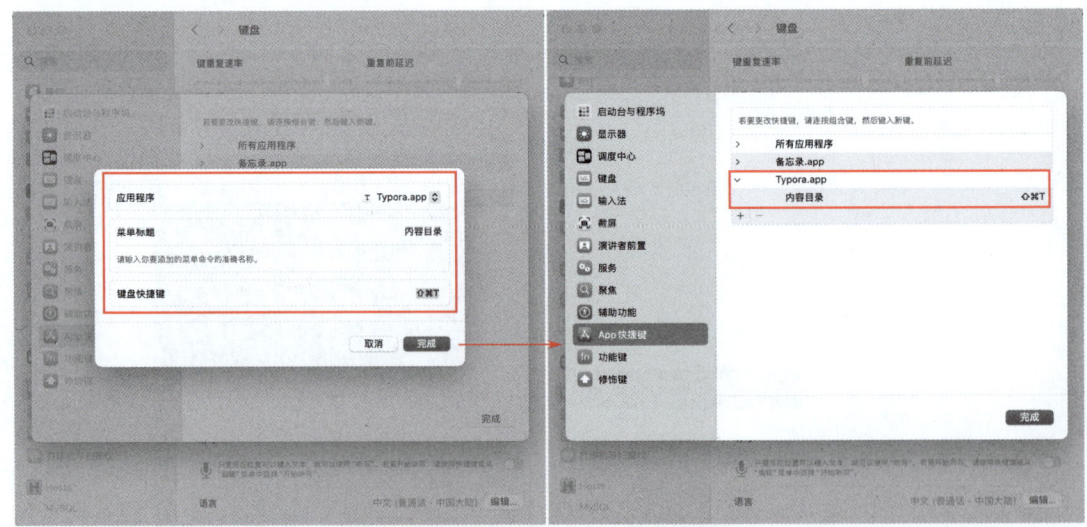

图 4-50 为 Typora 的内容目录添加快捷键

在 Windows 系统中自定义快捷键与 macOS 系统大不相同，例如为 Typora 的内容目录设置一个快捷键。

在 Typora 中选择"文件"→"偏好设置"菜单命令，单击"通用"选项卡，在"高级设置"选项中单击"打开高级设置"按钮，打开 conf.usr.json，找到 keyBinding，然后将其替换为如下内容。

```
"keyBinding": {
  " 内容目录 ":"Ctrl+Shift+T"
},
```

重启 Typora 后，新绑定的快捷键生效。

### 4.4.8 实现云同步

Typora 没有内置云同步功能，但可以借助一些云同步工具实现，例如坚果云。假设你的计算机上已经安装并登录了坚果云，只需在"我的文件"选项卡中单击右上角的"新建同步文件夹"按钮，然后在弹出的"同步文件夹"对话框中，将想要同步的本地文件夹拖动至相应位置，接着依次按照提示进行同步。最后，本地文件夹会显示在坚果云"我的文件"同步列表中，本地文件夹中的文件会定期通过坚果云实现云同步。

当切换计算机时，只需安装坚果云或使用坚果云的 Web 端，就能查看和编辑已同步的文件。例如用坚果云同步"我的 Typora"文件夹，如图 4-51 所示。

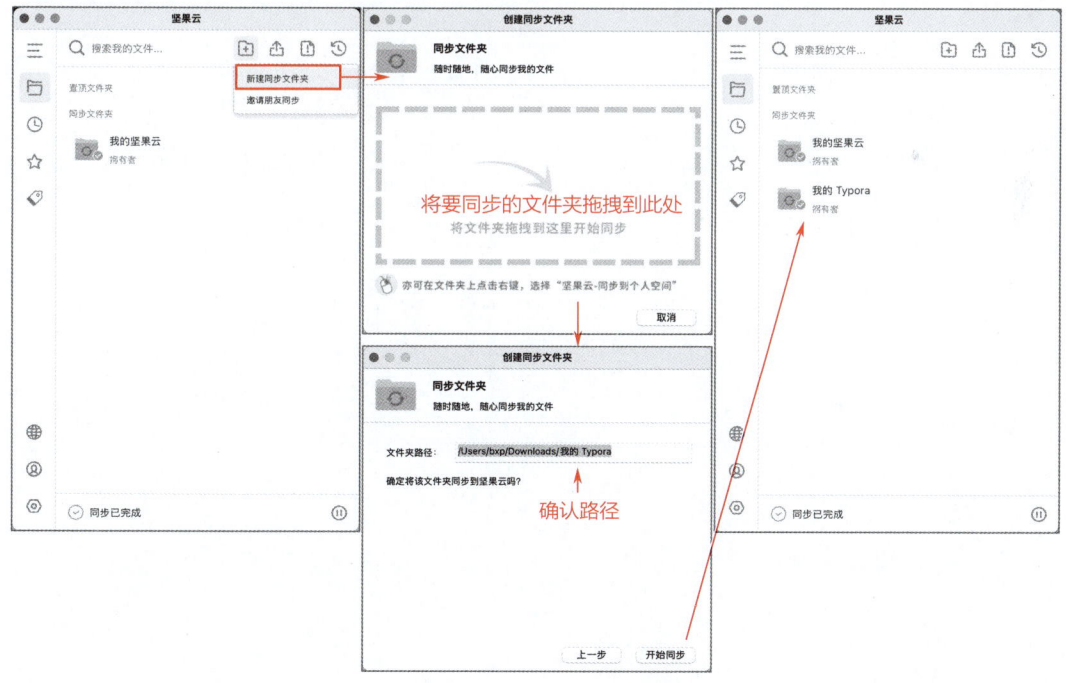

图 4-51　坚果云同步

另外，坚果云的 Web 端支持 Markdown 在线预览，还支持分屏预览模式的在线编辑，使用起来十分方便。

## 4.5　本章总结

本章全面介绍了 Typora，从丰富的功能特性、直观的操作界面，到高效的排版技巧和各项实用功能，相信你已对它有了深入的了解。Typora 以其极致简约的设计理念和强大的内核驱动，助力我们摆脱干扰，为我们带来专注纯粹的写作体验。在众多 Markdown 编辑器中，Typora 凭借其始终如一的克制与专注，确立了难以撼动的行业标杆地位。因此，不要再犹豫，现在就打开 Typora 开始你的创作吧。

# 第 5 章
# 极客式写作工具：VS Code

如果要评选出最受程序员欢迎的代码编辑器，那么 Visual Studio Code（VS Code）一定名列前茅，就算 Cursor、Trae 等智能编码工具大行其道，其背后也都有 VS Code 的开源支持。它凭借全面的功能和灵活的特性，不仅成为全球开发者的首选工具，更是备受那些追求极致的写作者们的青睐。

本章将揭开 VS Code 代码编辑器的神秘面纱，让你能够充分享受极客式的写作体验。

## 5.1 简介

VS Code 是由微软开发的一款功能强大且高度可扩展的开源代码编辑器。支持多种编程语言，并通过丰富的插件生态系统实现了无限可能。VS Code 的界面简洁且直观，启动速度快，即使在处理大型项目时也非常流畅。其基本信息如表 5-1 所示。

借助 VS Code 强大的编辑能力和丰富的扩展插件，我们可以打造出一个功能强大而又极具个性的 Markdown 编辑器。

表 5-1 VS Code 的基本信息

| 属性 | 内容 |
| --- | --- |
| 支持平台 | Windows、macOS、Linux |
| 主要特点 | 轻量级、高性能、丰富的扩展生态、强大的功能集成 |
| 作者 | 微软 |
| 是否收费 | 免费且开源 |

VS Code 的功能特性如下。

- 支持智能代码补全和语法高亮。
- 支持实时错误检查和调试。
- 支持多种编程语言。
- 拥有丰富的插件生态系统。
- 可定制的主题和颜色方案。
- 支持多种视图模式，方便任务切换。
- 虽无原生移动应用，但通过插件支持云端协作，满足远程协作需求。

### 5.1.1 下载安装

打开 VS Code 官网，下载适合你操作系统的安装包，根据提示安装即可，如图 5-1 所示。

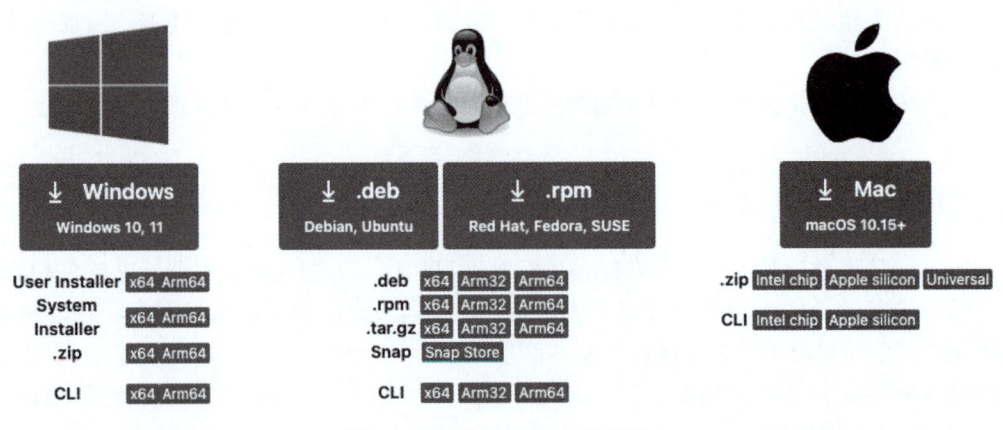

图 5-1　下载 VS Code 安装包

### 5.1.2 工作界面

打开 VS Code 进入工作界面，界面布局如图 5-2 所示。

- **活动栏**：在界面左侧，有资源管理器、搜索、源代码管理器、运行和调试、扩展五个组件。右击可隐藏组件或活动栏，拖动可调整顺序。下方的账户用于同步设置、快捷键等信息，管理菜单则提供命令面板、配置文件等功能入口。
- **主侧边栏**：位于活动栏右侧，显示活动栏组件的界面，如资源管理器、搜索、源代码管理器等。

- **辅助侧边栏**：在界面右侧，可辅助显示大纲、终端、问题面板等。
- **面板**：用于查看和管理问题信息、输出信息、调试信息、终端等。
- **状态栏**：在界面底部，显示文件类型、编码方式、光标位置等信息，以及 Git 状态、代码检查结果等扩展信息。

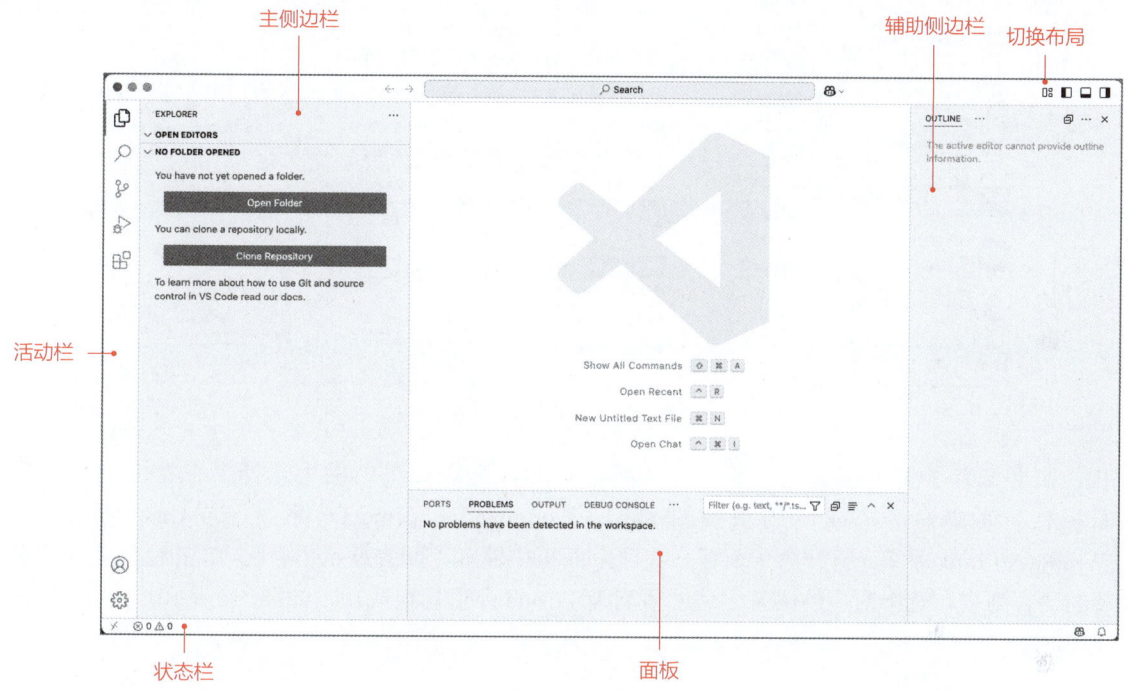

图 5-2　VS Code 界面布局

## 5.1.3　安装中文插件

安装中文插件可以帮助我们更好地理解和使用 VS Code，提高工作效率。中文插件将 VS Code 的界面和菜单都翻译成了中文，让我们更容易找到和使用各种功能。如果你是一位中文用户，那么安装中文插件自然是首选之事。安装步骤如图 5-3 所示。

- 单击活动栏中的"扩展"按钮，进入扩展商店。
- 搜索 chinese。
- 在搜索结果中找到"Chinese (Simplified)（简体中文）Language Pack for Visual Studio Code"，然后单击"Install"按钮。
- 重启 VS Code 使语言包生效。

图 5-3　中文插件安装步骤

如果安装了多个语言包，那么想切换语言时，可以在菜单栏中选择"查看"→"命令面板..."菜单命令，或使用快捷键 Shift + Command + A（macOS 系统）或 Ctrl + Shift + A（Windows/Linux 系统）打开命令面板。在命令面板中输入"配置显示语言"，单击后会显示已安装的语言列表，选中对应的语言之后，重启 VS Code 即可切换成功，如图 5-4 所示。

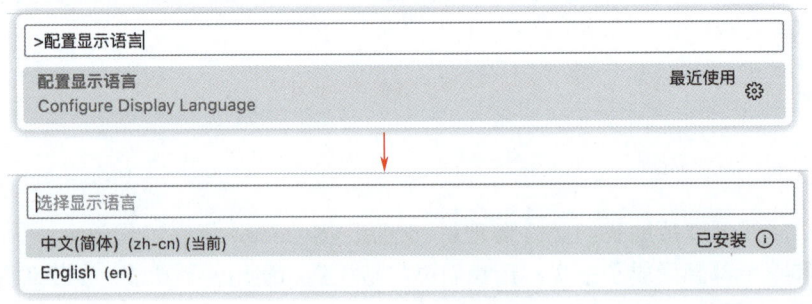

图 5-4　切换语言

更改界面语言后，编辑环境友好了不少，接下来再去换一个舒服的主题。

## 5.1.4　安装主题插件

主题直接影响视觉舒适度与长期的写作体验，我们的眼睛长时间与主题打交道，一定要舒服才行。

## 第 5 章 极客式写作工具：VS Code

知道主题名后，直接去插件商店搜索即可，例如 GitHub Theme。如果不知道主题名，那么可以用 theme 关键词搜索，找到喜欢的主题安装就可以了。

如果安装了多款主题，想切换时，则需要单击左下角的"管理"→"主题"→"颜色主题"菜单命令，在显示的已安装主题列表中切换主题即可，如图 5-5 所示。

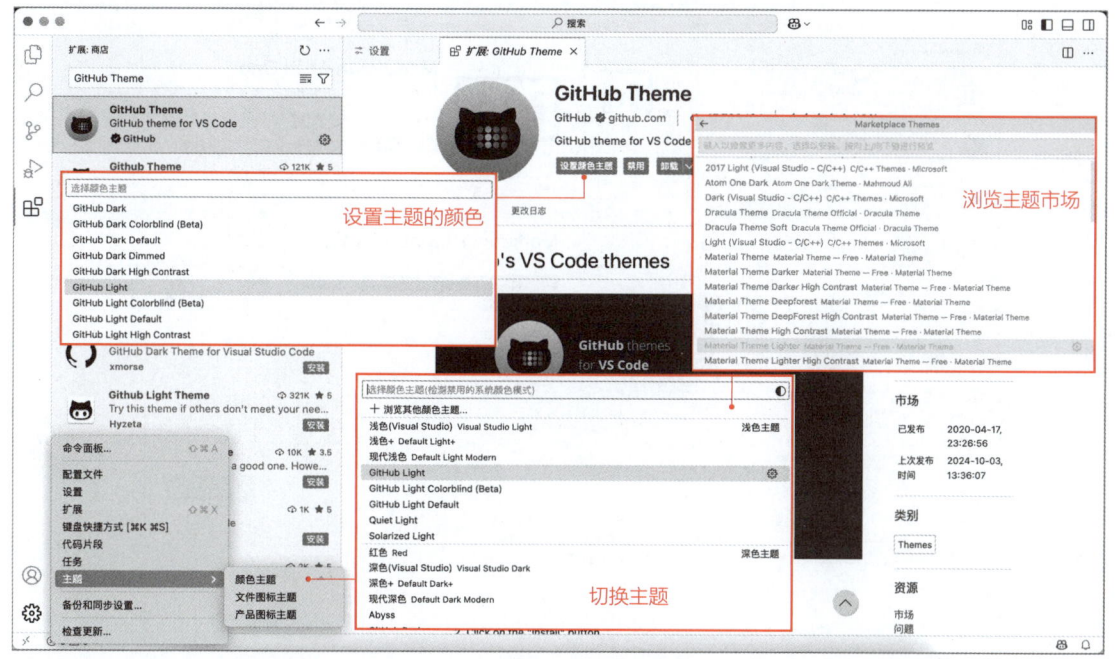

图 5-5　切换主题

如果想试试其他主题，那么只需单击"浏览其他颜色主题..."即可浏览扩展商店上的主题，光标移动之处，界面颜色会随着主题改变。选中主题后，会跳转到扩展商店。

文件图标主题和产品图标主题的安装和切换与颜色主题类似，这里不再赘述，推荐的主题如下。

- 护眼主题：One Dark Pro、Solarized Light。
- 高对比度：Material Theme、Dracula Official。
- 极简风格：GitHub Theme。

### 5.1.5　扩展插件设置

设置已安装的扩展插件，可以从下面三个入口进入，如图 5-6 所示。

- 在活动栏单击"管理"→"设置"菜单命令，在"扩展"选项组中单击对应的插件名后，打开插件的设置界面。

- 在扩展商店的搜索结果中,单击插件右下角的 ✿ 按钮,或者右击插件,在弹出的选项列表中选择"设置"选项,打开插件的设置界面。
- 在插件详情页中单击 ✿ 按钮,在弹出的选项列表中选择"设置"选项,打开插件的设置界面。

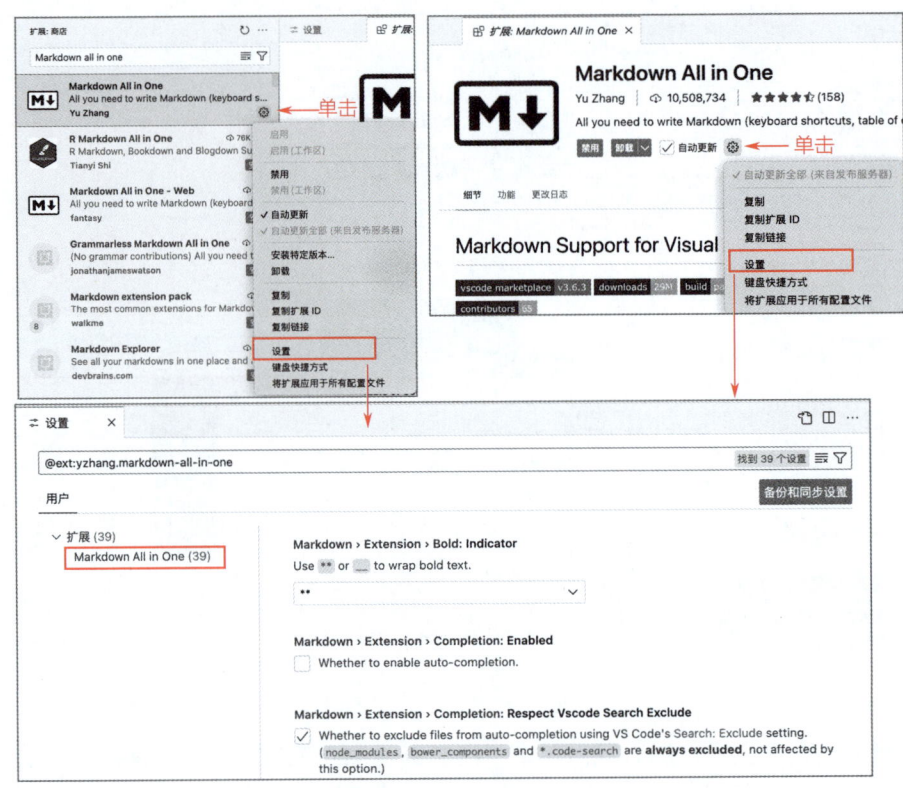

图 5-6 设置已安装的扩展插件

## 5.1.6 命令面板

VS Code 的命令面板是一个功能强大的入口,它提供了访问编辑器几乎所有功能的快速路径。通过它,我们可以快速执行各种操作,包括打开文件、执行命令、管理和安装扩展、运行任务、打开视图、行跳转、符号跳转等。

使用快捷键 Command + P(macOS 系统)或 Ctrl + P(Windows/Linux 系统)随时唤出命令面板。在输入框中输入不同的前缀符号,可以切换到不同的"模式"或"过滤范围",如图 5-7 所示,从而更精准、更快速地找到并执行操作。

当命令面板的输入框中没有任何符号时,显示最近打开的文件列表。直接输入文件名即可快速定位和打开文件。

- ?：显示命令面板的帮助列表，解释各种前缀符号的用法。
- ：：快速进入行/列跳转模式。输入行号（可选加冒号和列号）即可跳转到指定位置。
- @：进入符号跳转模式。列出当前文件中的所有符号（函数、变量、类等），输入符号名可快速过滤和跳转。如果加上 @: 前缀，那么还会按分类分组显示符号。
- >：进入命令模式。这是最常用的模式，显示所有可运行的命令（包括文件操作、编辑操作、扩展功能等），输入命令关键词即可搜索和执行。

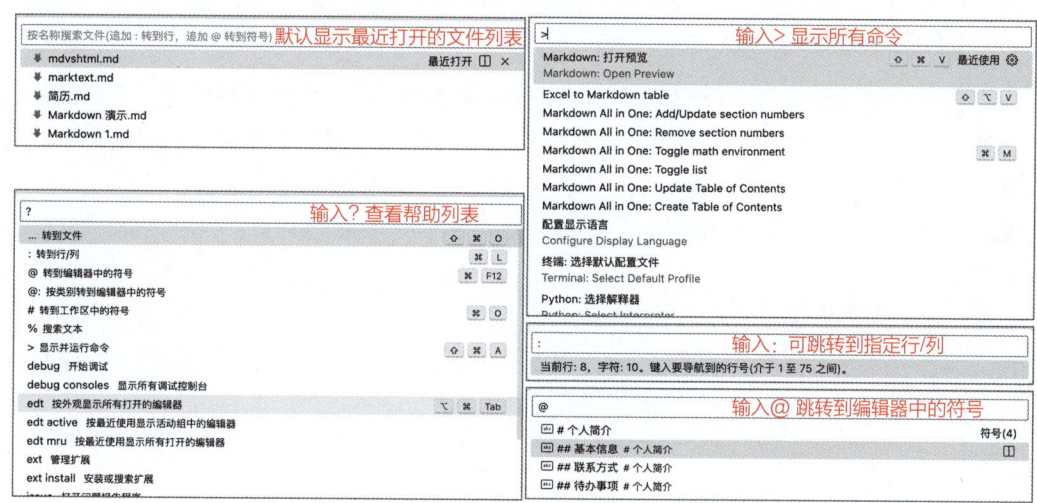

图 5-7　命令面板

例如，当我们想执行与 Markdown 相关的命令时，只需在命令面板中先输入 >，再输入 markdown，即可过滤出所有与之相关的命令，单击命令即可执行，如图 5-8 所示。

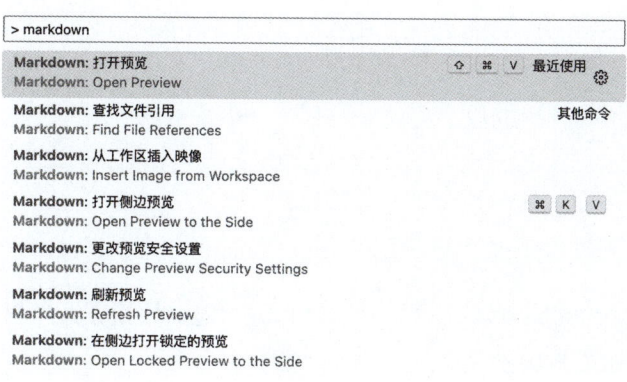

图 5-8　过滤出与 Markdown 有关命令

命令面板的使用非常频繁，后面在介绍用插件增强 Markdown 时，会经常用到它。

## 5.1.7　迁移快捷键习惯

如果你之前使用其他编辑器，如 Sublime、IntelliJ IDEA、Vim，而且已经习惯了它们的快捷键，那么可以将这些快捷键直接迁移到 VS Code 中。安装相应编辑器的扩展插件即可，例如 IntelliJ IDEA Key Bindings、Sublime Text Keymap and Settings Importer、Vim、Notepad++ keymap 和 Eclipse Keymap。

## 5.1.8　自定义快捷键

当遇到快捷键冲突或与用户使用习惯不一致等情况时，可以自定义快捷键，在活动栏中选择"管理"→"键盘快捷方式"菜单命令，在搜索框中输入关键字查找命令，双击命令即可进行修改，如图 5-9 所示。

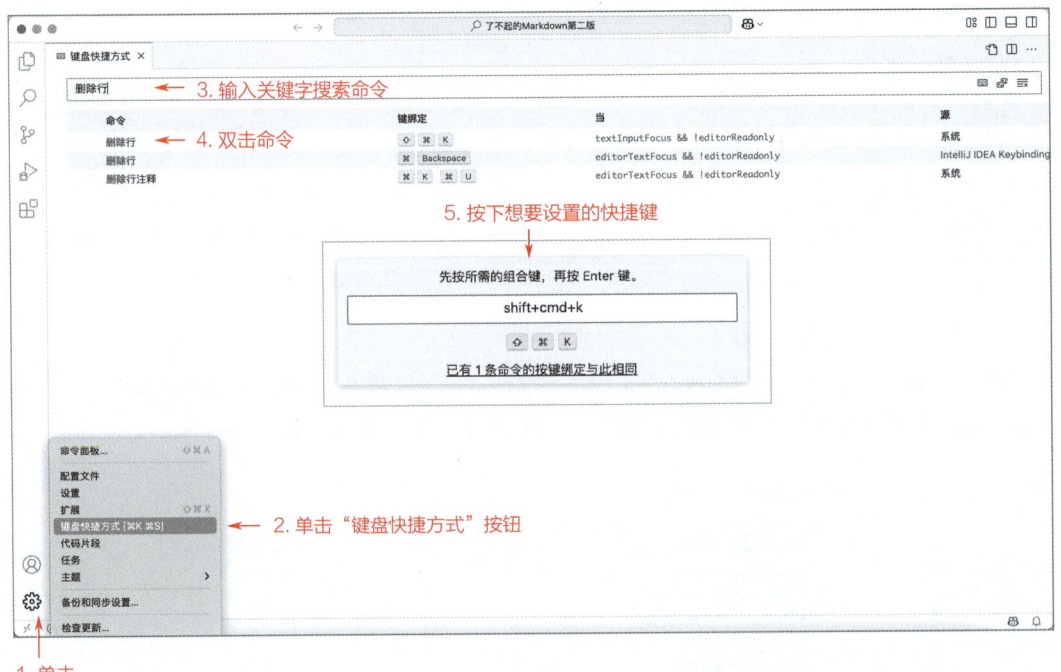

图 5-9　自定义快捷键

如果想查看快捷键绑定了哪些命令，那么可以在"键盘快捷方式"界面单击搜索框右侧的 按钮录制按键，如图 5-10 所示。

第 5 章　极客式写作工具：VS Code

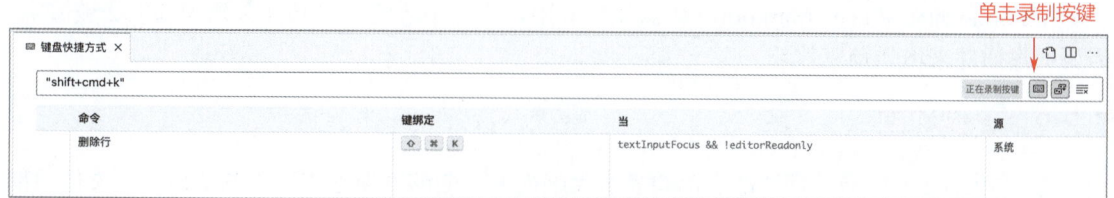

图 5-10　查看快捷键绑定的命令

## 5.2　高效编辑 Markdown

在 VS Code 中编写 Markdown 非常高效，除了能够充分利用 VS Code 出色的编辑能力，还可以使用其专为 Markdown 定制的特色功能，让写作更加流畅自然。

### 5.2.1　分屏预览

在 VS Code 中打开一个 Markdown 文件，单击文件右上角的"预览"按钮，在右侧显示 Markdown 文件的预览效果，如图 5-11 所示。

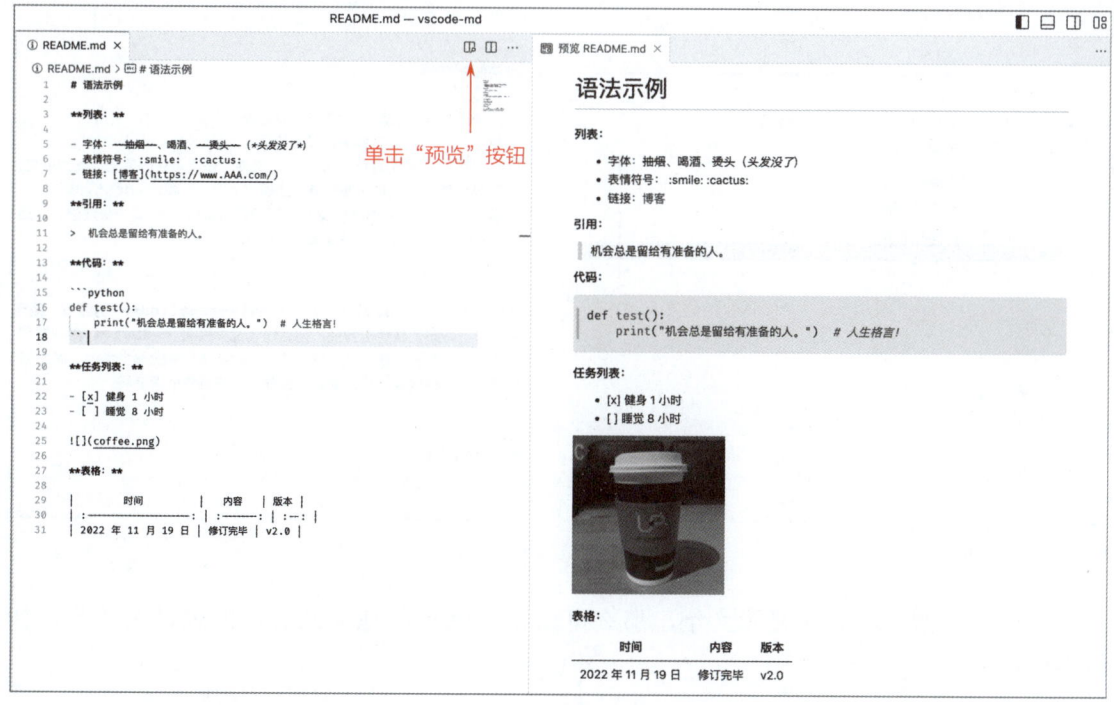

图 5-11　分屏预览效果

119

VS Code 原生支持的 Markdown 语法比较有限，本例中表情符号和任务列表都无法被渲染，需要通过插件来增强预览效果。

## 5.2.2 大纲视图

在 VS Code 的资源管理器的底部会显示大纲视图，能够方便地查看文章结构。在文件顶部也显示了标题路径，单击后能够展开文章大纲，便于查看和定位，如图 5-12 所示。

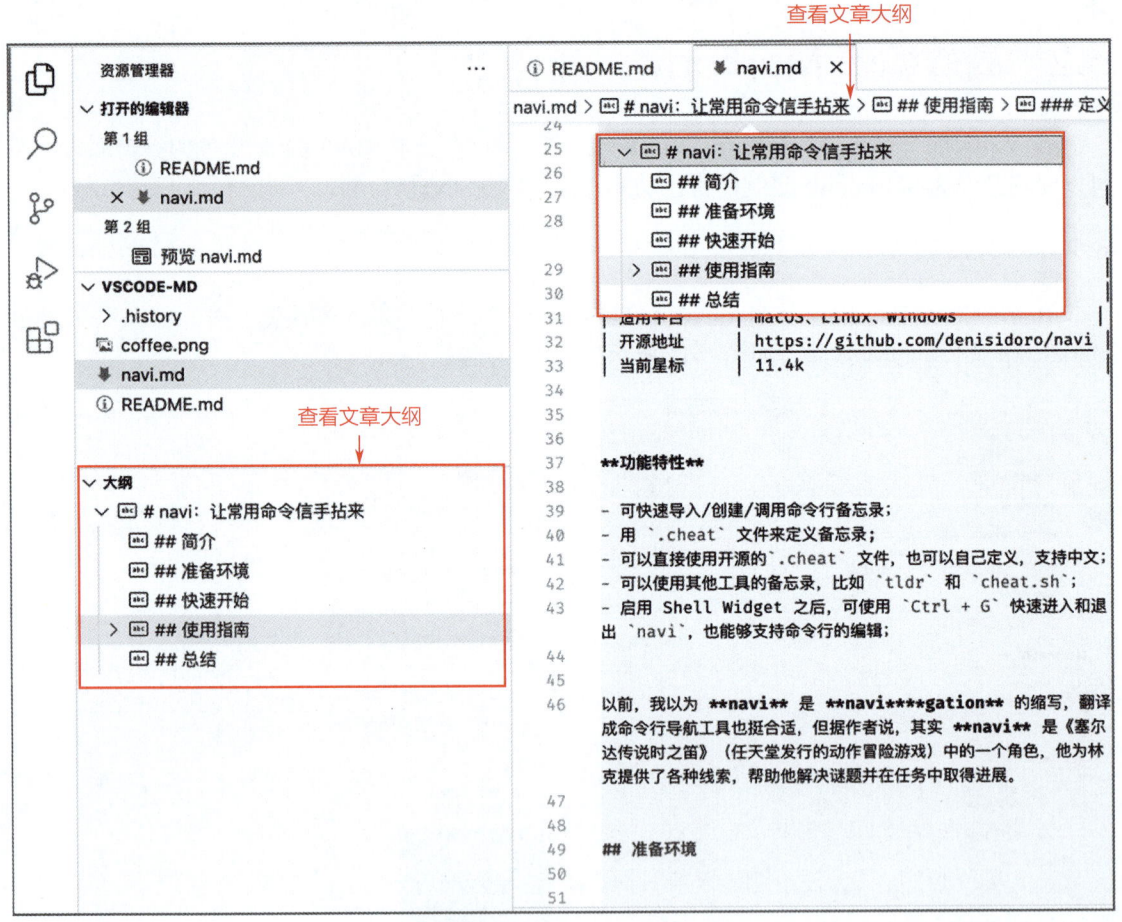

图 5-12 查看文章大纲

如果你习惯了在右侧显示大纲，那么可以将大纲视图拖动到右侧的辅助侧边栏，如图 5-13 所示。

# 第 5 章　极客式写作工具：VS Code

图 5-13　大纲显示在右侧的效果

## 5.2.3　查找标题

打开命令面板后输入 @，当前文件中所有的标题就都列出来了，可以通过光标选择或输入文本进行过滤后再选择，之后按"Enter"键，会跳转到相应的标题行。

打开命令面板后输入 #，当前工作区中所有的标题就都列出来了，可以通过光标选择或输入文本进行过滤后再选择，之后按"Enter"键，会打开标题所在的文件并跳转到相应的标题行，在命令面板上查找标题如图 5-14 所示。

图 5-14　在命令面板上查找标题

## 5.2.4 路径补全

当输入图像和文件链接的 Markdown 语法时，会触发路径补全功能，可以方便地选择和过滤文件，如图 5-15 所示。

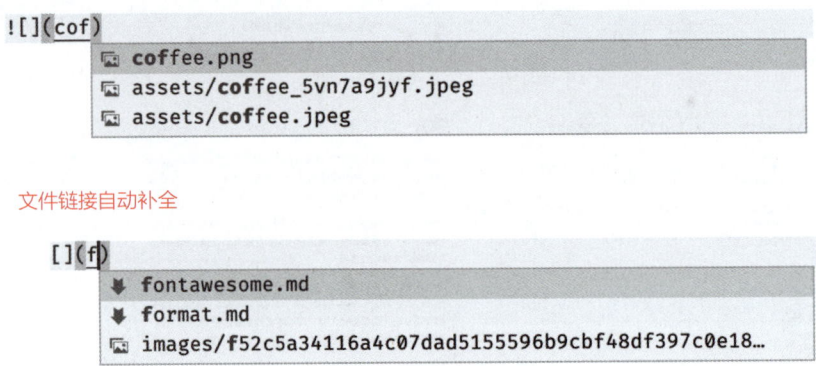

图 5-15 路径补全示例

如果想创建指向文件标题的链接，但不记得文件的完整路径，而只记得它的部分名字，就需要用到工作区的标题补全了。

输入 ## 列出工作区中的所有标题，过滤标题并进行选择，链接成功插入，如图 5-16 所示。

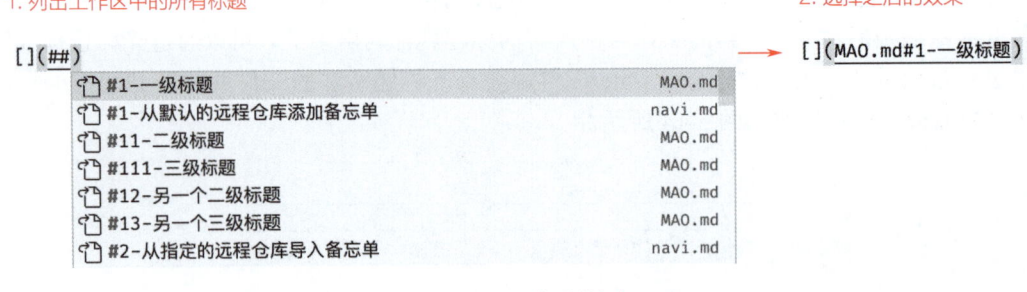

图 5-16 标题补全

## 5.2.5 拖动插入图片和文件链接

通过拖动可以快速插入图片或文件链接，具体的做法是：先用光标选中图片或文件，将其拖动至编辑区，这时不要松手，当界面出现提示时，按住"Shift"键，然后松手，链接语法就会被插入编辑区。如果不按住"Shift"键，那么会在新标签中将其打开，如图 5-17 所示。

第 5 章　极客式写作工具：VS Code

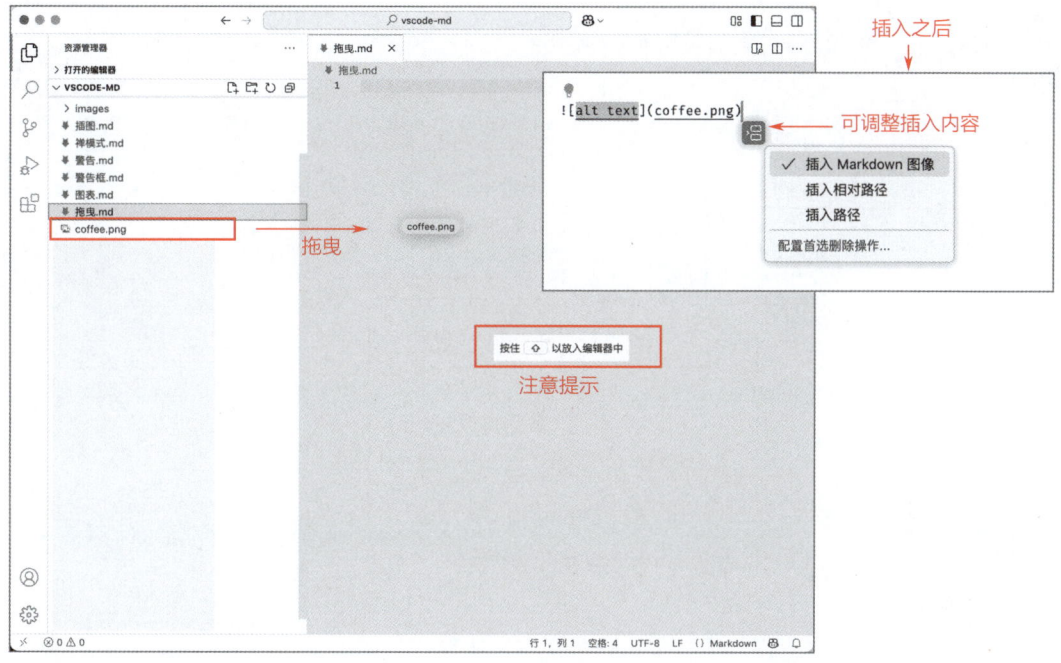

图 5-17　拖动文件

## 5.2.6　自定义代码片段

VS Code 支持自定义代码片段，通过智能感知快速插入内容。在自定义 Markdown 的代码片段时，需要先进入 markdown.json，选择"管理"→"代码片段"菜单命令，在弹出的对话框中输入 Markdown，并在筛选的结果中选择 markdown.json。

然后在 markdown.json 中定义代码片段，如图 5-18 所示。

```
{
    "插入表格": {
"prefix": "table",
"description": "插入表格模板",
"body": [
"| 列1 | 列2 | 列3 |",
"| --- | --- | --- |",
"|     |     |     |",
"|     |     |     |"
]
},
"插入任务": {
"prefix": "task",
"description": "插入任务模板",
"body": [
```

```
"- [ ] ",
"- [ ] ",
]
},
}
```

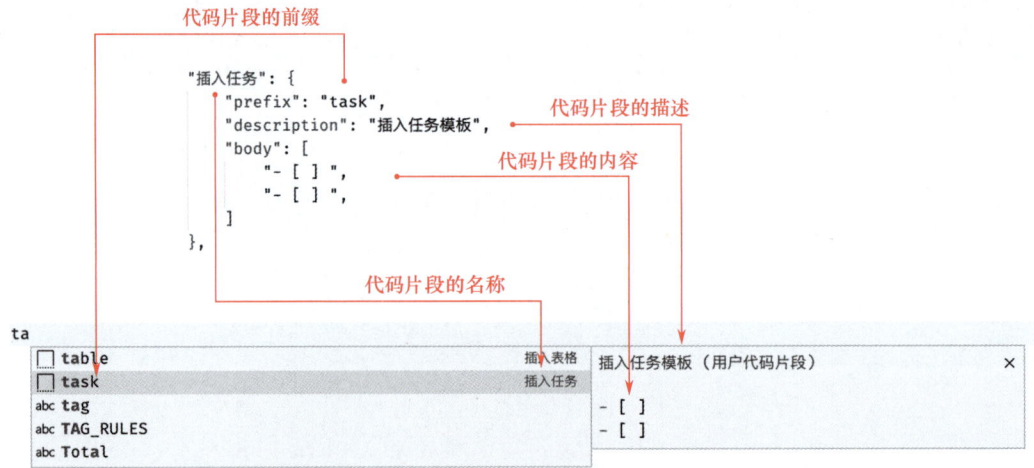

图 5-18　定义代码片段的格式和使用效果

再来看一个稍微复杂一些的例子,定义一个晨间日记的代码片段,如下所示。

```
"插入晨间日记": {
"prefix": "daily",
"body": [
"## 2025 年 03 月 23 日  周日 ",
"",
"> 天气如何 ",
"",
"### 工作计划 ",
"",
"- [ ] ${1: 任务描述 1}",
"- [ ] ${1: 任务描述 2}",
"",
"### 生活计划 ",
"",
"- [ ] ${2: 任务描述 1}",
"- [ ] ${2: 任务描述 2}",
"",
"### 每日复盘 ",
"",
" 今天我更博学了吗? ",
]
}
```

在编辑器中插入上述代码片段，如图 5-19 所示。

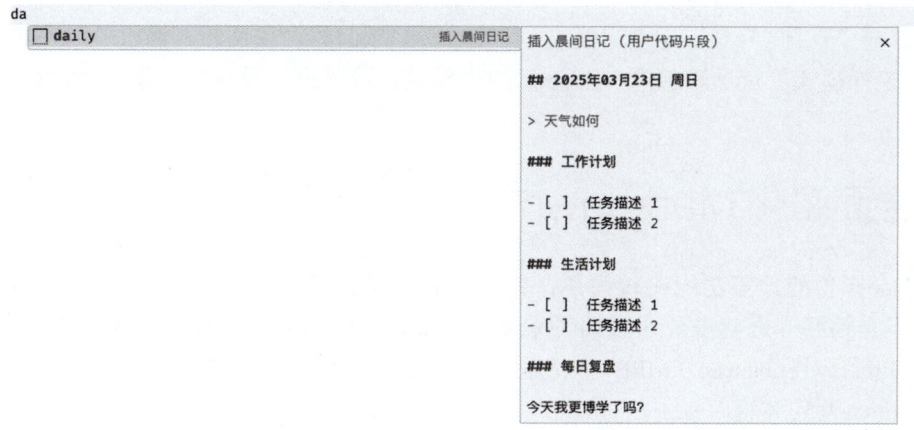

图 5-19　使用代码片段的效果

### 5.2.7　折叠内容

折叠内容可以让文章的结构看起来更清晰，也更容易阅读。VS Code 支持折叠 Markdown 源码，当遇到标题、代码块、嵌套列表（有序列表、无序列表、任务列表）时，编辑器中就会显示折叠图标，单击该图标即可折叠内容，如图 5-20 所示。

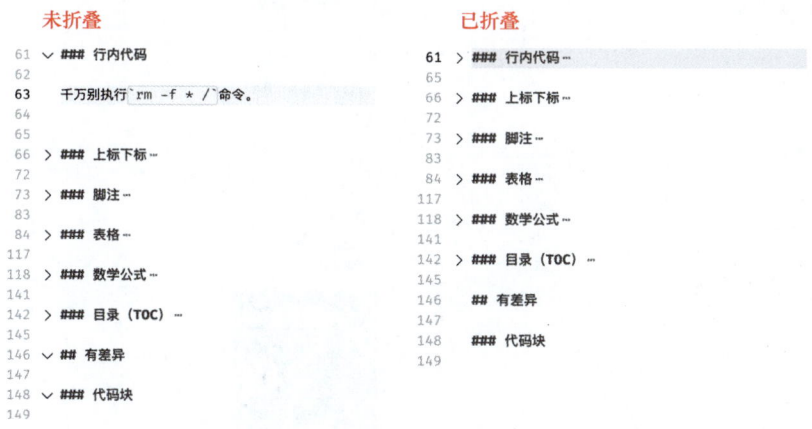

图 5-20　未折叠和已折叠的效果

### 5.2.8　禅模式

禅是一种基于"静"的行为，禅模式是一种让我们提高专注力的模式。如果能够真正进入禅模式，也就离心流状态不远了。禅模式通过隐藏除编辑器外的所有界面元素，将 VS Code 切换到全屏状态，让我们专注写作。

可以选择"查看/外观"→"禅模式"菜单命令，或打开命令面板，输入"禅模式"，选择"查看：切换禅模式"选项来打开 VS Code 的禅模式。若要退出禅模式，按下"ESC"键就可以了。

## 5.3　全面强化 Markdown

VS Code 原生的预览功能比较简单，很多 Markdown 语法都不支持，对于有些语法的渲染效果也不是很好，这就需要通过插件来增强 Markdown 的各项能力。目前，比较流行的是 Markdown Preview Enhanced（MPE），这是一款超级强大的 Markdown 插件，能够让你拥有顺畅的 Markdown 写作体验。

在扩展商店中搜索 Markdown Preview Enhanced，然后安装。可以单击编辑器右上角的"预览"按钮进行预览，这时的渲染效果与原生的效果不一样了，如图 5-21 所示。

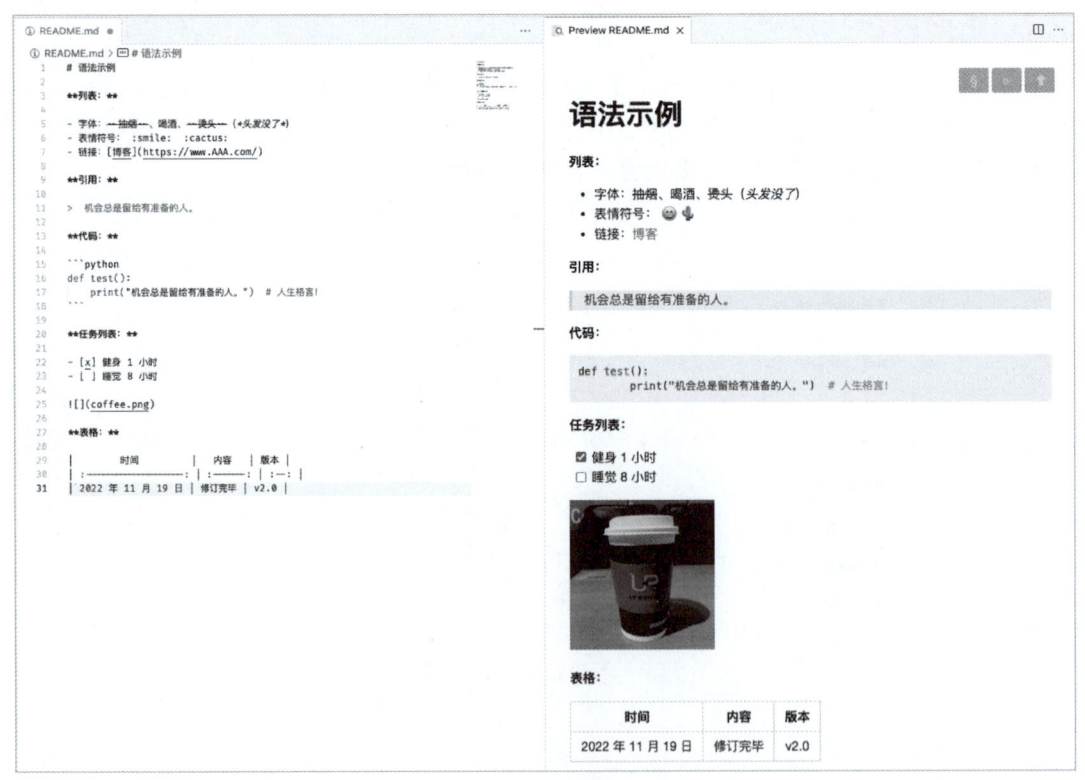

图 5-21　MPE 的渲染效果

MPE 让原本无法被正常渲染的表情符号和任务列表都能被正常渲染了，表格的风格也更自然了。当然，MPE 的功能远不止于此，Typora 支持的所有 Markdown 语法和扩展语法它都支持，包括数学公式、删除、高亮、图表、表情符号和目录等，用法也都一致。如果你已经熟悉了 Typora 的用法，那么可以毫无阻碍地使用 MPE。

除此之外，MPE 还有一些扩展功能，包括代码块中可以高亮指定行、表格中支持合并单元格、警告、CriticMarkup、Font-Awesome、引用文件和幻灯片等。

## 5.3.1 代码块

MPE 中的代码块除了支持语法高亮，还支持高亮指定行，如图 5-22 所示。

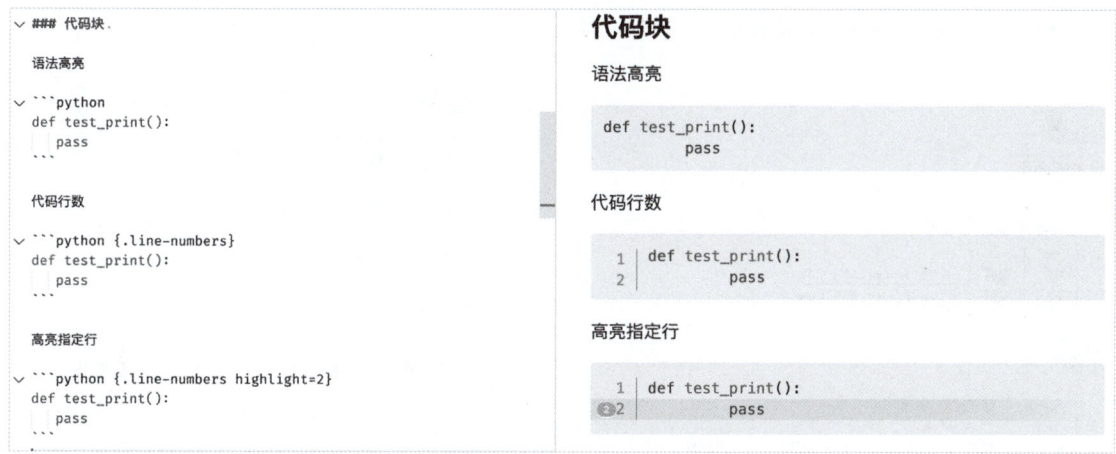

图 5-22　高亮指定行

普通的语法高亮与其他编辑器一样。

```
'''python
def test_print():
    pass
'''
```

若想显示代码行号就需要在语言后面加上 {.line-numbers}。

```
'''python {.line-numbers}
def test_print():
    pass
'''
```

如果想高亮指定行，就需要在语言后面加上 {highlight= 行号 }。

```
'''python {highlight=2}
code
```

```
```

如果想指定高亮的起始行，就需要在语言后面加上 {highlight= 开始行号 - 结束行号 }。

```
```python {highlight=3-5}
code
```
```

如果既想指定高亮某一行，又想指定高亮的起始行，那么可以像下面这样使用。

```
```python {highlight=[1-3,5,9-12]}
code
```
```

## 5.3.2 表格

MPE 的表格支持 GFM 语法，如图 5-23 所示。

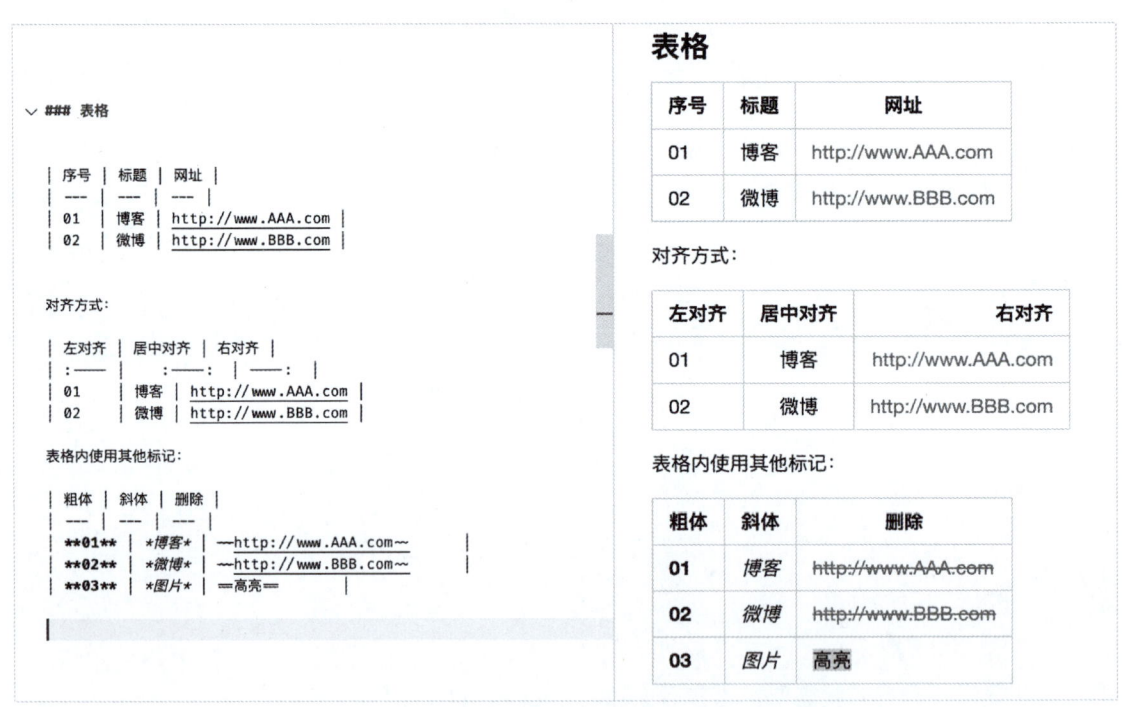

图 5-23　MPE 的表格效果

除此之外，MPE 还支持单元格的合并，用 > 表示向右合并，用 ^ 表示向上合并，如图 5-24 所示。

单元格合并功能不是默认开启的，在使用前需要在 Markdown-preview-enhanced 插件设置中找到并勾选"Markdown-preview-enhanced: Enable Extended Table Syntax"复选框。

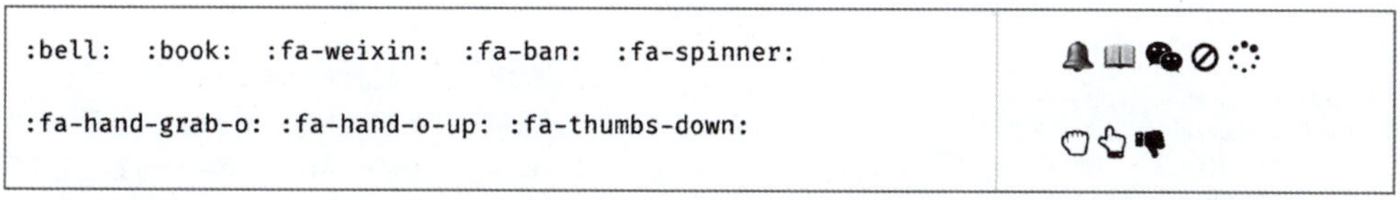

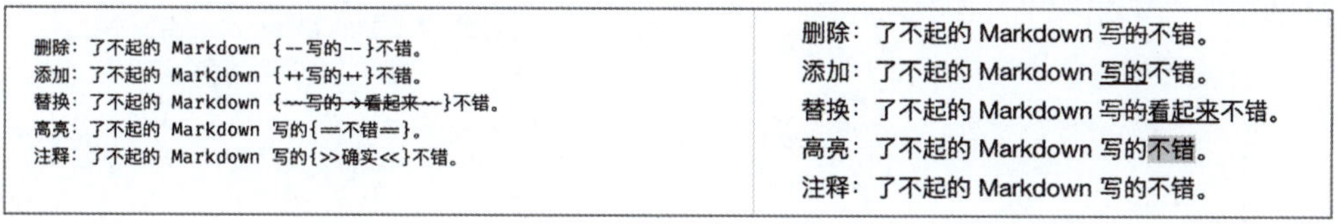

第 5 章 极客式写作工具：VS Code

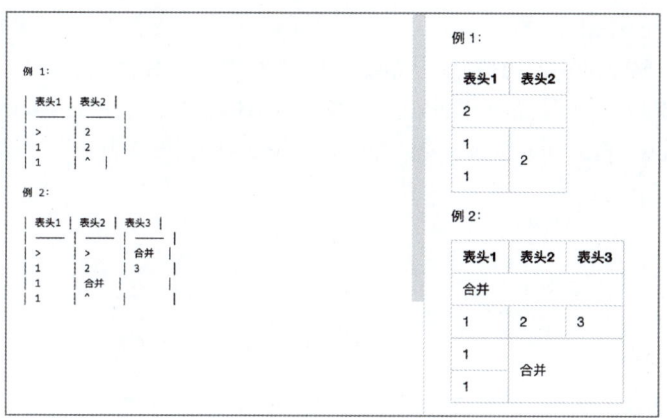

图 5-24　MPE 单元格合并

### 5.3.3　Font-Awesome

MPE 支持 Font-Awesome，它是一款很流行的字体和图标工具包，可以像表情符号一样配合文字使用，其用法也与表情符号一样，如图 5-25 所示。

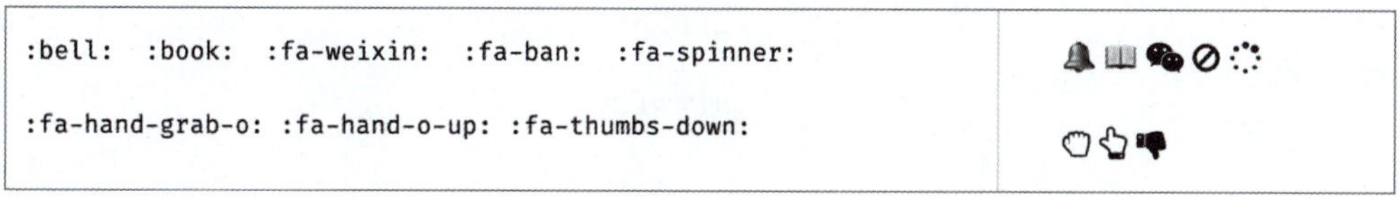

图 5-25　Font-Awesome

不过，需要注意的是，Pandoc 不支持 Font-Awesome。

### 5.3.4　CriticMarkup

如果要对文章进行标注，例如文章中增加了什么，删除了什么，替换了什么，那么可以考虑使用 CriticMarkup。它与 Markdown 一样，也是一种标记语言，支持删除、添加、替换、高亮、注释等操作，可以在 Markdown、HTML、LaTeX 等文本格式中使用。

MPE 支持 CriticMarkup，使用 CriticMarkup 前需要在 Markdown-preview-enhanced 插件设置中找到并勾选"Markdown-preview-enhanced：Enable Critic Markup Syntax"复选框。

CriticMarkup 的基本语法如下。

- 删除：{-- --}。
- 添加：{++ ++}。
- 替换：{~~ ~> ~~}。
- 高亮：{== ==}。
- 注释：{>> <<}。

CriticMarkup 的标注效果如图 5-26 所示。

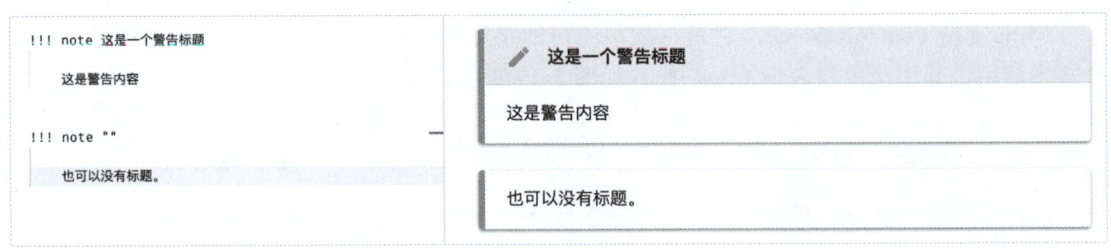

图 5-26　CriticMarkup 的标注效果

## 5.3.5　警告

MPE 的警告语法与 GFM 的警告语法不同，类型也更丰富。它以"!!! + 类型 + 标题"进行标记，如果不想有标题，那么可以使用"!!! + 类型 + " ""进行标记，如图 5-27 所示。

图 5-27　MPE 警告

警告的类型包括 note、abstract、info、tip、success、question、warning、failure、danger、example 和 quote 等，如图 5-28 所示。

图 5-28　MPE 的警告类型

## 5.3.6　绘图

在绘图方面，Typora 支持 Flow Charts、Sequence Diagrams 和 Mermaid，而 MPE 支持的类型更多，包括 PlantUML、WaveDrom、GraphViz、Vega & Vega-lite 和 Ditaa 等。此外，还可以使用 Code Chunk 来渲染 TikZ、Python Matplotlib 和 Plotly 等图像。

在 MPE 中，Flow Charts、Sequence Diagrams 和 Mermaid 的用法与在 Typora 中基本一致，不过，MPE 中的 Mermaid 有三种主题可供选择：default、dark 和 forest，如图 5-29 所示。

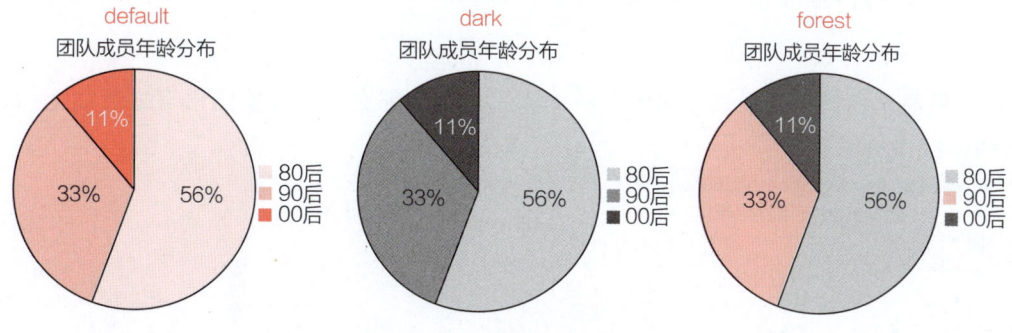

图 5-29　Mermaid 的三种主题

如果想切换主题，那么可以选择"管理"→"设置"菜单命令，在"用户"选项卡中找到"Markdown-preview-enhanced：Mermaid Theme"进行设置。

在默认情况下，Markdown 中的 Mermaid 是不支持语法高亮的，如果想让 Markdown 中的

Mermaid 语法高亮显示，则需要安装插件 Mermaid Markdown Syntax Highlighting。

## 1. PlantUML

PlantUML 也是一款非常流行的纯文本绘图工具，支持时序图、用例图、类图、活动图、组件图、状态图、对象图、部署图、网络图、架构图、甘特图、思维导图和工作分解结构图等。在 MPE 中的用法如下。

```
'''puml
puml 语法
'''
```

例如，写一份年终工作总结的思维导图，如图 5-30 所示。

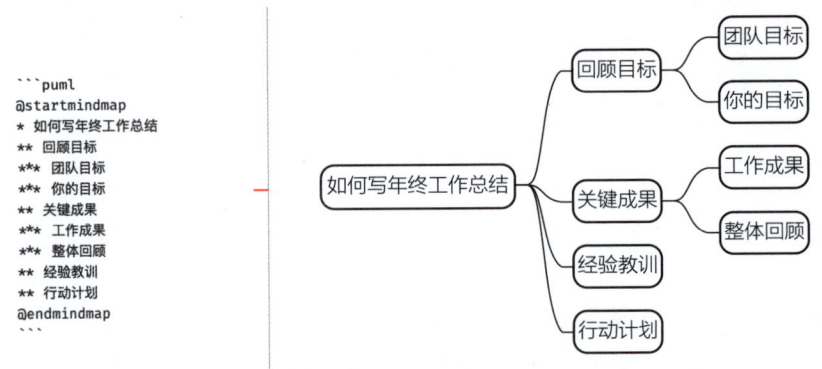

图 5-30　PlantUML 思维导图

要想成功渲染 PlantUML，则需要在本地安装 Java，并在 VS Code 中指定 plantuml.jar 的位置，更多语法请到 PlantUML 官网查看。

## 2. 设置显示方式

（1）**只显示代码**。如果只想显示代码而不是绘图，那么可以在绘图语言之后加上 {code_block=true}。例如：

```
'''mermaid {code_block=true}
pie title 团队成员按年龄分布
"80后" : 10
"90后" : 6
"00后" : 2
'''


'''sequence {code_block=true}
张三 -> 李四：李四，吃了吗？
```

```
Note right of 李四：我显示在李四的右边

李四 -->张三：好久不见，三儿，我刚吃过！
'''
```

**（2）设置图片的对齐方式**。如果想设置图片的对齐方式，那么可以在绘图语言之后加上 {align=" center/left/right " }。例如：

```
'''mermaid {align="center"}
你的绘图脚本
'''

'''mermaid {align="right"}
你的绘图脚本
'''
```

## 5.3.7　插入目录

在 MPE 中插入目录的方式与在 Typora 中一样，也是先输入 [TOC] 再按"Enter"键。目录生成后，当文中内容有更改时，保存后目录也会自动更新。

如果想让目录忽略某个标题，那么可以在标题之后加上 {ignore=true}，更多的设置可以通过编写 front-matter 实现，如图 5-31 所示。

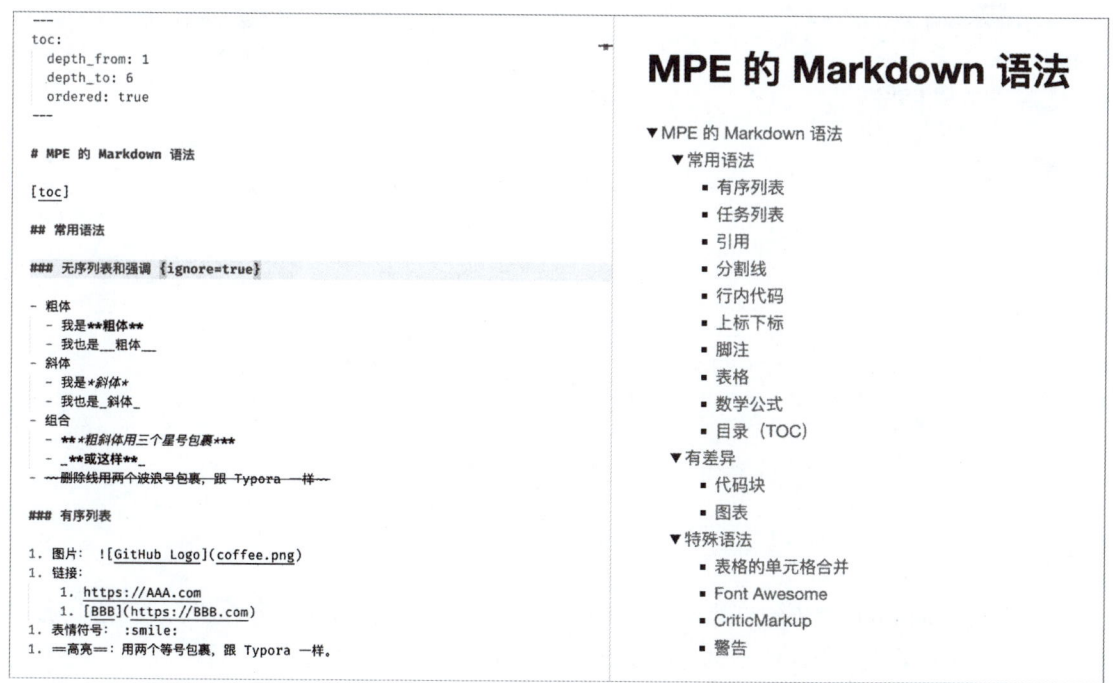

图 5-31　插入目录

```
---
toc:
  depth_from: 1
  depth_to: 6
  ordered: false
---
```

### 5.3.8 主题

MPE 提供了很多可以选择的主题，只需右击预览界面，在弹出的快捷菜单中单击"Preview Theme"选项，将光标放在相应的主题上，即可在列出的主题列表中进行切换，如图 5-32 所示。

图 5-32　MPE 主题

### 5.3.9 幻灯片

MPE 使用 reveal.js 渲染幻灯片，这比直接使用 reveal.js 创建幻灯片简单多了。幻灯片通过 <!-- slide --> 进行分页。下面的示例是创建三页幻灯片。

```
<!-- slide -->
```

```
# 第 1 页

:smile: *猜猜我是谁？*

<!-- slide -->

# 第 2 页

![](coffee.png)

我喜欢 **咖啡** :coffee:

<!-- slide -->

# 第 3 页

还喜欢写代码 :bug:

'''python
def test_print():
    pass
'''
```

幻灯片渲染效果如图 5-33 所示。

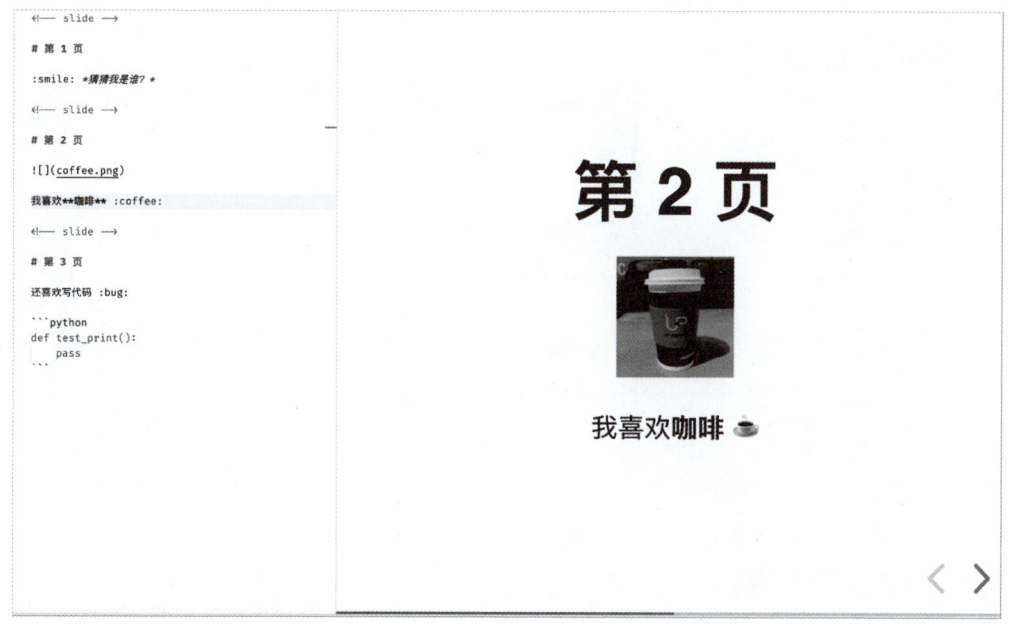

图 5-33　幻灯片渲染效果

查看源码时，幻灯片会随着光标的移动进行切换。幻灯片默认使用白色主题，如果想切换主题，那么可以在文件头加上如下配置。

```
---
presentation:
    theme: serif.css
---
```

可选的主题有 beige.css、black.css、blood.css、league.css、moon.css、night.css、serif.css、simple.css、sky.css、solarized.css、none.css 和 white.css（默认）。

## 5.3.10 导入文件

MPE 可以导入外部文件，支持的文件类型包括 .md、.csv、.jpg、.png、.gif、.svg、.bmp、.html、.pdf、.mermaid、.dot 和 .plantuml 等。

引用格式如下。

```
@import "文件名"
```

或

```
<!-- @import "文件名" -->
```

例如，导入一个本地的 Markdown 文件，如图 5-34 所示。

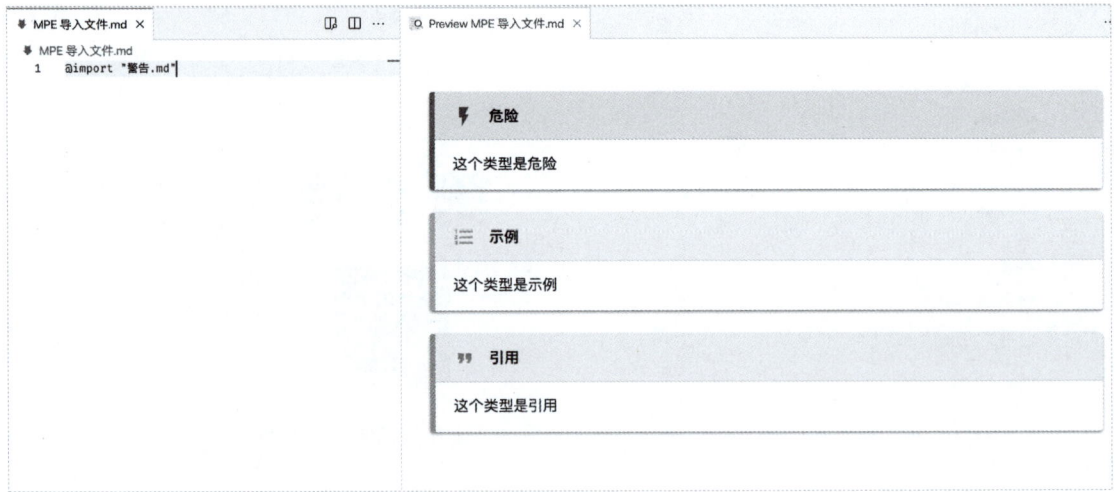

图 5-34 导入 Markdown 文件

导入一个图片文件，如图 5-35 所示。

导入 csv 文件将会被直接解析成表格，如图 5-36 所示。

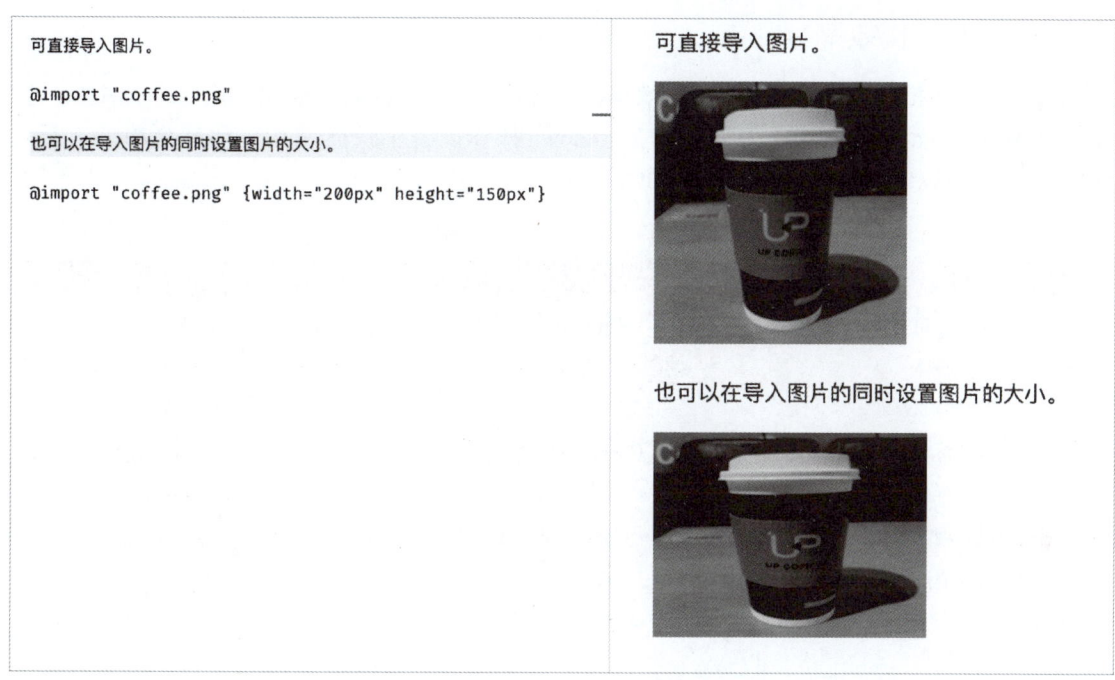

图 5-35　导入图片文件

图 5-36　导入 csv 文件

### 5.3.11　导出文件

MPE 支持导出 HTML、PDF、PNG、JPEG 和 ePub 等格式的文件，在预览界面右击即可选择导出方式。

## 5.4　继续增强 Markdown

MPE 提升了 Markdown 的写作体验，但还不够，很多能力可以继续增强，例如快捷操作、图片管理、规范和检查语法、文件转换等。

## 5.4.1 提升写作效率

若想进一步提升 Markdown 的写作效率，那么可以安装 Markdown All in One（MAO），这是一款 Markdown 提效工具，为常用的 Markdown 操作配备了快捷键和自动补全功能。安装 MAO 之后，可以使用的快捷键如表 5-1 所示。

表 5-1 安装 MAO 后可以使用的快捷键

| 操作 | macOS 系统 | Windows/Linux 系统 |
|---|---|---|
| 加粗 | Command + B | Ctrl + B |
| 斜体 | Command + I | Ctrl + I |
| 删除线 | 无 | Alt + S |
| 提升标题级别 | Control + Shift + ] | Ctrl + Shift + ] |
| 降低标题级别 | Control + Shift + [ | Ctrl + Shift + [ |
| 插入数学公式 | Command + M | Ctrl + M |
| 选中 / 取消任务列表项 | Option + C | Alt + C |

### 1. 自动补全

插入图片和链接能够自动补全，例如在插入图片时，输入 后，文档所在目录下的所有图片都将显示在提示列表中，以便选择和过滤，如图 5-37 所示。

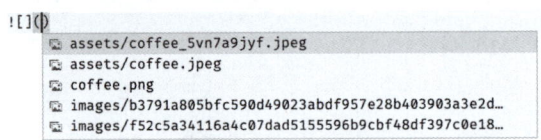

图 5-37 自动补全

### 2. 格式化表格标记

对于表格的标记语法，手动调整格式会有些麻烦，使用 MAO 可以一键格式化，如图 5-38 所示。调整时，只需选中表格标记，然后使用快捷键：Alt + Shift + F（Windows 系统）或 Option + Shift + F（macOS 系统）即可。

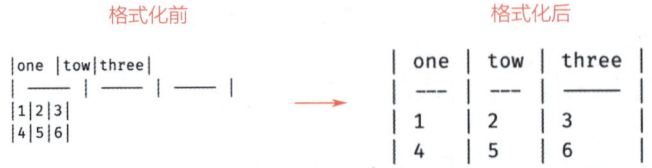

图 5-38 格式化表格标记

### 3. 为标题自动添加、更新和删除章节序号

为标题手动添加章节序号既费时又费力，如有改动还得全部调整一遍，更是痛苦。MAO 可以为标题自动添加、更新和删除章节序号。

添加时只需打开命令面板，输入"序号"，在搜索结果中选择"Markdown All in One：添加 / 更新章节序号"选项，所有标题前就自动添加了章节序号。如果想更新序号，那么重复上述操作即可，如图 5-39 所示。

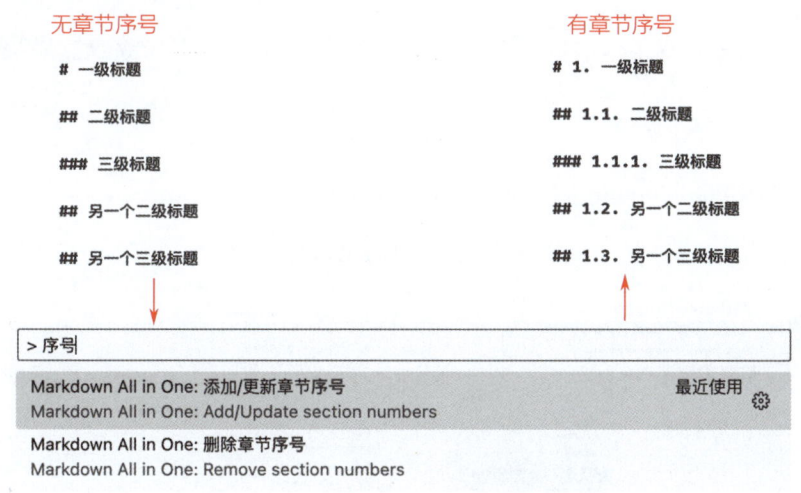

图 5-39　添加 / 更新章节序号

如果想删除已经添加的章节序号，那么需要在命令面板输入"序号"后，在搜索结果中选择"Markdown All in One：删除章节序号"。

## 5.4.2　强化图片管理

如果想增强 VS Code 的图片管理能力，那么可以安装扩展插件 Markdown Image。这是一款能够方便地在 Markdown 中插入图片的扩展插件，支持将图片存储在本地或第三方的图床中。

安装 Markdown Image 之后，只需右击想插入图片的地方，在弹出的快捷菜单中选择"Paste Image"选项，图片就会被放到 images 目录下，同时被引入 Markdown 文件中，如图 5-40 所示。

粘贴图片的快捷键是 Alt + Shift + V（Windows/Linux 系统）/ Option + Shift + V（macOS 系统）。

在默认情况下，文件以图像的哈希值命名，图片存储在本地的 images 目录下。在 Markdown Image 的设置中找到"File Name Format"可以修改文件名格式，找到"Upload Method"可以修改图片存储路径，如图 5-41 所示。

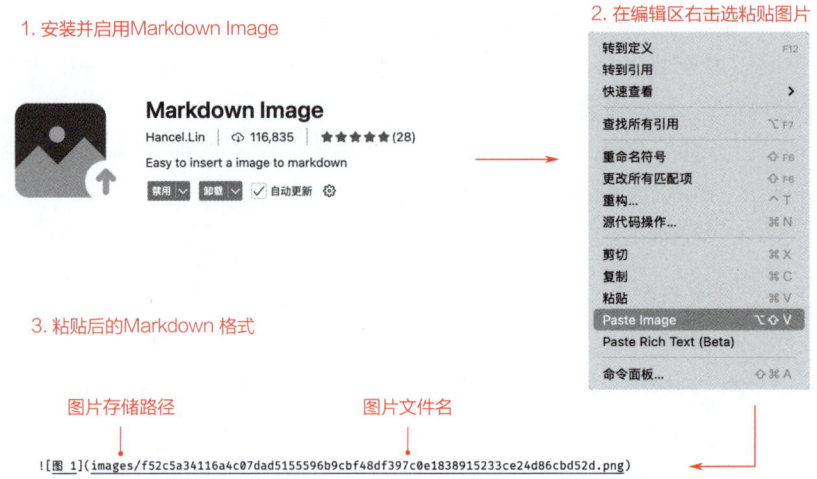

图 5-40　插入图片

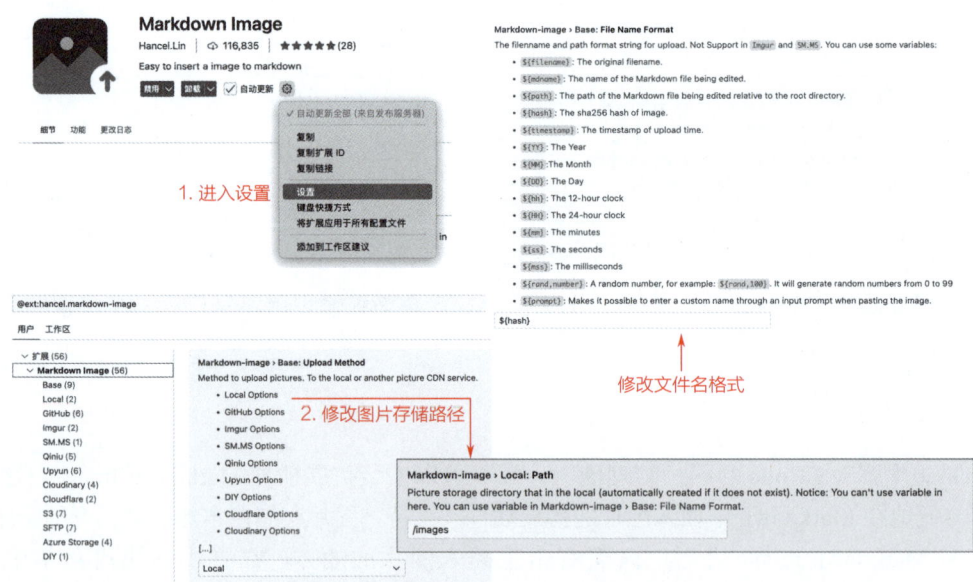

图 5-41　修改图片文件名格式和存储路径

如果想设置第三方图床，同样是找到"Upload Method"，按提示操作即可。

## 5.4.3　语法检查

Markdown 语法很灵活，因此可能导致格式不一致。为了提高可读性和可维护性，应该保持语法格式的一致性。通过 markdownlint 插件可以检查 Markdown 语法是否符合规范，不符合规范的行会在编辑器中触发警告。有问题的行会显示黄色的波浪下画线，文件名上会显示问题数量，面板中会显示问题列表，如图 5-42 所示。

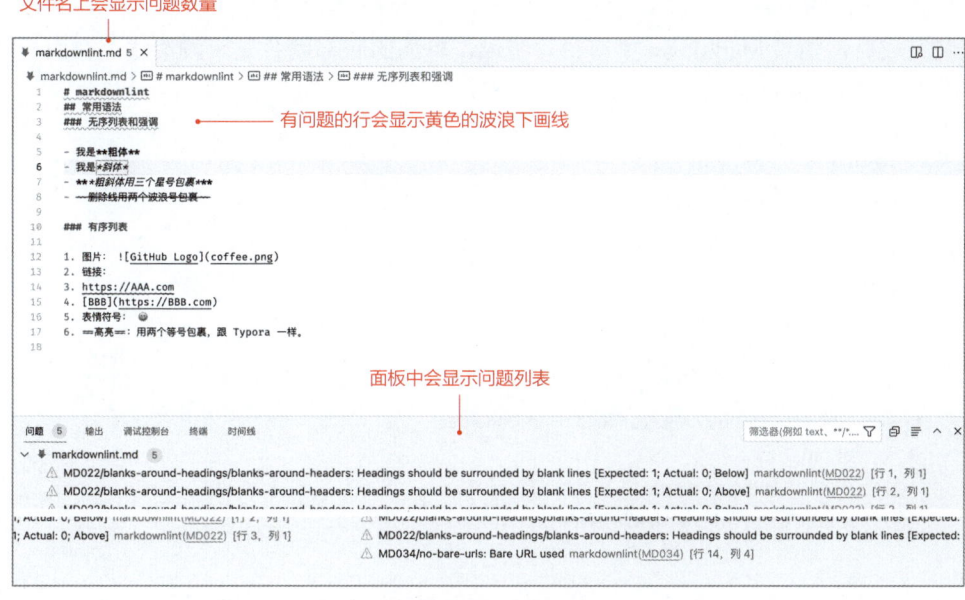

图 5-42　语法检查

将光标移动到问题行之上会显示问题详情，将光标移动到问题行之内会显示代码操作图标，单击图标后会显示快速修复列表，如图 5-43 所示。

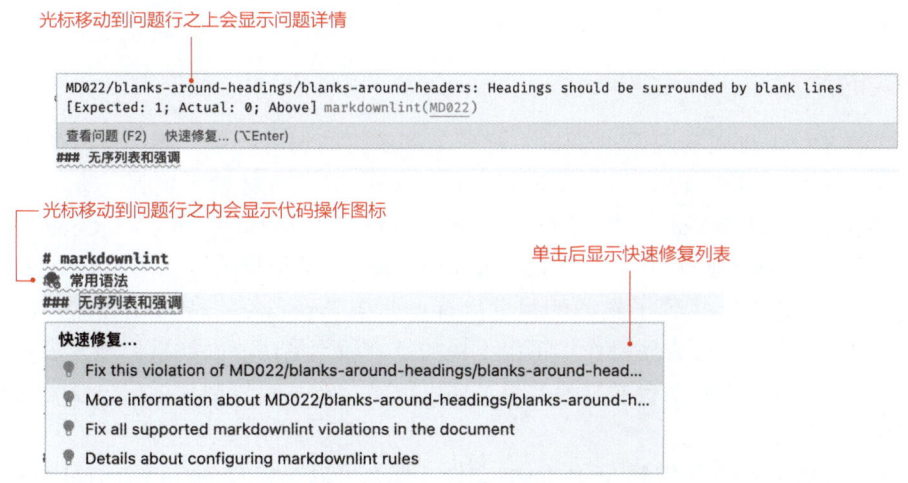

图 5-43　光标在不同位置的效果

### 5.4.4 拼写检查

如果想对 Markdown 文件进行语法检查,那么需要安装插件 Code Spell Checker,这是一款可以检查拼写错误的工具。

安装完成后,如果 Markdown 中有拼写错误,单词的底部就会显示波浪线,在面板中会显示问题列表,如图 5-44 所示。

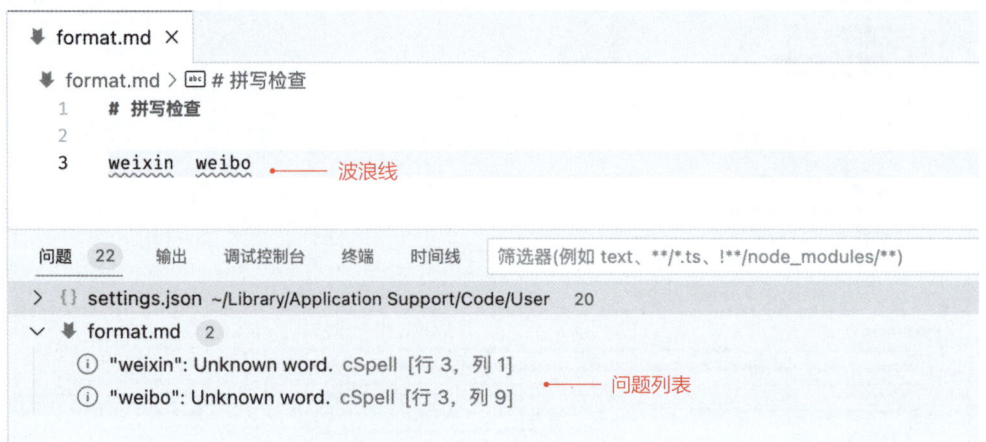

图 5-44 拼写检查

如果提示拼写错误的单词是专有名词,那么可以单击该单词,再单击冒出来的灯泡图标,然后将单词加入设置,针对这个单词就不会再提示拼写错误了。也可以右击单词,在弹出的快捷菜单中选择"Spelling"选项,然后选择忽略单词(Ignore Words)或加入设置(Add Words to User Settings)。

### 5.4.5 实时预览

如果想在 VS Code 中实现像 Typora 一样所见即所得的编辑效果,那么可以使用两个比较流行的插件,一个是 UNOTES,另一个是 Office Viewer,后者在体验上更胜一筹。

Office Viewer 是基于 Vditor 改造的实现了 Markdown 实时预览效果的 VS Code 插件,安装之后,只需打开 md 格式的文件,即可进入 Office Viewer 的编辑模式,如图 5-45 所示。

Office Viewer 让我们找到了熟悉的感觉,有点儿像 Typora,支持 GMF 语法、实时预览。除此之外,还有一个工具栏方便操作。不得不提的是它的预览功能,如果你想发表文章,那么可以使用预览功能查看不同平台的显示效果,还可以将文章一键复制到微信公众号和知乎等平台中,如图 5-46 所示。

如果还是想用 Typora 来编辑 Markdown 文件,那么可以安装 Open in External App,借助它可以在资源管理器中使用外部应用打开文件。如果你的系统中默认使用 Typora 打开 Markdown

文件，那么只需右击要打开的 Markdown 文件，在弹出的快捷菜单中选择"在外部应用打开"选项即可。

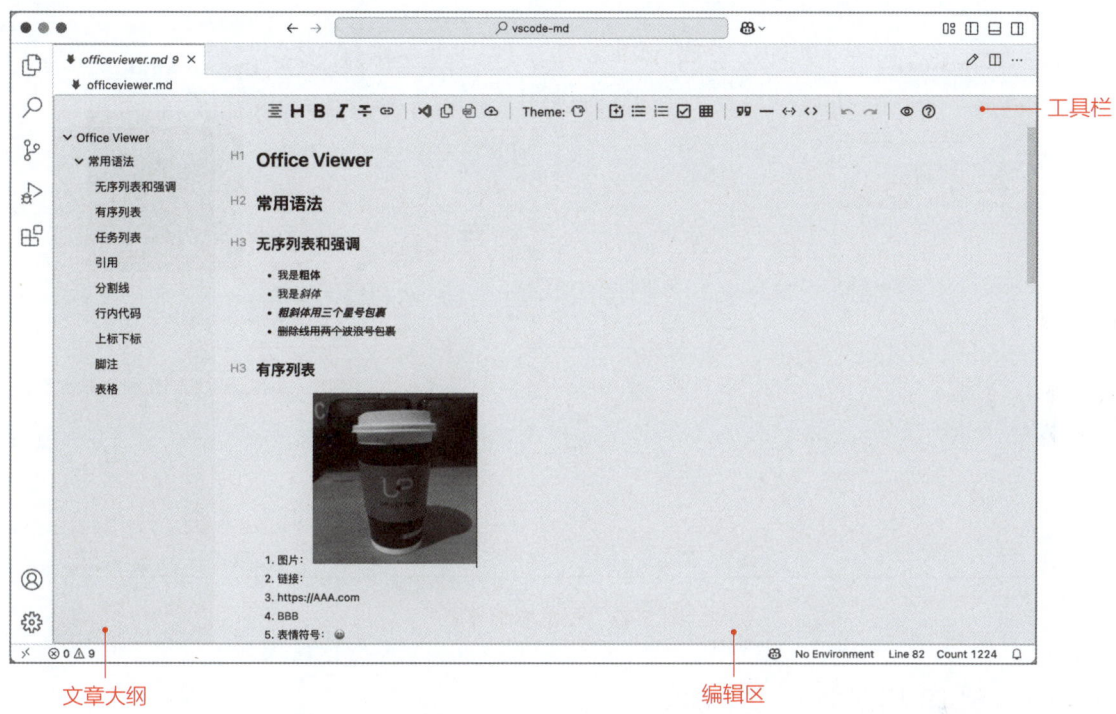

图 5-45　Office Viewer 编辑模式

图 5-46　实时预览

## 5.4.6　转换为思维导图

在 VS Code 中可以使用插件 Markmap 将 Markdown 转换为思维导图。安装完成后，在 Markdown 编辑界面的右上角单击 ⇐ 图标，文件将以思维导图的形式显示在预览界面中。在预览界面的右下角，还可以选择缩放、编辑和导出思维导图，如图 5-47 所示。

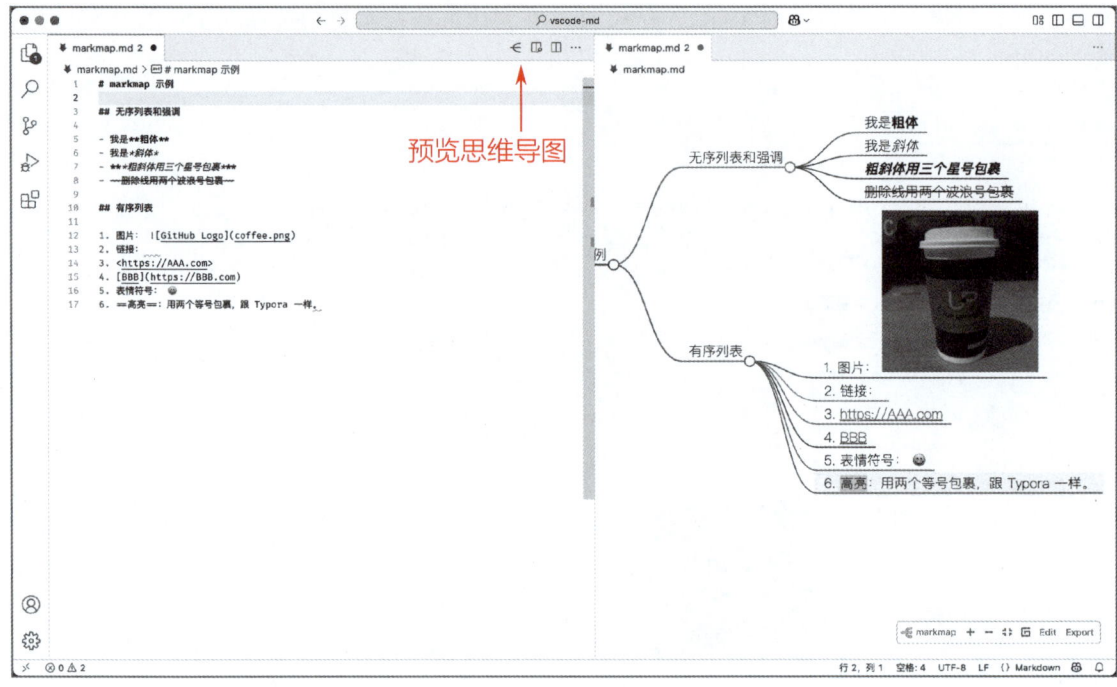

图 5-47　预览思维导图

## 5.4.7　增强表格能力

安装插件 Excel to Markdown table 后，可以将 Excel 数据转换为 Markdown 表格并粘贴到 Markdown 文件中。

例如，在 Excel 中复制要转换的数据，在命令面板中输入"> Excel to Markdown table"并选择需要转换的数据，即可将数据转换为 Markdown 表格，如图 5-48 所示。

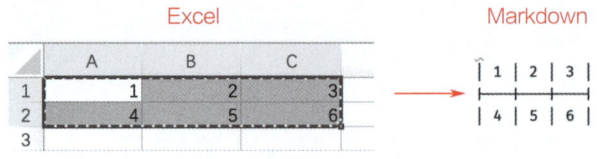

图 5-48　增强表格能力

也可以使用以下快捷键。

- macOS 系统：Shift + Option + V。
- Windows/Linux 系统：Shift + Alt + V。

### 5.4.8 打印 Markdown 文件

在 VS Code 中直接打印 Markdown 文件,需要安装插件 Print,这是一款能够在 Markdown 源码中打印,且打印时能将 Markdown 完全渲染的工具。

安装完成后,右击界面,并在弹出的快捷菜单中选择"打印"命令,或是单击工具栏的"打印"按钮实现打印,如图 5-49 所示。

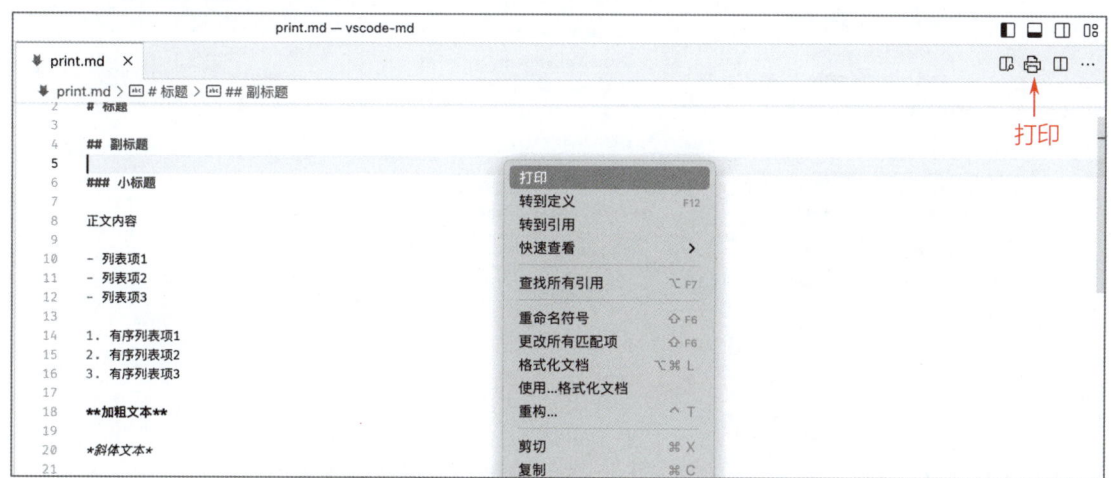

图 5-49　打印 Markdown 文件

## 5.5　GitHub Copilot

GitHub Copilot 是一个 AI 编程助手,由 GitHub 和 OpenAI 合作开发,它基于 OpenAI 的 AI 技术和 GitHub 上公开的代码训练,能够理解上下文,在编写代码时提供代码智能补全,生成代码片段、函数和注释等功能,从而提高编码效率和质量。除了用于编码,GitHub Copilot 在智能写作上也同样优秀,只需通过自然语言对话即可完成文章生成、语言互译、内容解释、文章总结等任务。

在开始使用 GitHub Copilot 之前,我们需要先完成一些简单的准备工作,如图 5-50 所示。

步骤 1:安装插件。在 VS Code 扩展商店搜索 GitHub Copilot,安装并启用。

步骤 2:登录账户。单击 VS Code 搜索框右边的图标,打开聊天界面。登录 GitHub Copilot 后,图标会变为。

步骤 3:激活。单击"使用免费版 Copilot"按钮,激活成功就可以开始聊天了。

GitHub Copilot 的聊天界面是围绕对话设计的,主要包括聊天输入框、添加上下文、语音输入和切换模型等。用户可以在输入框中输入并发送 /help 查看帮助信息,如图 5-51 所示。

图 5-50　登录并使用免费版的 GitHub Gopilot

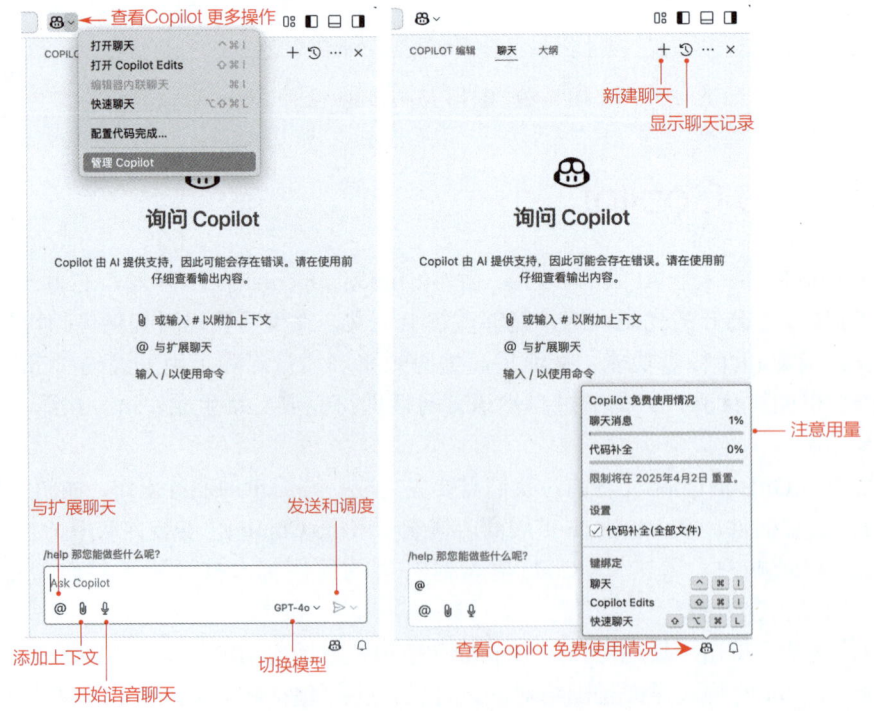

图 5-51　GitHub Copilot 聊天界面

# 第 5 章　极客式写作工具：VS Code

这里要注意 Copilot 的免费使用情况，可通过状态栏的 图标查看。

## 5.5.1　开始聊天

当没有打开任何文件时，在聊天输入框中输入问题，GitHub Copilot 会直接与我们对话。当打开一个 Markdown 文件时，聊天窗口上会显示当前的文件名，并将其作为上下文来回答我们的问题，如图 5-52 所示。

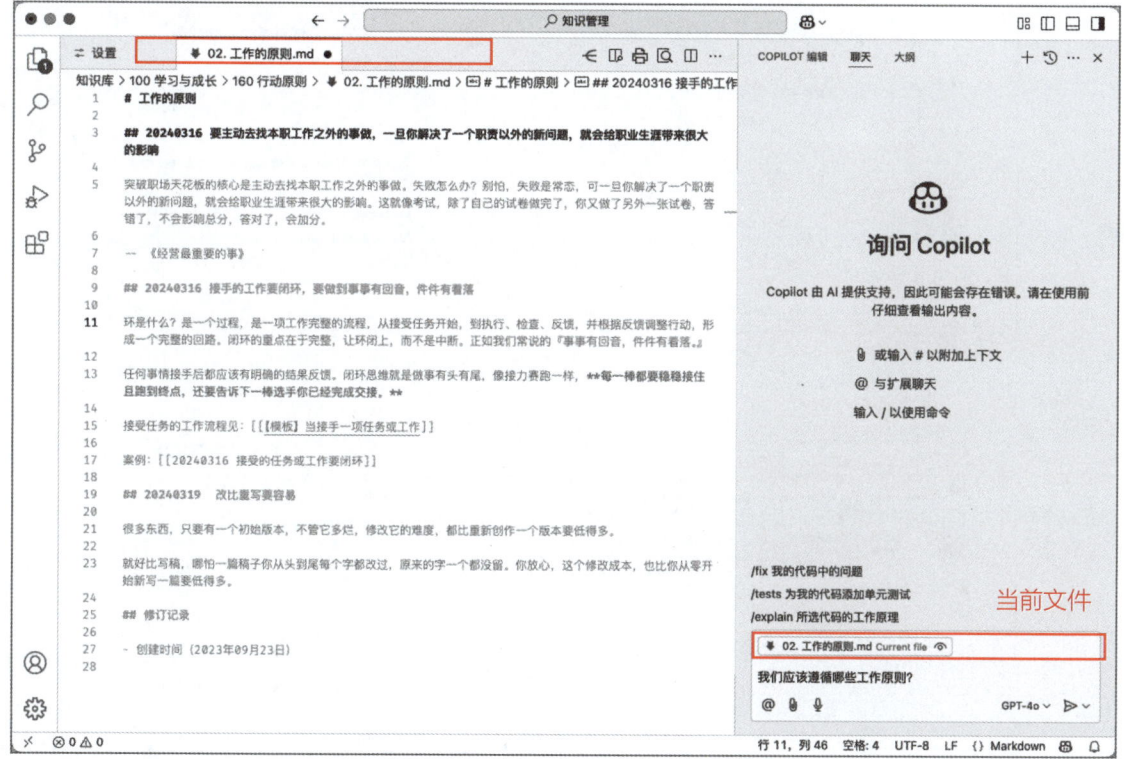

图 5-52　将当前打开的文件作为上下文

在发送问题之后，GitHub Copilot 会根据上下文给出相应的回答，并在输出内容底部提供进一步拓展的建议，不仅能解答问题，还为我们提供更多的思考方向，如图 5-53 所示。

## 5.5.2　添加上下文

如果想让模型基于多个文件给出回答，那么可以添加多个文件作为上下文。只需单击聊天输入框下方的"添加上下文"按钮，添加文件即可，如图 5-54 所示。

147

图 5-53　根据上下文回答问题

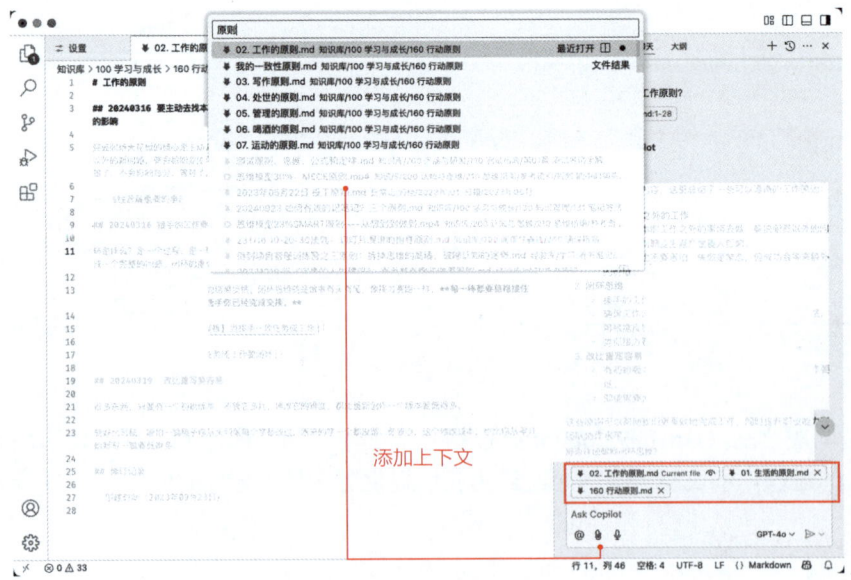

图 5-54　添加多个文件作为上下文

第 5 章　极客式写作工具：VS Code

除通过上述方式添加文件外，还可以在聊天输入框中输入 #file 引用文件，如图 5-55 所示，或者选取文件中的一部分内容作为上下文，如图 5-56 所示。这种灵活的上下文管理方式便于在写作过程中随时引入所需的信息，让模型更好地理解需求。

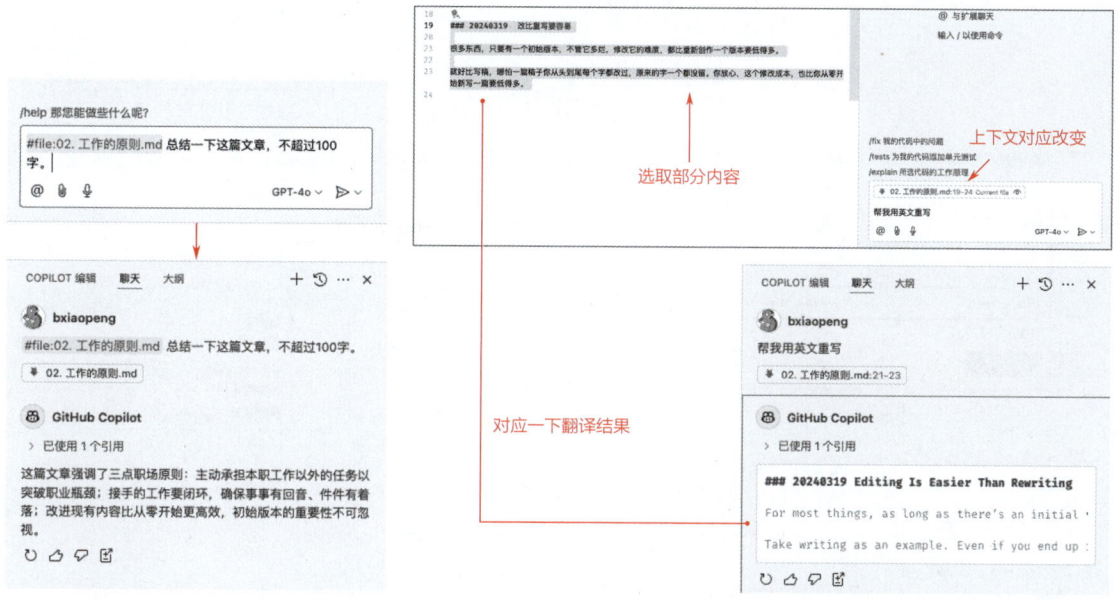

图 5-55　#file 引用文件　　　　　　图 5-56　选取部分内容作为上下文

### 5.5.3　自动补全

在写作时，GitHub Copilot 能够基于上下文给出自动补全的建议。如果觉得合适，那么只需按下"Tab"键，就能自动完成输入，省时又省力。

在使用前需要开启 Markdown 自动补全功能。单击 GitHub Copilot 图标右侧的向下箭头，在下拉列表中选择"配置代码完成..."选项，然后在弹出的配置项列表中选择"Edit Settings..."选项，进入设置界面，将"markdown"的值设置为 true，如图 5-57 所示。开启后，回到编辑界面，当打开一个文件开始写作时，就能体验到自动补全带来的高效与便捷，如图 5-58 所示。

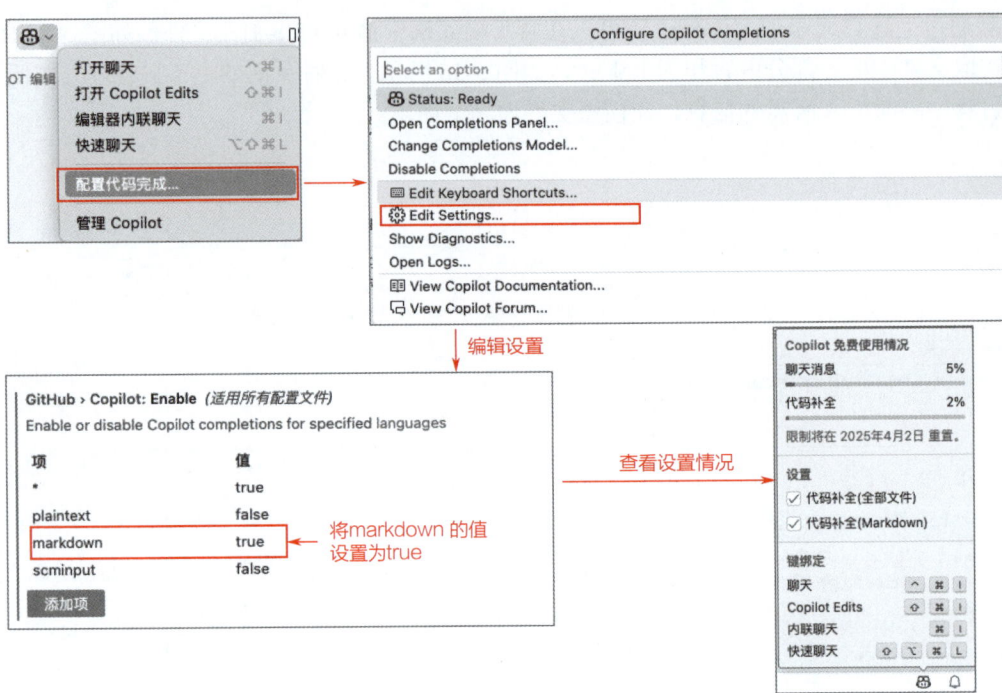

图 5-57　开启 Markdown 自动补全

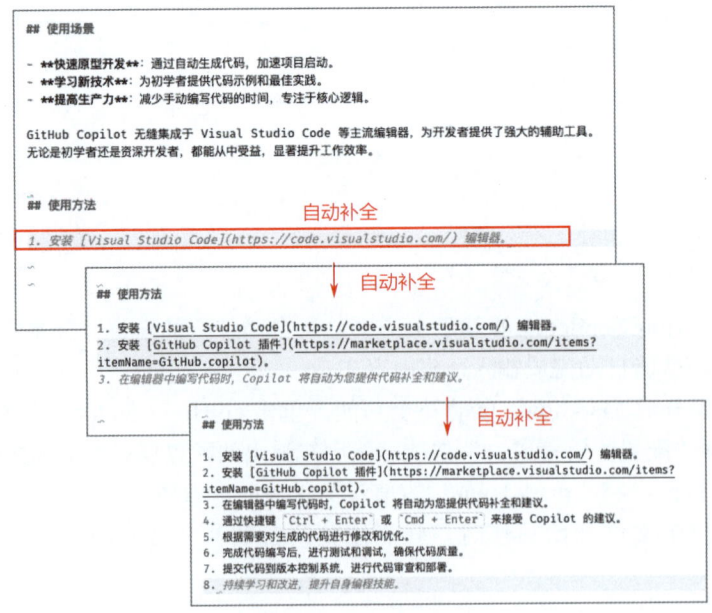

图 5-58　自动补全示例

## 5.5.4 快速聊天

GitHub Copilot还有一个快速聊天功能，让我们可以在不离开当前编辑环境的前提下快速调出对话框，保持创作的流畅性，如图 5-59 所示。

图 5-59　快速聊天

打开快速聊天的快捷键是 Alt + Shift + Command + L（macOS 系统）或 Alt + Shift + Ctrl + L（Windows/Linux 系统）。

## 5.5.5 编辑器内联聊天

通过编辑器内联聊天，我们可以直接通过对话调整选中的内容，也可以在空白处插入聊天生成的内容。例如，想改写文章中的某段话，只需将其选中，然后右击菜单，选择

"Copilot"→"编辑器内联聊天"菜单命令,在弹出的对话框中输入改写要求,就能让模型改写内容了,如图 5-60 所示。

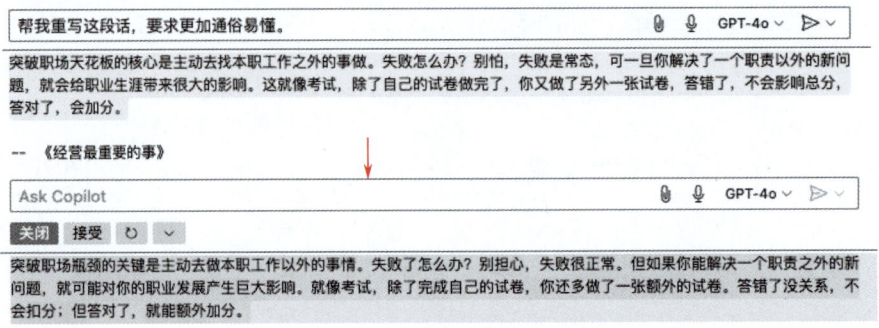

图 5-60　编辑器内联聊天

## 5.5.6　解释内容

如果在阅读或写作时对某段话不是很理解,那么可以将其选中,然后右击,选择"Copilot"→"Explain"菜单命令,让模型进行解释,如图 5-61 所示。

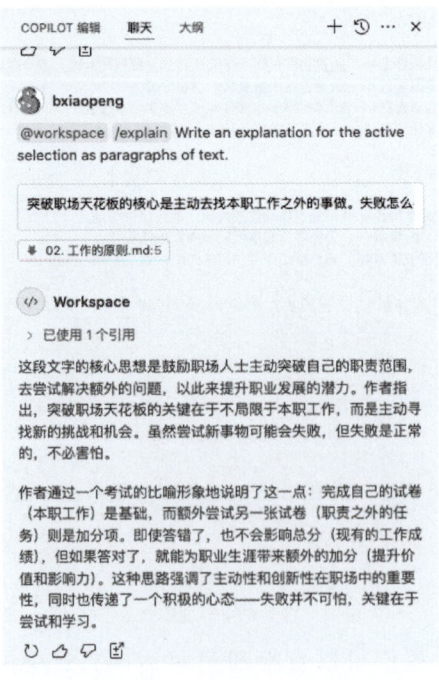

图 5-61　解释内容

## 5.5.7 用 Trae CN 替代

如果你觉得 GitHub Copilot 免费额度不够用，那么可以使用 Trae CN 进行替代，Trae CN 如图 5-62 所示。Trae CN 是由字节跳动推出的智能代码编辑器，其内核基于 VS Code 进行定制和扩展，深度融合人工智能技术以提升编程效率与协作能力，同时支持 VS Code 插件生态，内置了 DeepSeek 和 Doubao 模型，可用来替代 GitHub Copilot 和 Cursor。

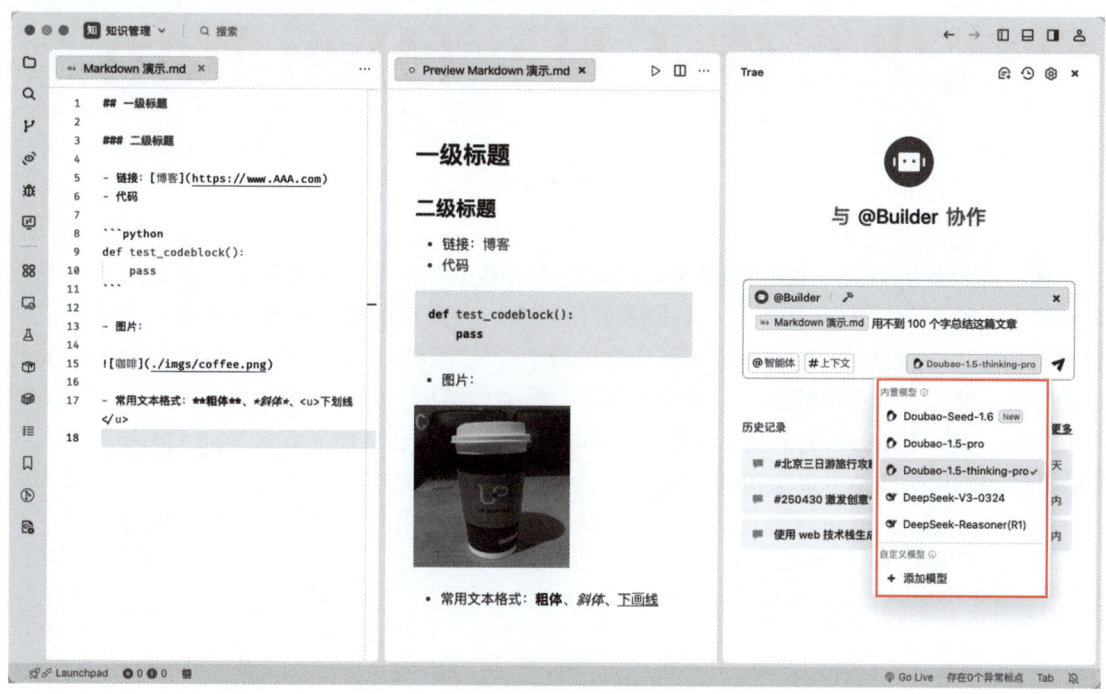

图 5-62　Trae CN

关于 GitHub Copilot 就介绍到这里，更多实用功能还需要大家自行探索。

## 5.6　本章总结

本章主要介绍了如何使用 VS Code 高效地进行 Markdown 写作，除了充分利用其强大的编辑和管理能力，还可以通过各种扩展插件来增强、补全、延伸 Markdown 的各项能力。如果想体验极客式的写作，那么千万不要错过这款 All in One 的写作工具。

# 第 6 章
# 现代化写作工具：Obsidian

在信息爆炸的时代，有效地管理知识变得越来越重要。但知识管理对于很多人来说既熟悉又陌生，熟悉是因为听得多，陌生是因为用得少。在众多的知识管理方法中，卡片笔记法（Zettelkasten）备受欢迎，Obsidian 正是一款践行卡片笔记法的工具。使用 Obsidian 能够更加便捷地记录、梳理、管理你的思考、灵感和知识，并通过结构、链接和搜索轻松调取笔记。新的知识管理方式和 Markdown 的流行也让 Obsidian 越来越受欢迎，加上其自身强大的功能和人性化的设计，相信会给你带来全新的体验。

本章将介绍 Obsidian 这款现代化写作工具，让你能够轻松打造出自己的知识管理系统。

## 6.1 认识 Obsidian

### 6.1.1 简介

Obsidian 是一款功能强大的知识管理和笔记应用工具，它构建在本地文件系统之上，使用纯文本的 Markdown 格式存储数据，这使数据易于备份、迁移，并且不受特定平台的限制。Obsidian 的基本信息如表 6-1 所示。

Obsidian 以结构化的方式帮助用户创建、组织和链接笔记，形成一个互联的知识网络，构建个人化的知识体系，而不仅仅是记录信息。

表 6-1  Obsidian 的基本信息

| 项目 | 详情 |
| --- | --- |
| 支持平台 | Windows、macOS、Linux、iOS、Android |
| 主要特点 | 知识库管理、双向链接、关系图谱、本地存储、丰富的插件生态 |
| 是否收费 | 个人免费，若使用 Obsidian 的同步和发布服务，则需要付费 |

Obsidian 的功能特性如下。
- 支持本地存储，笔记文件以纯文本格式存储在本地，提高了数据安全性，更易于管理，打开速度也很快。
- 笔记文件以 Markdown 格式存储，支持 Github Flavored Markdown 和 Obsidian Flavored Markdown。
- 支持双向链接和关系图谱，能展示谁链接了"我"、"我"链接了谁，以及谁提到了"我"，笔记链接起来以后，信息就不再是孤岛，而是变得体系化。
- 支持通过命令面板访问所有操作命令。
- 拥有强大的搜索能力，不仅支持正则表达式和搜索运算符，还支持指定搜索笔记、标签、路径、书签和属性。
- 可通过拖动，自由调整工作区的布局、文件的位置、书签的顺序及大纲的结构，还可以将文件直接拖入笔记中。
- 提供众多的第三方插件和主题，允许用户根据需求和喜好进行个性化定制。

## 6.1.2 下载安装

访问 Obsidian 官网，下载适合你操作系统的安装包，如图 6-1 所示，根据提示安装即可。

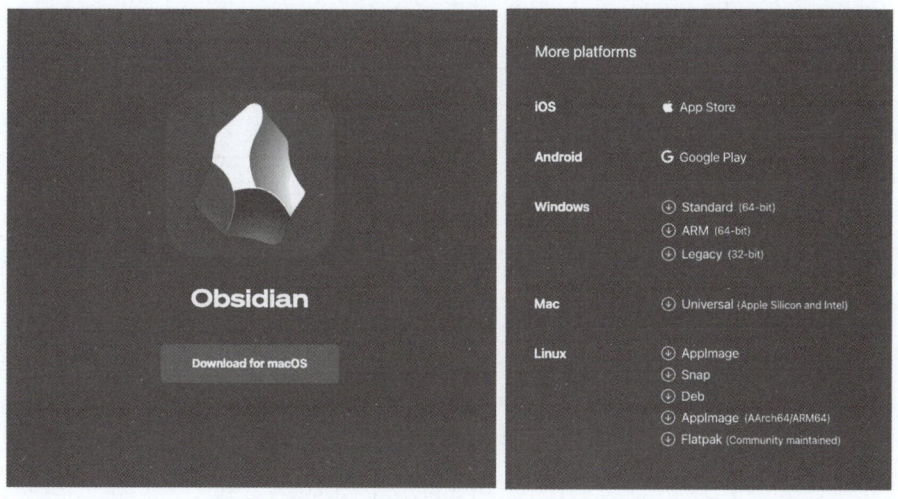

图 6-1 下载 Obsidian

## 6.1.3 欢迎界面

打开 Obsidian 后，会进入欢迎界面，它实际上是一个仓库管理中心。左侧列出了已创建并打开过的仓库列表，可以在此打开、移动、重命名和删除仓库。右侧是仓库的设置界面，用于创建仓库、打开本地仓库，以及同步远程仓库，如图 6-2 所示。

图 6-2　Obsidian 欢迎界面

在 Obsidian 中，一个"仓库"实际上就是一个文件夹，专门用于存放笔记和其他类型的文件。我们可以创建多个这样的仓库，每个仓库都是独立的，不会共享任何笔记、文件或配置。这一设计允许用户根据需求将不同类型的内容分门别类地存储在独立的仓库中，如图 6-3 所示。

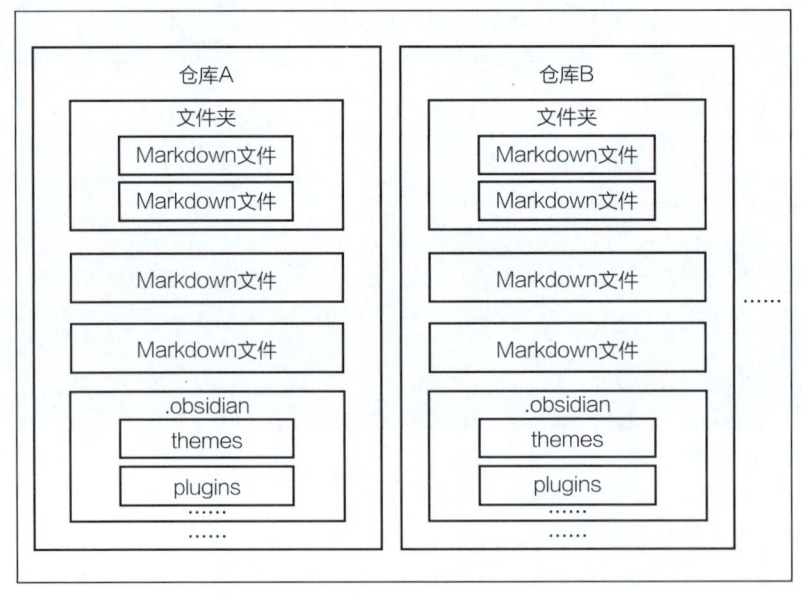

图 6-3　仓库、文件夹与文件

例如，将与生活、工作、学习相关的内容分别存储至独立仓库，并为这些仓库选择适合的配置、插件和主题，实现更有条理的知识和信息管理。

如果要创建一个新仓库，那么只需在欢迎界面单击"创建"按钮，在弹出的对话框中输入仓库名称，浏览本地文件夹以指定仓库位置，最后单击"创建"按钮。

## 6.1.4 工作界面

成功创建仓库后，会进入该仓库的工作界面，界面布局从左到右分别为：功能区、左侧边栏、编辑区、右侧边栏和状态栏，如图 6-4 所示。

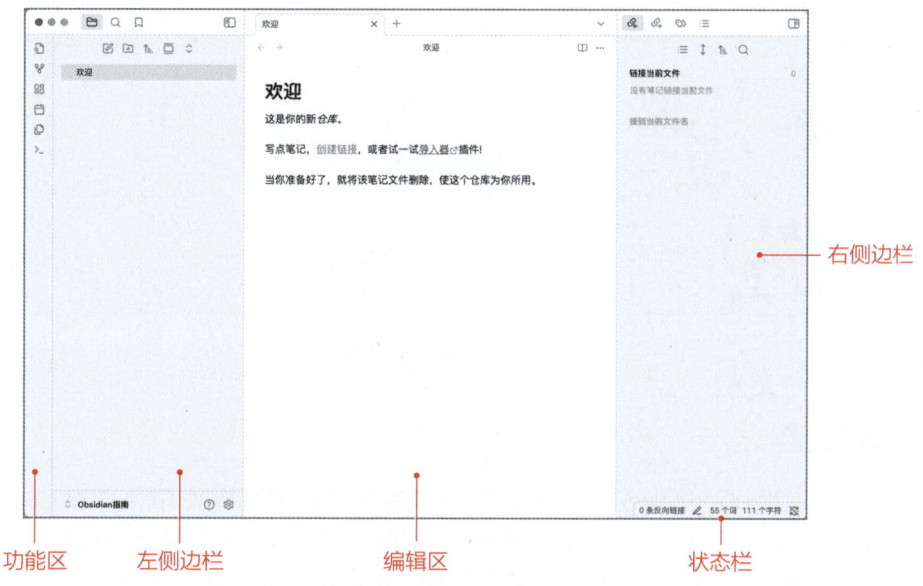

图 6-4　仓库的工作界面

- 功能区：功能区展示已启用的插件按钮，可以自由拖动以改变顺序。可在外观设置中对是否显示功能区以及显示哪些命令进行配置。
- 左侧边栏：在左侧边栏中，会看到仓库名称和文件列表，方便用户对仓库资源进行管理。可以通过单击▢按钮收起或展开左侧边栏。
- 编辑区：当前打开的文件会显示在这里，方便用户编辑和查看文件的内容。
- 右侧边栏：右侧边栏提供了反向链接、出链、标签和大纲等信息。可以通过单击▢按钮收起或展开右侧边栏。
- 状态栏：状态栏显示了当前文件的状态信息，例如字数统计、反向链接的数量等。

工作界面功能如图 6-5 所示。

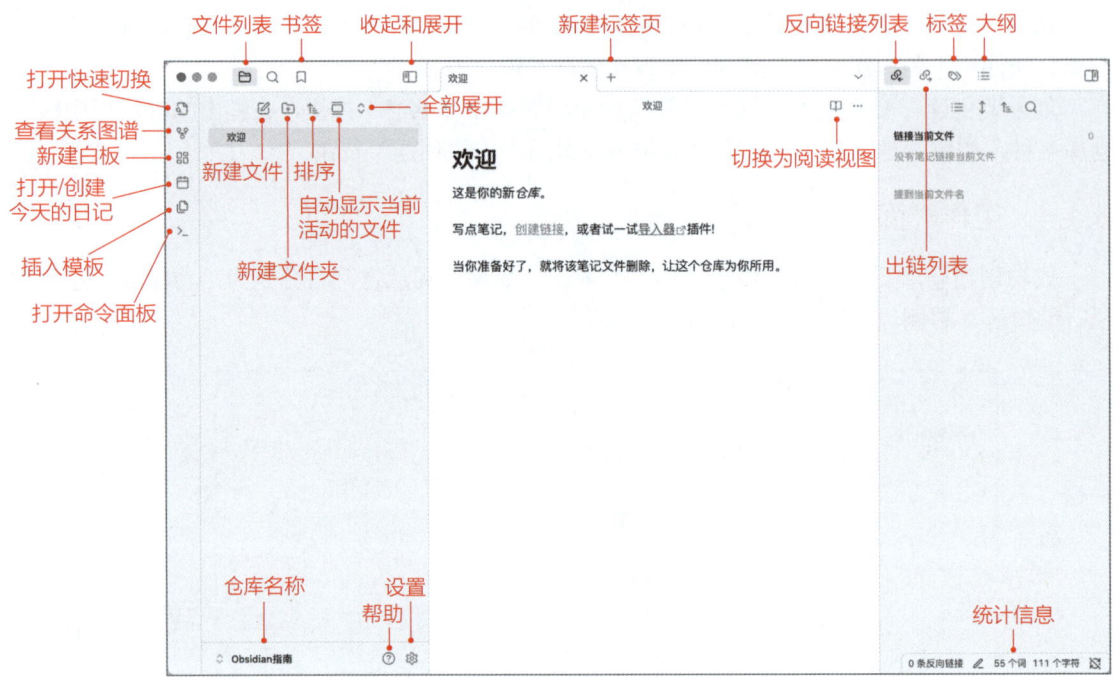

图 6-5 工作界面功能

## 6.1.5 偏好设置

打开偏好设置界面，单击左侧边栏右下角的 ❀ 按钮，也可以使用快捷键 Command +，（macOS 系统）或 Ctrl +，（Windows/Linux 系统），对偏好进行设置。选项列表包括以下内容。

- 关于：查看程序版本、检查更新和获取帮助，可以设置是否自动更新，更改界面语言和账户等。
- 编辑器：设置编辑器的视图模式、默认编辑模式、显示及行为等功能。
- 文件与链接：设置文件的删除方式、新建笔记的存放位置、附件的存放位置、是否检测所有文件类型及忽略文件等功能。还可以设置是否始终更新内部链接、内部链接类型和是否使用 Wiki 链接等。
- 外观：设置 Obsidian 的外观，包括主题、字体、界面显示内容以及 CSS 代码片段等。
- 快捷键：设置 Obsidian 及其插件的快捷键。
- 核心插件：管理 Obsidian 内置的插件，可根据需求启用或禁用它们。
- 第三方插件：管理从社区插件市场安装的插件。

插件列表包括以下内容。

- 核心插件：Obsidian 内置的插件。

- 第三方插件：从插件市场安装的插件。

插件只有在启用后，且提供了设置功能时，才会显示在对应的列表中。

另外，设置界面并没有提供全局搜索功能，这多少有些不便，不过可以通过第三方插件 Settings Search 来获得此功能，如图 6-6 所示。

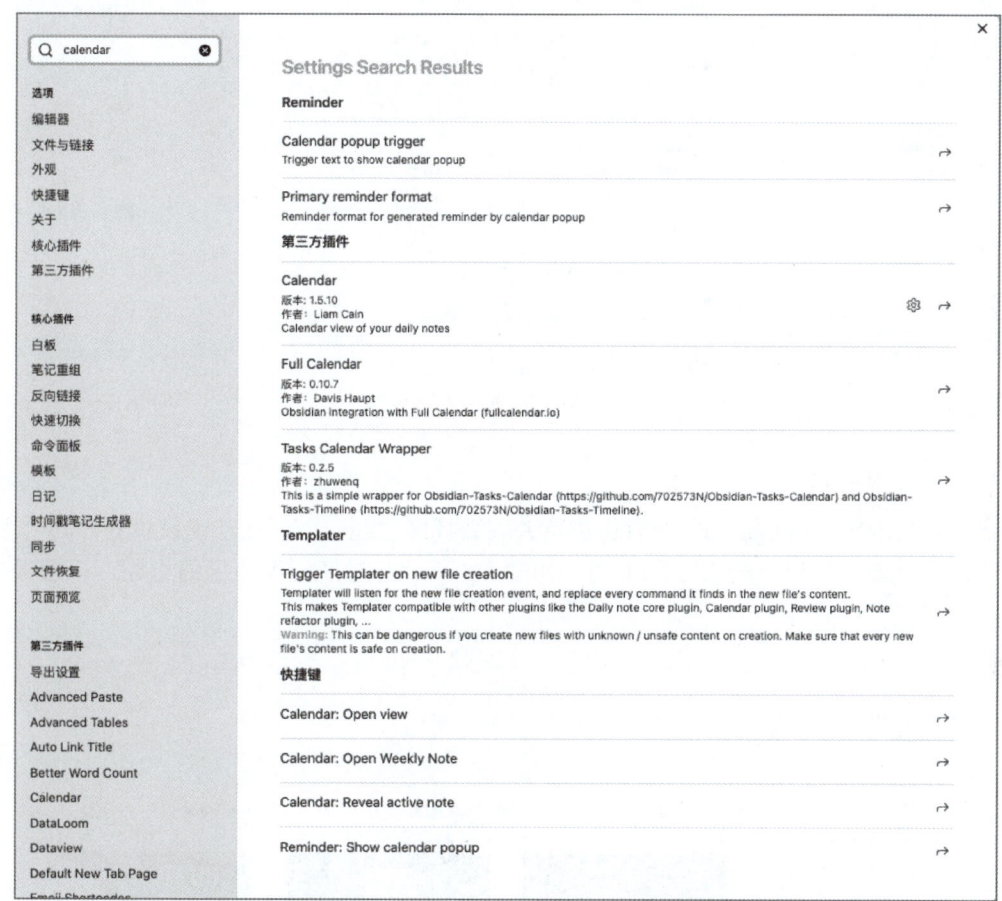

图 6-6　Settings Search

关于如何安装第三方插件，后文会详细介绍。

## 6.1.6　外观设置

Obsidian 默认提供了深色和浅色两种界面风格。如果想进行个性化设置，那么可以进入外观设置界面，调整颜色、字体，或者选择不同的主题。还可以决定是否显示页内标题、标签页标题栏，以及管理功能区上显示哪些按钮，这些设置能让 Obsidian 的界面与众不同，如图 6-7 所示。

图 6-7　外观设置界面

### 1. 自动安装主题

自动安装主题是在 Obsidian 中直接浏览并安装社区主题，需要在外观设置界面的"主题"一栏单击"管理"按钮，进入主题市场，如图 6-8 所示。选择一款心仪的主题，下载并使用即可。

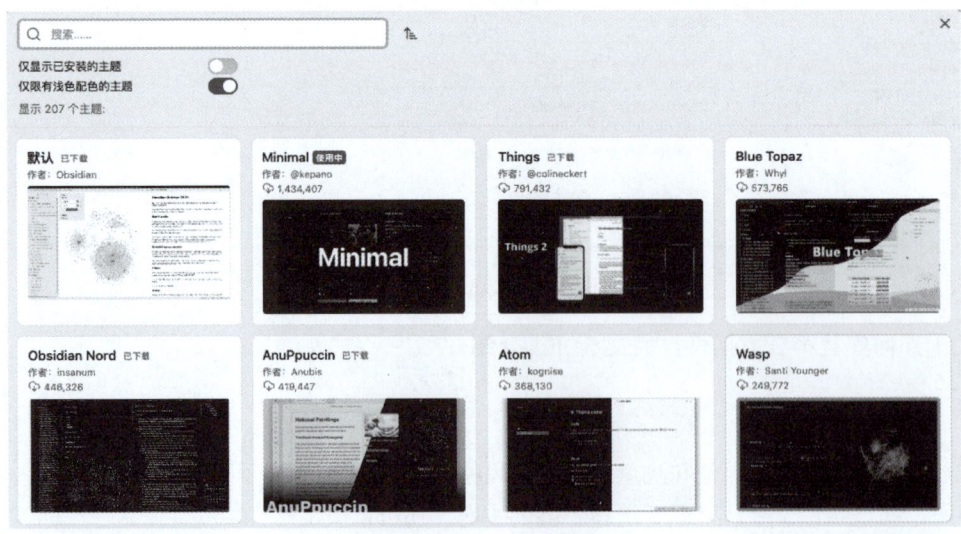

图 6-8　主题市场

如果安装了多个主题，那么可以在已安装的主题列表中查看和切换，如图 6-9 所示。

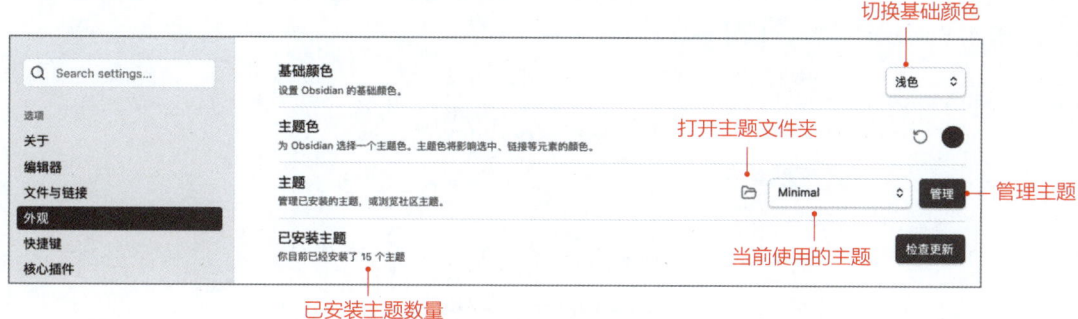

图 6-9　主题设置

### 2. 手动安装主题

若要手动安装主题，那么可以自行下载主题文件，将其放到主题文件夹"themes"中，如图 6-10 所示。

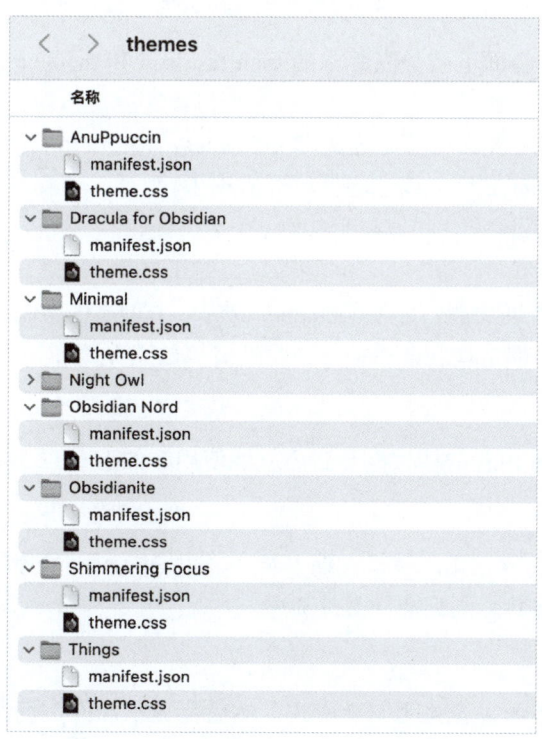

图 6-10　主题文件夹

例如，手动安装 Minimal 主题的操作步骤如下。

步骤 1：访问 GitHub 网站，搜索"kepano/obsidian-minimal"，进入项目主页，单击"Releases"按钮，进入 Releases 界面，如图 6-11 所示。

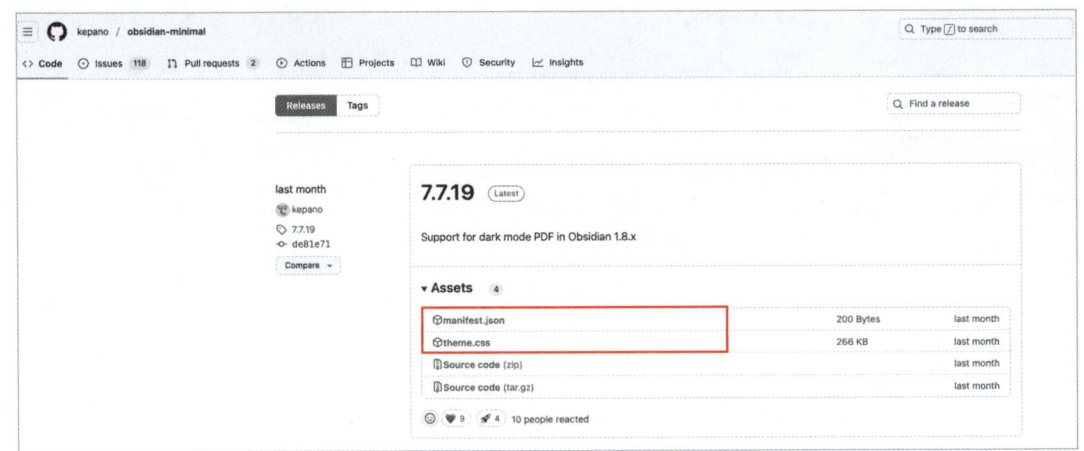

图 6-11　Releases 界面

步骤 2：在 Releases 界面下载最高版本的 manifest.json 和 theme.css 文件，并将这两个文件放到 Minimal 文件夹中。

步骤 3：通过外观设置界面打开主题文件夹 themes，将 Minimal 文件夹放入其中。

步骤 4：重启 Obsidian 之后，该主题就可以应用了。

### 6.1.7　功能扩展

正因为有了丰富的扩展功能，才使 Obsidian 成为一个可高度定制化的知识管理工具，用户能够根据自己的需求和习惯选择合适的插件，打造专属的工作流和知识体系。

#### 1. 核心插件

核心插件是 Obsidian 内置的插件，开启后就能使用，如图 6-12 所示。

#### 2. 第三方插件

第三方插件有两种安装方式，一是自动安装，通过 Obsidian 的插件市场安装；二是手动安装，在下载插件之后，将其复制到插件文件夹中。

#### 3. 自动安装步骤

步骤 1：进入插件市场。先关闭安全模式，然后会显示插件市场及插件的安装情况，单击右侧的"浏览"按钮，进入插件市场，如图 6-13 所示。

第 6 章 现代化写作工具：Obsidian

图 6-12 核心插件

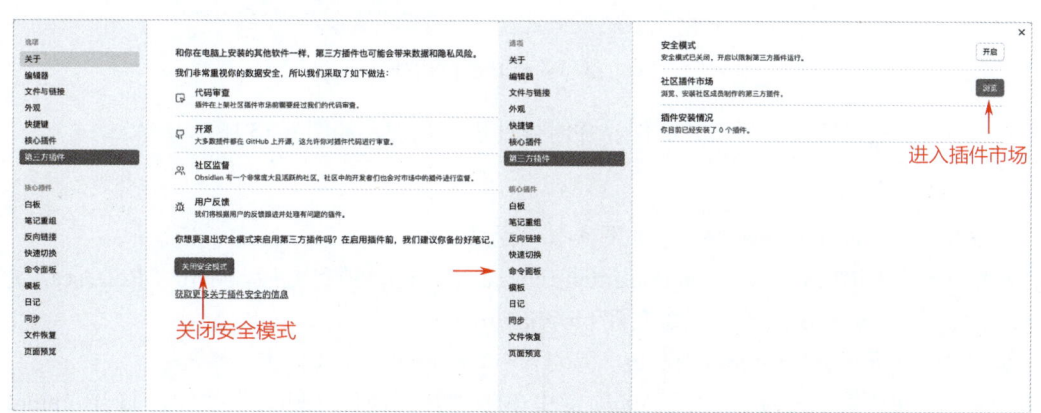

图 6-13 进入插件市场

步骤 2：安装并启用插件。在插件市场中，可搜索、安装、启用、禁用和卸载插件，如图 6-14 所示。

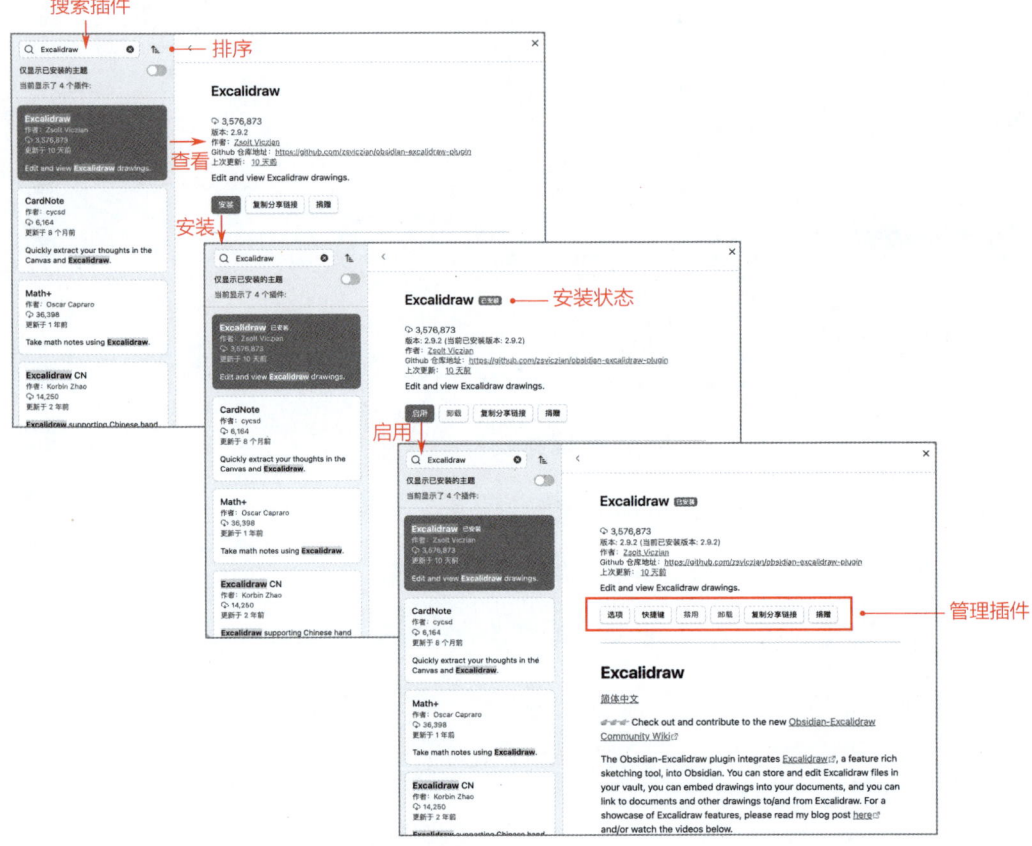

图 6-14　安装并启用插件

步骤 3：查看已安装的第三方插件，并对插件进行管理，如图 6-15 所示。

### 4. 手动安装步骤

以安装 obsidian-reminder 为例，如图 6-16 所示。

步骤 1：在 GitHub 搜索"uphy/obsidian-reminder"，进入项目之后，单击"Releases"进入 Releases 页面，下载最高版本的压缩文件 obsidian-reminder.zip。

步骤 2：解压 obsidian-reminder.zip，得到 obsidian-reminder 文件夹。

步骤 3：在"第三方插件设置"选项卡中单击"打开插件文件夹"按钮，打开"plugins"文件夹。

步骤 4：将 obsidian-reminder 文件夹复制到"plugins"之中。

步骤 5：重启仓库，插件安装成功。

第 6 章　现代化写作工具：Obsidian

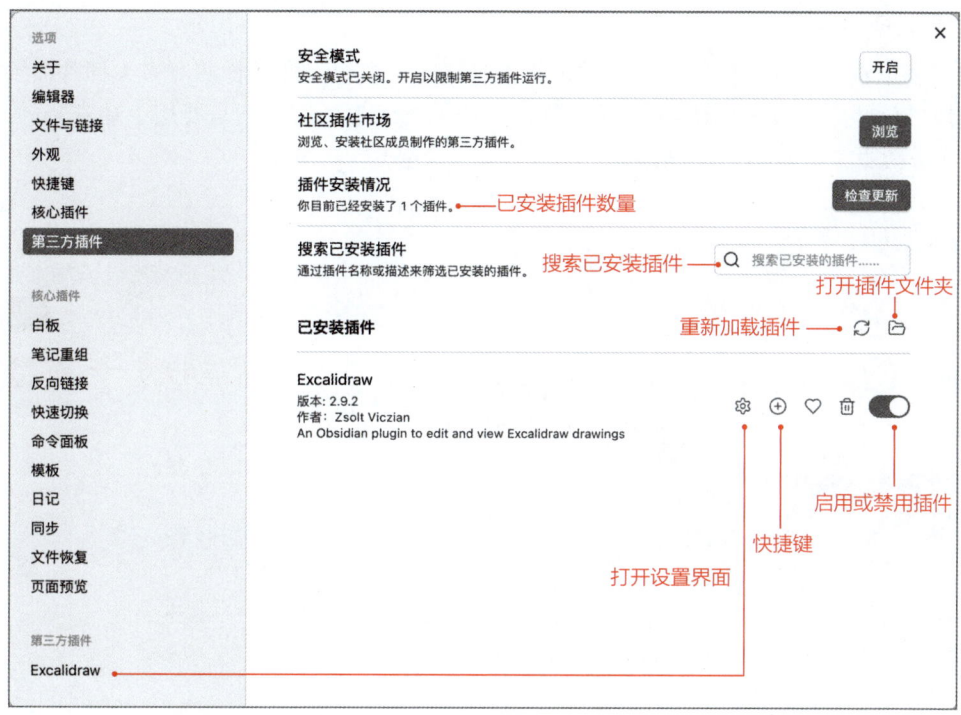

图 6-15　管理第三方插件

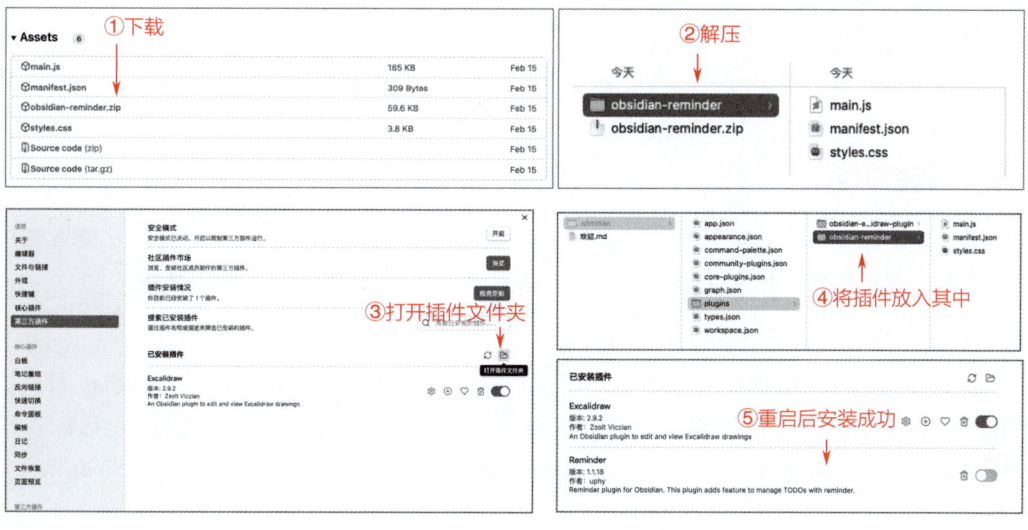

图 6-16　手动安装插件

165

### 5. 更新插件

在网络正常的情况下更新插件，单击"检查更新"按钮，即可检测有多少插件需要更新。可以选择"全部更新"，或指定更新单个插件。如果网络不畅通，则需要用手动安装的方式再安装一次最新版本，如图 6-17 所示。

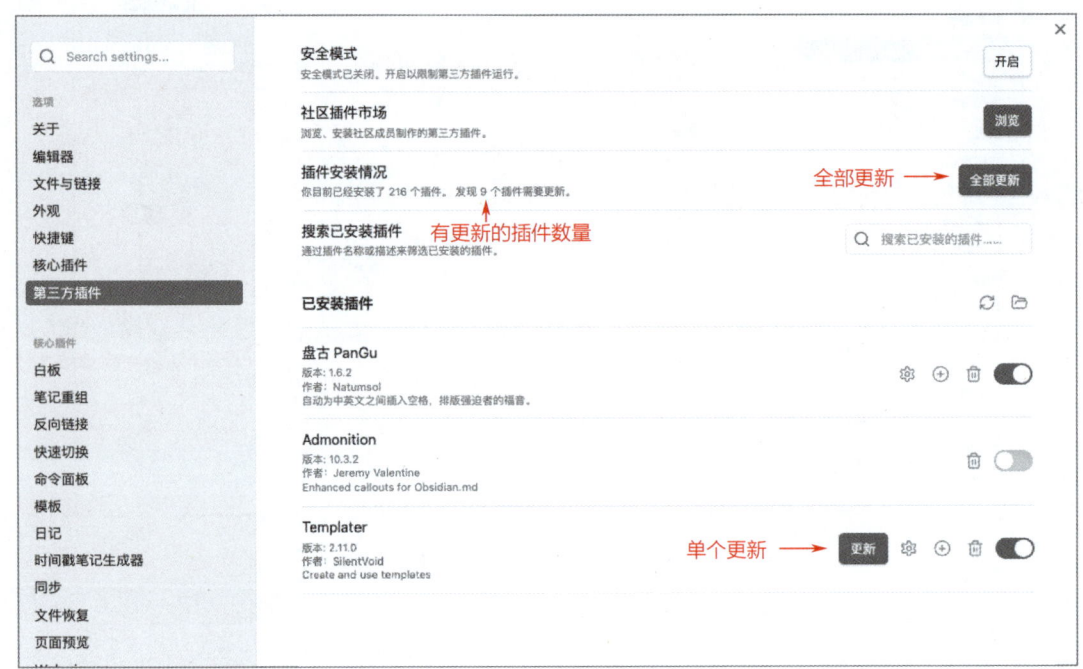

图 6-17　更新插件

## 6.1.8　快捷操作

Obsidian 提供了很多功能操作路径，常规的方式是通过菜单栏、右击菜单、功能区按钮和更多选项来查看和执行，这里不做展开。更高效的方式是使用命令面板和快捷键。

### 1. 命令面板

命令面板是 Obsidian 的核心插件，支持通过搜索的方式快速查看和执行 Obsidian 及其插件的所有操作命令。在使用前，需要确保该插件已经启用。在使用中，只需单击功能区的 >_ 按钮即可打开命令面板。或者使用快捷键 Command + P（macOS 系统）或 Ctrl + P（Windows/Linux 系统）。

命令面板的界面分为三部分，从上到下依次是搜索框、命令列表和操作提示，如图 6-18 所示。

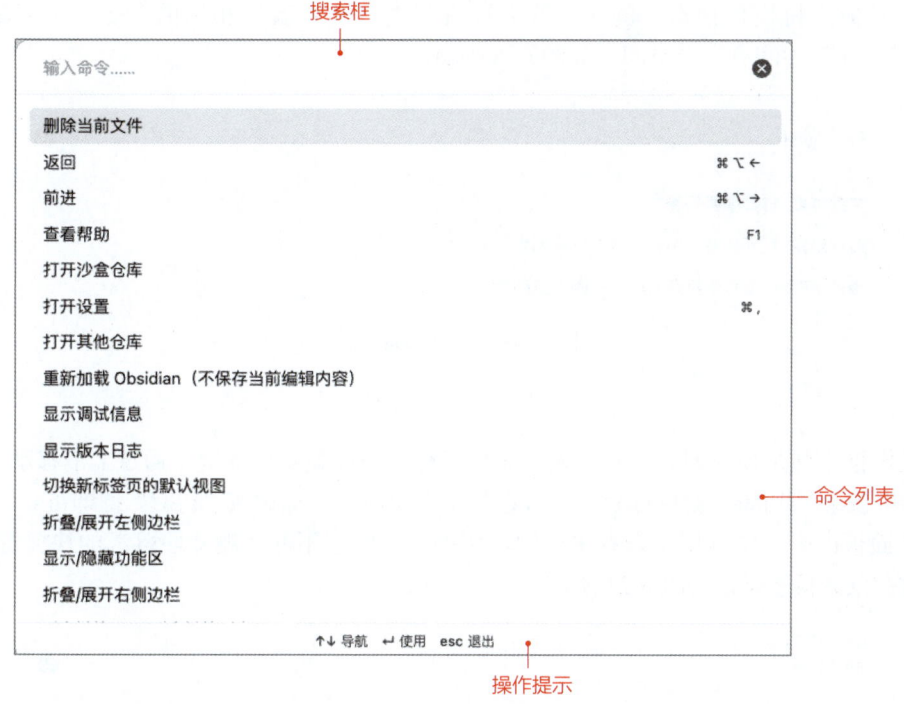

图 6-18 命令面板

在搜索框中输入关键词来筛选命令。例如，输入"文件"，与文件相关的命令都会被筛选出来，如图 6-19 所示。

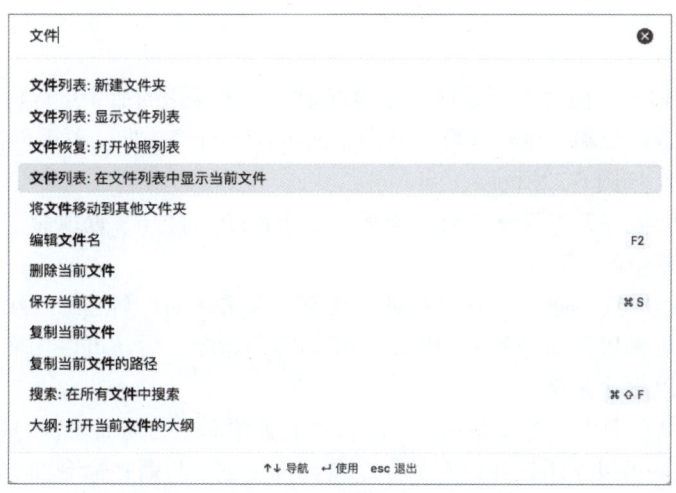

图 6-19 筛选命令

命令面板支持模糊搜索，例如，搜索所有与"打开列表"相关的命令，可以输入"打开　列表"，注意中间有一个空间，如图 6-20 所示。

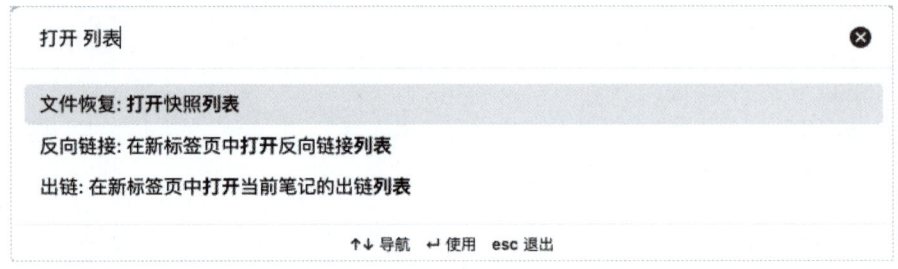

图 6-20　模糊搜索

在搜索框下面是命令列表，左边显示命令名称，右边显示快捷键。通过上下移动光标可以选择命令，按下"Enter"键执行命令。若想关闭命令面板，那么按"ESC"键即可。

命令面板的另一个妙用是查看快捷键。例如，一时想不起"删除段落"的快捷键是什么，可以通过命令面板搜索，如图 6-21 所示。

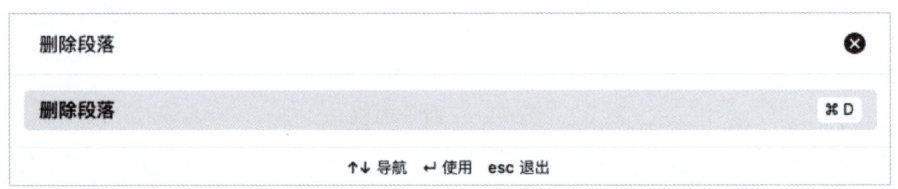

图 6-21　查看快捷键

### 2. 置顶命令

命令面板虽然强大，但每次都要搜索也很麻烦。对于常用的命令可以将其置顶，也就是将命令放置于命令列表的顶端，这样只要打开命令面板就能直接选择，不用再搜索了。

设置置顶命令，如图 6-22所示。

步骤 1：单击"偏好设置"→"命令面板"菜单命令，打开"置顶命令"选项卡。在默认情况下，置顶命令是空的。

步骤 2：在"新增置顶命令"右侧的对话框中输入关键词，筛选出匹配的命令，单击命令后，该命令会被添加到置顶命令列表的底部。添加多条命令之后，可以用拖动的方式调整置顶命令的顺序，也可以删除命令。

步骤 3：打开命令面板，可以看到命令面板中的置顶命令与前面设置的顺序相同。

使用命令面板，可以不用记住所有的命令及其快捷键，只需在命令面板中搜索即可找到所需命令，极大地降低了使用门槛。还可以根据自己的使用习惯，将常用命令置顶或为其设置快捷键，让 Obsidian 融入自己的工作流。

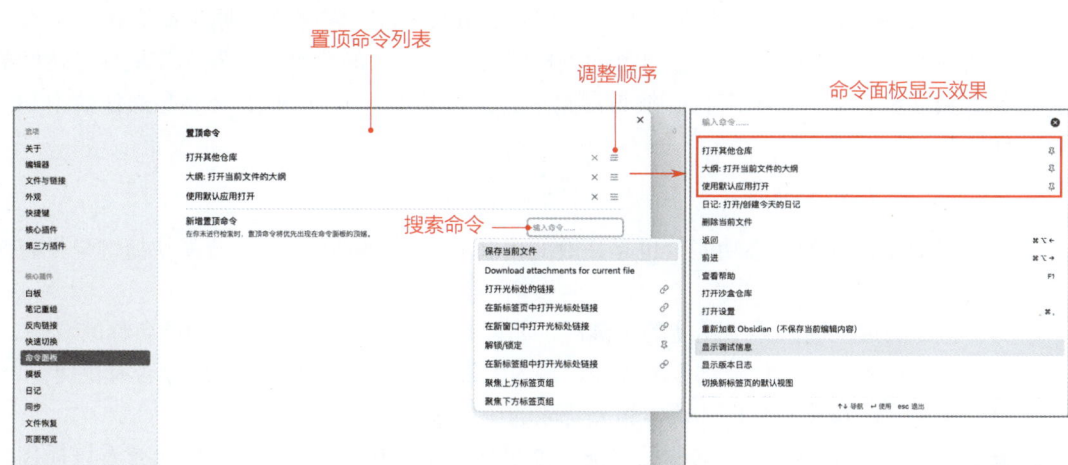

图 6-22　设置置顶命令

### 3. 斜杠命令

斜杠命令是 Obsidian 的核心插件，支持在编辑时，通过输入斜杠（/）来快速查看和执行命令。手不离开键盘，就能自然地完成搜索和执行，沉浸感十足。

在使用前，需要确保该插件已经启用。在使用中，只需在编辑时输入 / 即可打开命令面板，如图 6-23 所示。

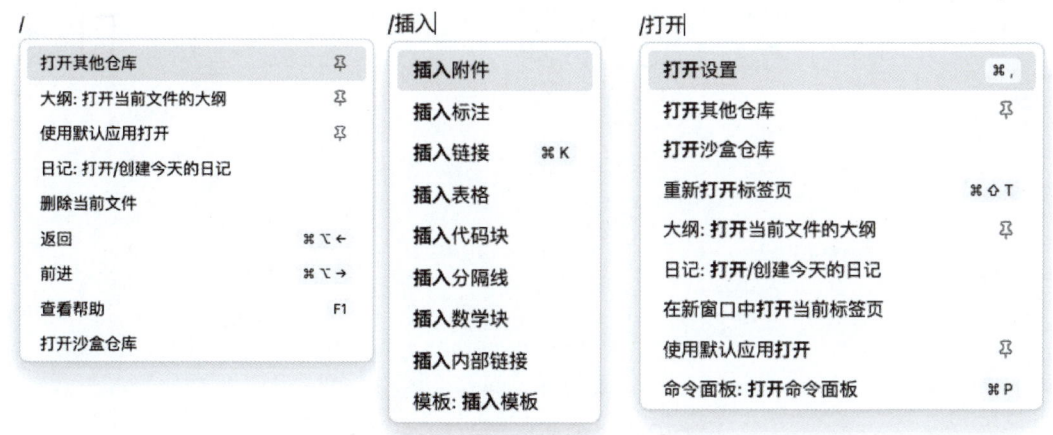

图 6-23　斜杠命令

如果你经常需要通过命令面板搜索执行某个命令，或者希望将一些常用的功能直接显示在界面上以便一键触发，那么推荐使用第三方插件 Commander，它解决了原生命令执行不够直观、不方便的问题，让我们能够根据自己的工作流程将最常用的命令"放置"在最容易访问的地方（如左侧边栏、页首、状态栏、编辑器菜单、文件菜单等），从而显著提高操作效率和个性化程度。

#### 4. 快捷键

快捷键是 Obsidian 的核心功能，也是高效的代名词。在 Obsidian 中，查看快捷键至少有四种实现方式。

- 打开命令面板，输入某个功能的关键词，如果有快捷键，就会显示在功能名称的右侧。
- 打开偏好设置，进入快捷键设置界面，输入关键词，也能够查看该功能是否有快捷键。
- 打开菜单栏，查看菜单栏选项中相关功能的快捷键。
- 安装的第三方插件在插件名称的右侧，如果显示了按钮⊕，那么单击即可查看该插件的快捷键，如图 6-24 所示。

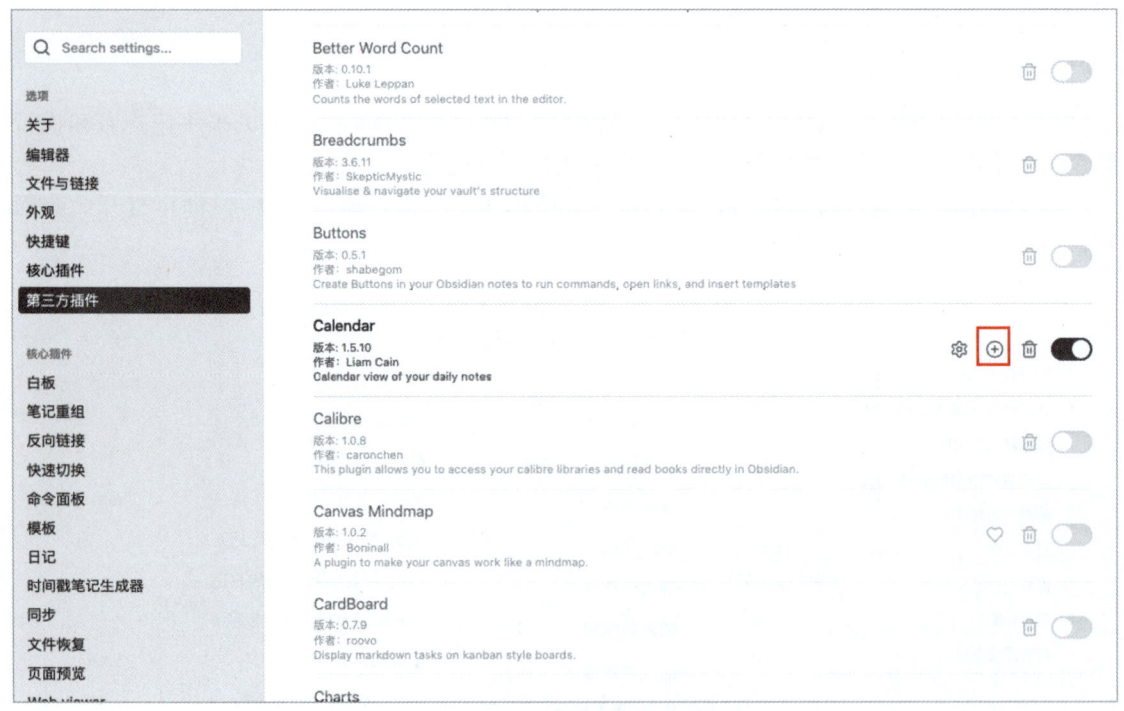

图 6-24　查看第三方插件的快捷键

使用快捷键的习惯因人而异，可以在快捷键的设置界面进行自定义，如图 6-25 所示。

# 第 6 章 现代化写作工具：Obsidian

图 6-25 快捷键设置界面

如果想在 Obsidian 中使用类似于集成开发环境（Integrated Development Environment，IDE）的快捷键，那么推荐使用第三方插件 Keyshots，它支持将 VSCode、JetBrains IDEs 等流行 IDE 的经典快捷键和功能引入 Obsidian 中，提升编辑效率。

## 6.2 编辑文件

### 6.2.1 创建文件

#### 1. 文件格式

在创建笔记之前，需要知道 Obsidian 中的文件格式。除了笔记（.md）和画布（.canvas），Obsidian 还默认支持如下文件格式。

- 图像文件：.avif、.bmp、.gif、.jpeg、.jpg、.png、.svg、.webp。
- 音频文件：.flac、.m4a、.mp3、.ogg、.wav、.webm、.3gp。
- 视频文件：.mkv、.mov、.mp4、.ogv、.webm。
- PDF 文件：.pdf。

这些格式的文件都能嵌入笔记中并打开，也能单独在标签页打开。但对于 Obsidian 不支持的文件格式，如 .epub、.mobi、.docx、.pptx、.xlsx、.zip 等，默认都不会显示在文件列表中。

这可能会给新手带来不少困惑，因为在默认情况下，如果添加了 Obsidian 不支持的文件，那么在文件列表中是找不到的。为了让 Obsidian 显示这些文件，需要在"文件与链接"选项卡中开启"检测所有类型文件"功能，如图 6-26 所示。

图 6-26　开启"检测所有类型文件"功能

在开启之后，所有类型的文件就都会显示在文件列表中了，如图 6-27 所示。但是，对于 Obsidian 不支持的文件格式，则无法悬停预览，也无法在内部直接打开，只能通过系统默认的软件打开。

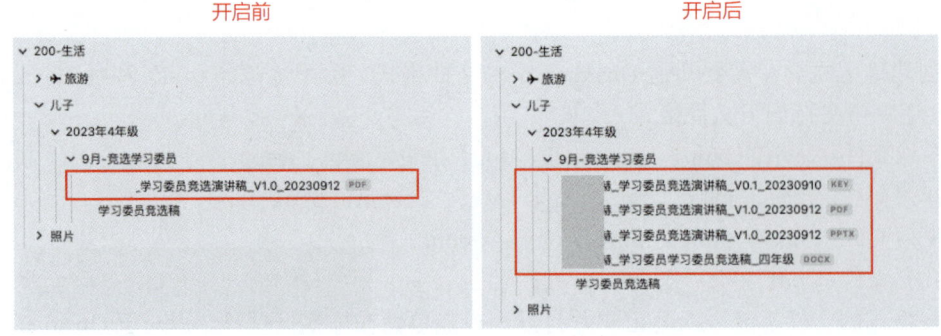

图 6-27　显示所有类型的文件

## 2. 新建笔记

在 Obsidian 中，有很多种方法可用于新建笔记，包括但不限于以下几种。

- 单击仓库名称上面的 按钮。
- 右击文件列表，选择"新建笔记"选项。
- 单击空白标签页的"创建新文件"按钮。
- 单击标签页上的＋按钮。
- 单击菜单栏上的"File"按钮，选择"创建笔记"或"在右侧新建笔记"。
- 打开命令面板，输入"新建笔记"，在搜索结果中选择执行命令。
- 使用快捷键 Command＋N（macOS 系统）或 Ctrl＋N（Windows/Linux 系统）。

图 6-28 展示了其中几种比较常见的方式。

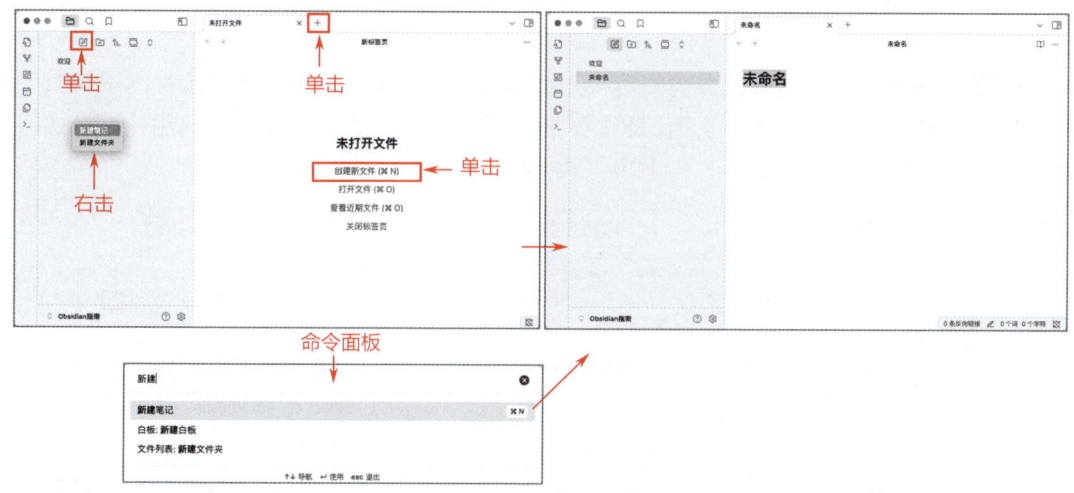

图 6-28　新建笔记

除了直接新建笔记，在打开笔记、切换笔记和链接笔记时，如果笔记不存在，那么也可以使用"Enter"键创建笔记，如图 6-29 所示。

图 6-29　要打开的笔记不存在时可使用"Enter"键创建

链接笔记时，若笔记不存在，则在按住 Command（macOS 系统）或 Ctrl（Windows/Linux 系统）键的同时单击链接，即可创建笔记。如图 6-30 所示。

图 6-30　链接的笔记不存在时可创建

另外，创建笔记的副本也属于创建笔记，在文件列表中右击笔记，在弹出的快捷菜单中选择"创建副本"选项即可。

如果你需要一款强大的工具来快速记录信息、自动化创建和结构化笔记，或者将多个操作组合成一键执行的流程，那么推荐使用第三方插件 QuickAdd。它通过引入"捕捉""模板""多选"和"宏"等功能类型，极大地增强了 Obsidian 在快速添加和结构化信息方面的能力。

### 3. 视图模式

Obsidian 编辑器的视图模式分为阅读视图和编辑视图。顾名思义，在阅读视图下就只能阅读，只有在编辑视图下才能编辑，而编辑模式又分为实时预览和源码模式，选用什么模式因个人喜好而定，如图 6-31 所示。

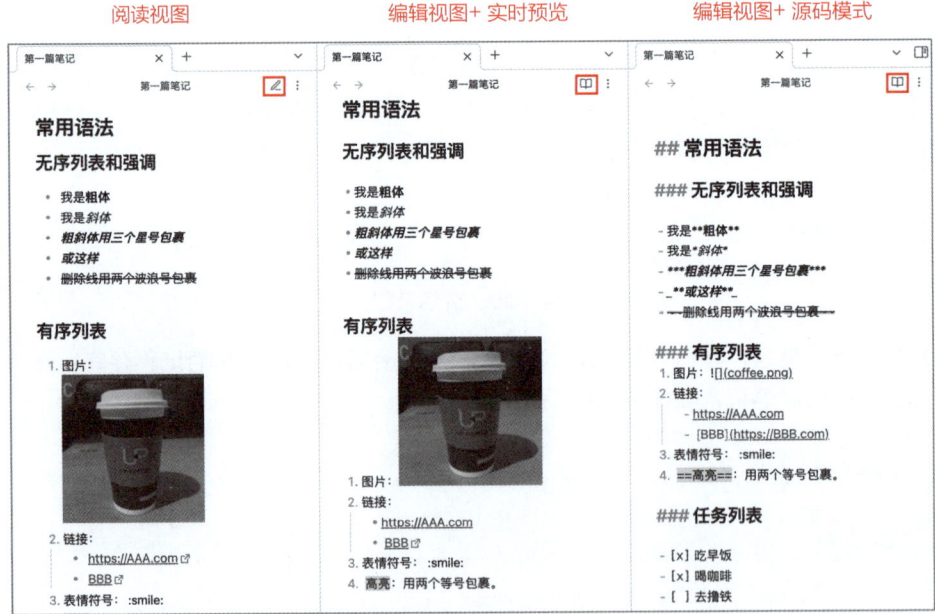

图 6-31　不同视图模式

若想设置编辑器默认的视图模式，那么可以通过单击"偏好设置"→"编辑器"菜单命令来实现，如图 6-32 所示。

图 6-32 设置视图模式

如果在编辑时想切换视图模式，则单击标签页右上角的 📖（切换至阅读视图）或 ✏（切换至编辑视图）按钮。快捷键为 Command + E（macOS 系统）或 Ctrl + E（Windows/Linux 系统）。

注意，在阅读视图时无法切换编辑模式，只有在编辑视图状态下才能切换。在切换时，单击标签页右上角的 ⋮（更多选项）按钮，在弹出的快捷菜单中选择"源码模式"。如果切换得比较频繁，那么可以设置一个快捷键。

4．添加附件

可以简单地通过复制粘贴或拖动的方式将附件添加到仓库中。在默认情况下，这些附件会被放在仓库的根目录下。然而，将所有附件都放在根目录下会导致文件列表显得杂乱无章。为了更有条理，可以为附件指定一个特定的文件夹。

在"文件与链接"选项卡中，将"附件默认存放路径"的内容设置为"指定的附件文件夹"，然后指定"附件文件夹路径"，例如"附件"，如图 6-33 所示。

除此之外，还可以将附件存放于"当前文件所在的文件夹"或"当前文件所在的文件夹下指定的子文件夹中"。

如果想自定义附件的存储位置和文件名，那么推荐使用第三方插件 Custom Attachment Location，它支持通过动态变量（如 ${fileName}、${date:format} 等）灵活定义附件文件夹路径和文件名，同时提供附件重命名、格式转换、特殊字符处理等管理功能。

图 6-33　为附件指定文件夹

### 5. 创建白板

白板是 Obsidian 的核心插件，它提供了丰富的可视化功能，能够以图形化的方式组织和展示信息，增强知识的关联性和可读性。可以通过创建节点（文本、文件、图片、音频、视频和网页）和边（箭头、线条等）来构建知识图谱、流程图和思维导图等内容。

（1）创建白板。在使用白板之前，需要确保白板插件已经启用。在使用时，可通过以下方式创建白板。

- 单击功能区上的 ▦ 按钮。
- 右击文件列表中的文件夹，在弹出的快捷菜单中选择"新建白板"。
- 在命令面板中搜索"白板"，然后执行"白板：创建白板"命令。

白板的底部是添加按钮，从左到右依次是添加卡片、添加笔记和添加媒体文件，可通过单击或拖动添加。右边是工具栏，可设定和查看白板，如图 6-34 所示。

（2）绘制白板。添加到白板的元素会以卡片的形式展示，如图 6-35 所示。可拖动其调整大小，也可以设置其颜色。针对不同类型的卡片，右击后会有不同的操作选项。

# 第 6 章 现代化写作工具：Obsidian

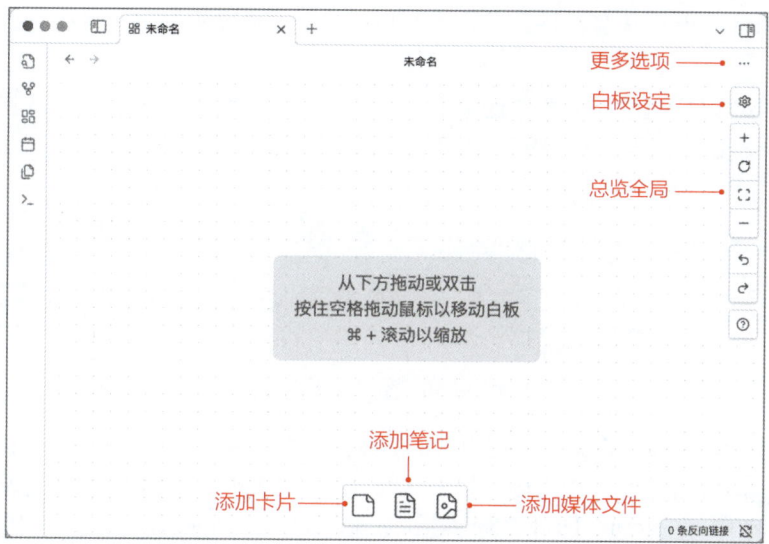

图 6-34 白板界面

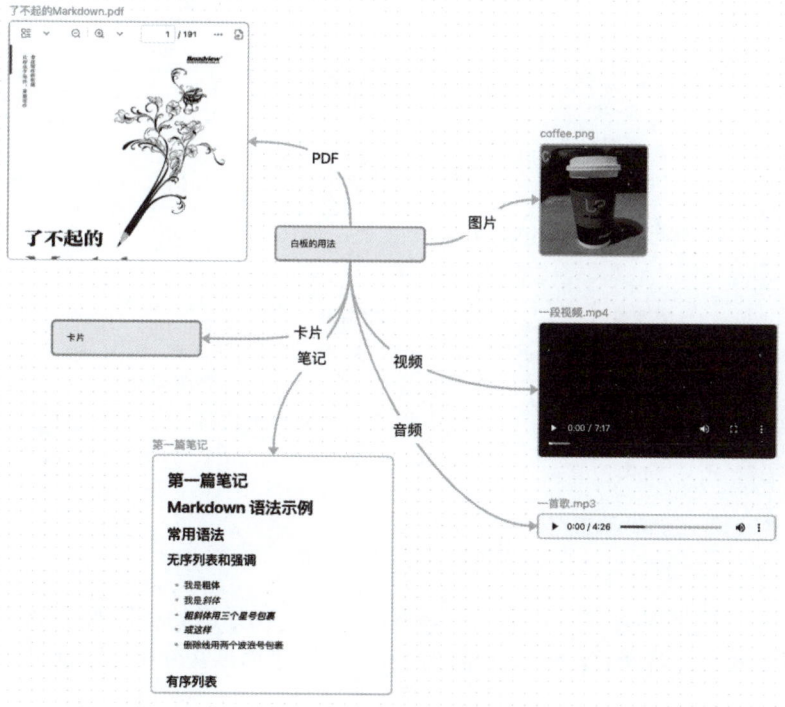

图 6-35 添加到白板中的元素

（3）添加卡片。卡片其实就是一个有边框和背景色的文本框，也是可视化表达最常用的元素之一。

双击空白处可以快速添加卡片。选中卡片后，在其上方会显示工具栏，从左到右依次是移除、设置颜色、聚焦当前卡片和编辑，如图6-36所示。

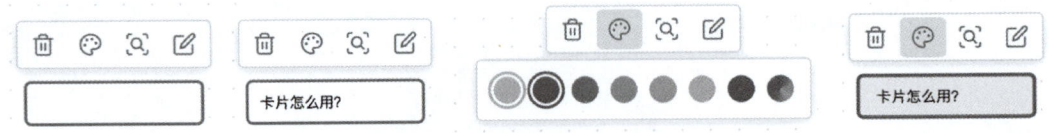

图6-36　卡片工具栏

如需连接卡片，则需要将鼠标放到卡片的边框上，此时会出现一个圆圈，按住并拖动圆圈，连线就会出现，即可与其他卡片连接。如果连线在空白处断开，那么会弹出提示"添加卡片或添加笔记"，选择其一，添加后即可连线成功，如果不添加，则连线会消失，如图6-37所示。

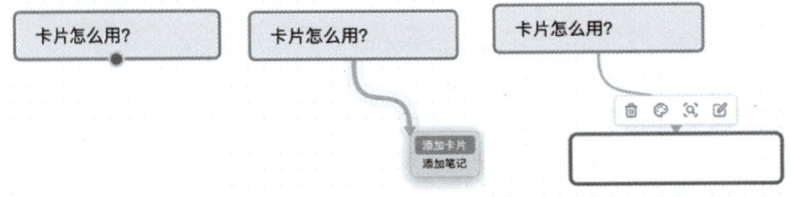

图6-37　连接卡片

单击连线，可以为连线设置颜色、方向和文字，如图6-38所示。

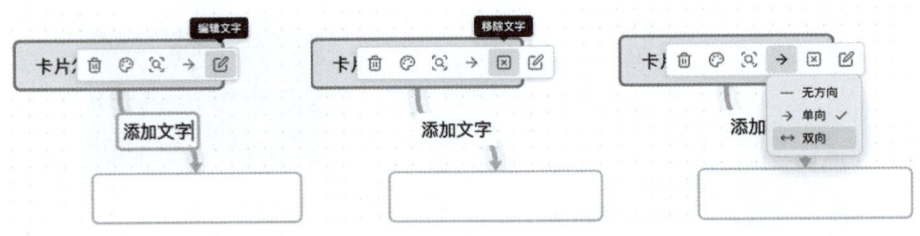

图6-38　连线设置

如果卡片中的内容都是文本，那么可以右击卡片，在弹出的快捷菜单中选择"转换到文件"选项，在输入文件名之后，该卡片中的内容就会被添加到文件中，之前的卡片也会转换成笔记卡片。

（4）添加图片。若要添加图片，那么除了通过底部的添加按钮实现，还可以直接粘贴图片。被粘贴的图片会作为附件被存储在仓库中，如需重命名，则可在画布上右击图片，如图 6-39 所示。

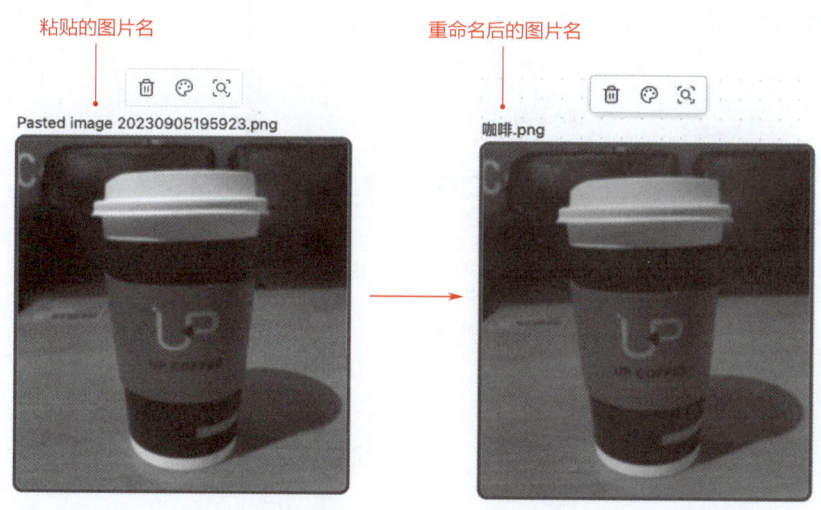

图 6-39　添加图片并重命名

（5）添加笔记。将笔记添加到白板后，右击笔记卡片后可查看全部操作选项。双击卡片就可以直接编辑，也可以在右击后，选择在其他标签页打开或在新窗口打开后再编辑。

如果需要替换笔记内容，则可以在右击卡片后，在弹出的快捷菜单中选择"替换内容"选项，将内容替换为笔记、白板、PDF 等所有存储在仓库中的文件。

如果只想添加笔记中的某个章节，那么可以右击笔记，在弹出的快捷菜单中选择"缩小至标题…"选项。如果只想添加笔记中的某个段落，那么可以选择"缩小至块…"选项。这样能使添加到卡片中的内容更具体、更灵活，如图 6-40 所示。

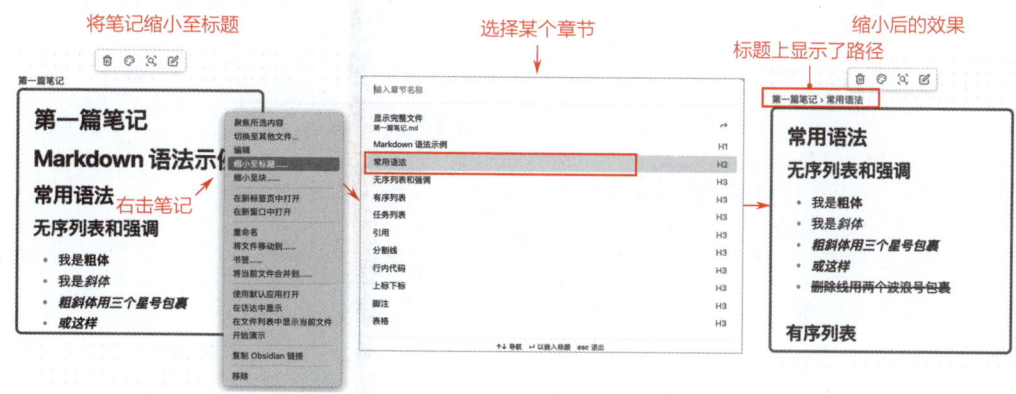

图 6-40　缩小至标题

（6）添加网页。将网页添加到白板的步骤是：右击白板，在弹出的快捷菜单中选择"添加网页"选项，输入网址，保存后添加成功。更快捷的方式是直接将网址粘贴到白板上，网页卡片就会被自动创建，如图 6-41 所示。

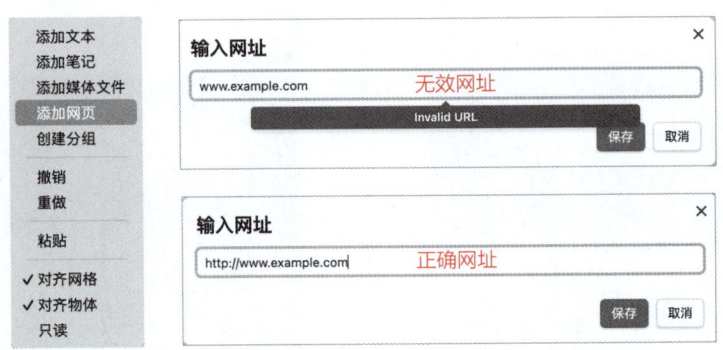

图 6-41　添加网页

如果想在浏览器中打开网址，那么可以双击网页卡片左上角的标题。如果想更改网址，那么可以右击网页卡片的标题，在弹出的快捷菜单中选择"更改网址 ..."选项。

（7）添加图表。也可以将 Mermaid 代码添加到白板中，图表会被正常渲染。

例如，添加卡片后，在卡片中输入如下代码。

```mermaid
graph LR
A[用户注册] --> B{验证信息}
B -->|成功| C[跳转主页]
B -->|失败| D[提示错误]
```

添加图表的渲染效果如图 6-42 所示。

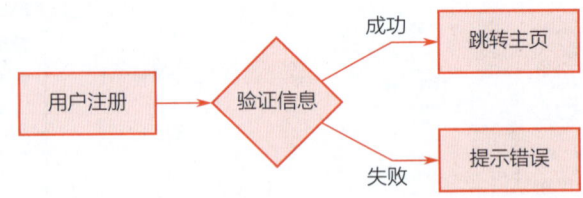

图 6-42　添加图表的渲染效果

（8）创建组。可以将不同元素的卡片组合起来变成一个新的卡片，只需同时选中要组合的卡片，然后单击组合上方的创建组按钮，或右击后，在弹出的快捷菜单中选择"创建组"

选项。

卡片组创建成功后可以移除、设置颜色、聚焦所选内容、设置对齐方式、编辑文字，以及设置背景，如图 6-43 所示。

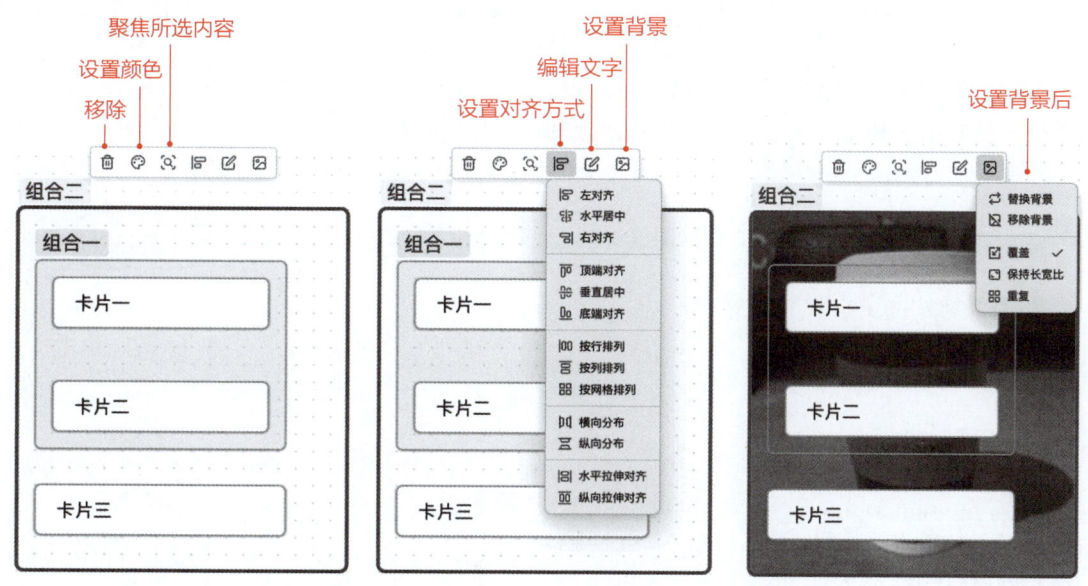

图 6-43　编辑组

（9）聚焦和总览全局。聚焦是将焦点聚集在某张卡片上，需要在单击卡片后，再单击该卡片工具栏上的聚焦当前卡片按钮，该卡片会显示在画布的中心位置。

总览全局是纵览整个白板的全貌，单击白板右侧工具栏上的总览全局图标，画布会自动调整大小，将所有的元素都显示在界面之中。

（10）只读。如果只想查看白板，那么为了避免误操作，可以将白板设置为只读。只需右击画布，在弹出的快捷菜单中选择"只读"选项，或单击右侧工具栏的设置按钮，选择"只读"选项。如果想取消"只读"功能，那么可以单击右侧工具栏的"关闭只读"按钮。

（11）导出图片。白板可以导出为图片，单击右上角的"更多选项"按钮，在弹出的菜单中选择"导出图片"选项，在"导出图片"对话框中设置导出效果，单击"保存"按钮，如图 6-44 所示。

（12）嵌入笔记。白板也可以嵌入笔记，只不过嵌入笔记的白板只会显示一个轮廓，单击后才可以打开。例如，将一个名为"一个新的白板"的白板嵌入笔记，如图 6-45 所示。

源码模式下显示为：![[ 一个新的白板 .canvas| 一个新的白板 ]]。

（13）增强白板。如果想用白板创建更加丰富和专业的可视化内容，如流程图（见图 6-46）和幻灯片（见图 6-47），那么推荐使用第三方插件 Advanced Canvas，它在原生 Canvas 的基础上提供更强大的节点操作、布局控制、连接线等选项，并与Obsidian命令和第三方插件深度集成，极大地增强了用户在Canvas中进行高级操作和构建复杂视觉化工作流的能力。

单击或拖动白板底部的□按钮，创建演示文稿，通过箭头连接不同的页面，然后执行命令Advanced Canvas: Start presentation 演示幻灯片。演示时，使用方向键或翻页键进行导航，支持多箭头的顺序编号，以便在演示过程中灵活切换幻灯片。

如果你想要一个功能强大的虚拟手绘白板，那么推荐使用第三方插件Excalidraw，它支持用手绘风格的图表和草图来表达、组织和连接知识。

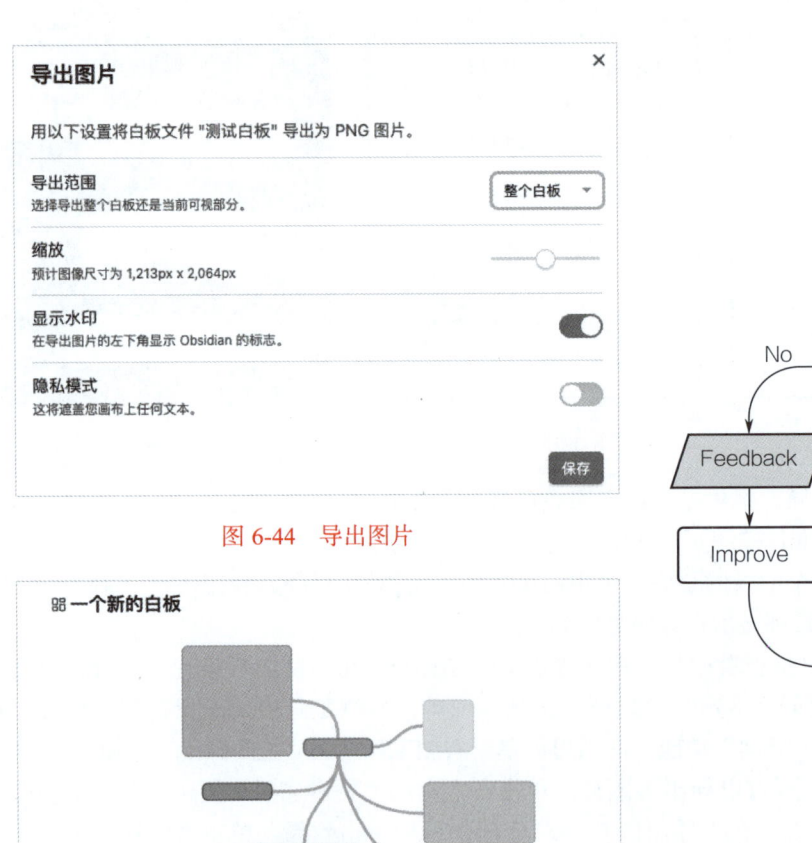

图6-44　导出图片

图6-45　将白板嵌入笔记

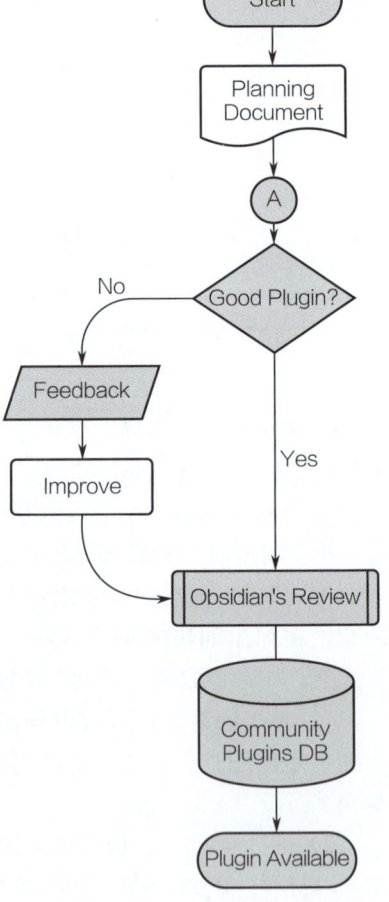

图6-46　官方流程图示例

第 6 章　现代化写作工具：Obsidian

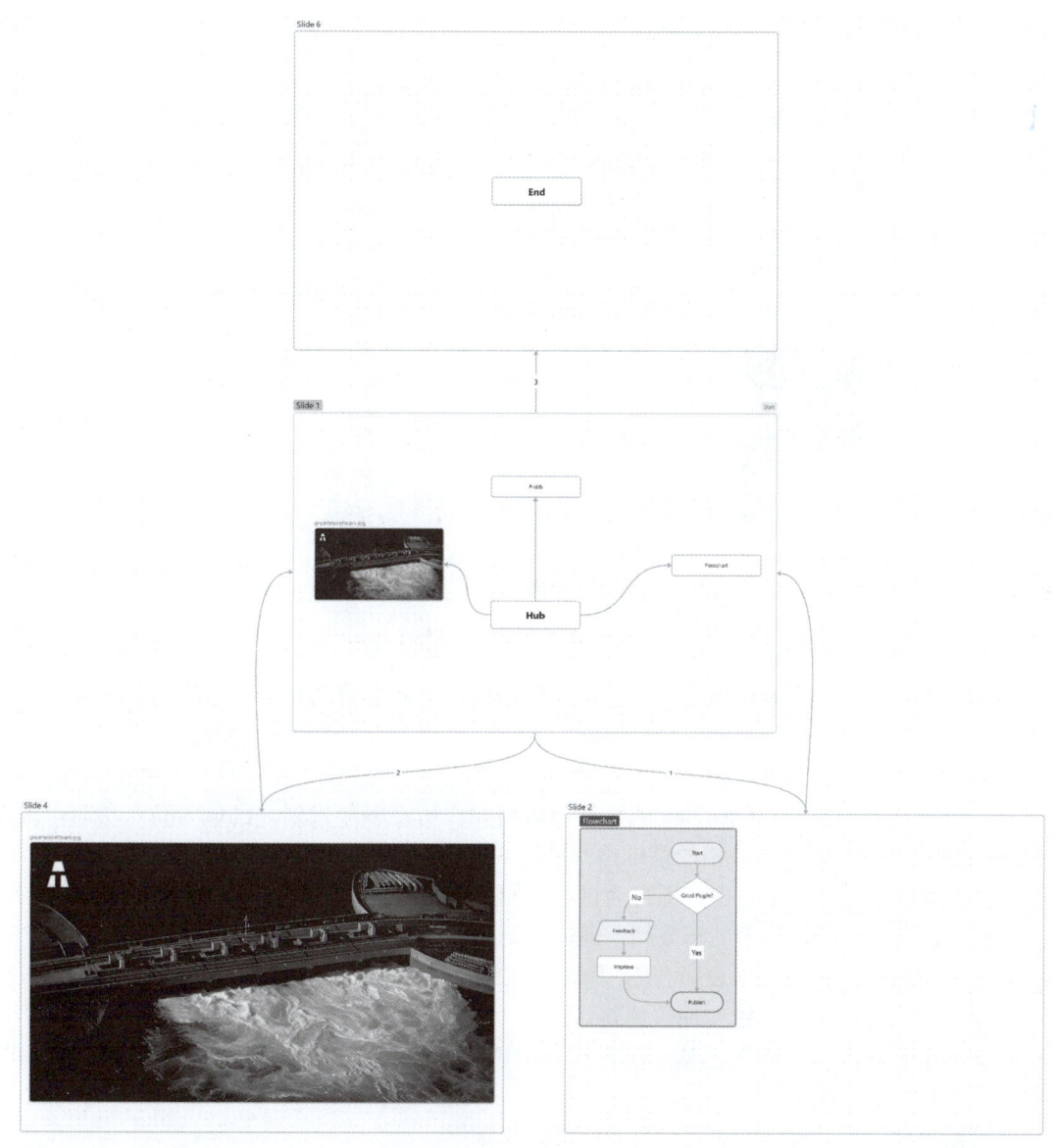

图 6-47　官方幻灯片示例

## 6.2.2　编写笔记

　　Obsidian 的 Markdown 语法被称为 Obsidian Flavored Markdown，它基于 CommonMark 和 GitHub Flavored Markdown，并结合了 LaTeX 和 Mermaid，以支持更丰富的文本格式化、数学

公式排版和图表绘制，如图 6-48 所示。

图 6-48　Obsidian Flavored Markdown

常用的 Markdown 语法在第 3 章已经详细介绍过，下面介绍几种增强功能和 Obsidian 的独特语法。

增强功能包括以下几种。

（1）可视化表格操作。Obsidian 的可视化表格操作历经多年发展，已成为亮点功能，足以与 Typora 的表格功能媲美。表格的基础操作如图 6-49 所示。

- **插入表格**：在笔记中右击，即可通过在快捷菜单中进行选择插入表格。
- **位置调整**：选中表格中的行或列，通过拖动来调整其位置。
- **行列增减**：将光标置于表格右侧，单击可以新增列，将光标置于表格下方，单击可以新增行，或按"Enter"键实现快速新增行。
- **文本格式设置**：选中单元格，可在弹出的选项中设置加粗、倾斜、高亮、注释等格式，也支持一键清除格式。
- **数据排序**：支持按列对表格进行升序或降序排序。
- **对齐方式**：列支持左对齐、右对齐和居中对齐。
- **图片插入与调整**：可在表格中插入图片，并设置其大小。
- **文件插入**：支持在表格中插入笔记、PDF、音频和视频等多种类型的文件，如图 6-50 所示。
- **单元格内换行**：使用 Shift + Enter 组合键可在单元格内实现换行操作。

第 6 章 现代化写作工具：Obsidian

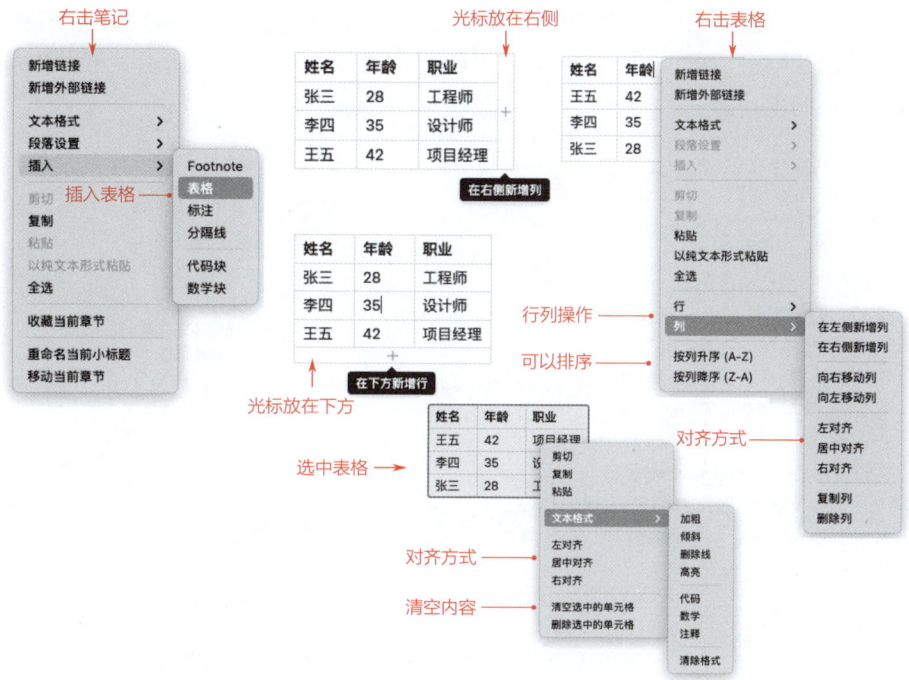

图 6-49 表格的基础操作

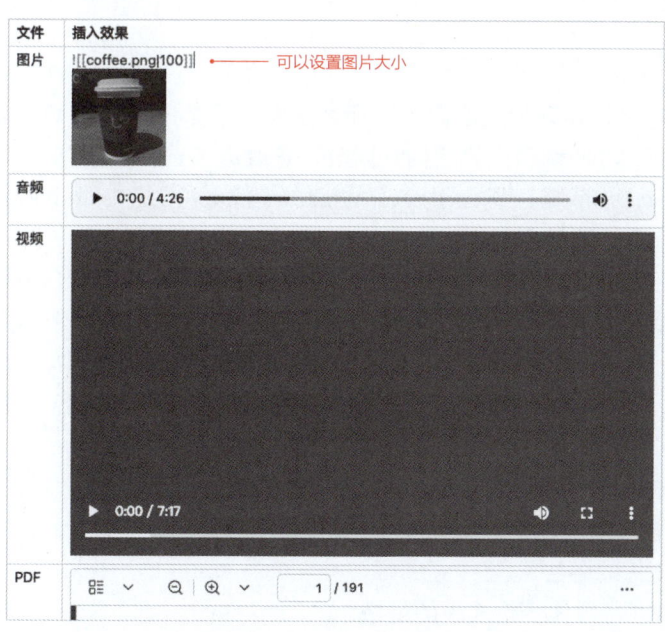

图 6-50 插入不同类型的文件

185

（2）增强列表功能。相比于 Typora，Obsidian 的列表支持显示缩进参考线，让列表层次更清晰，也支持折叠缩进，可以快速对列表进行收起或展开，如图 6-51 所示。可以在编辑器设置中开启或关闭这两项功能。

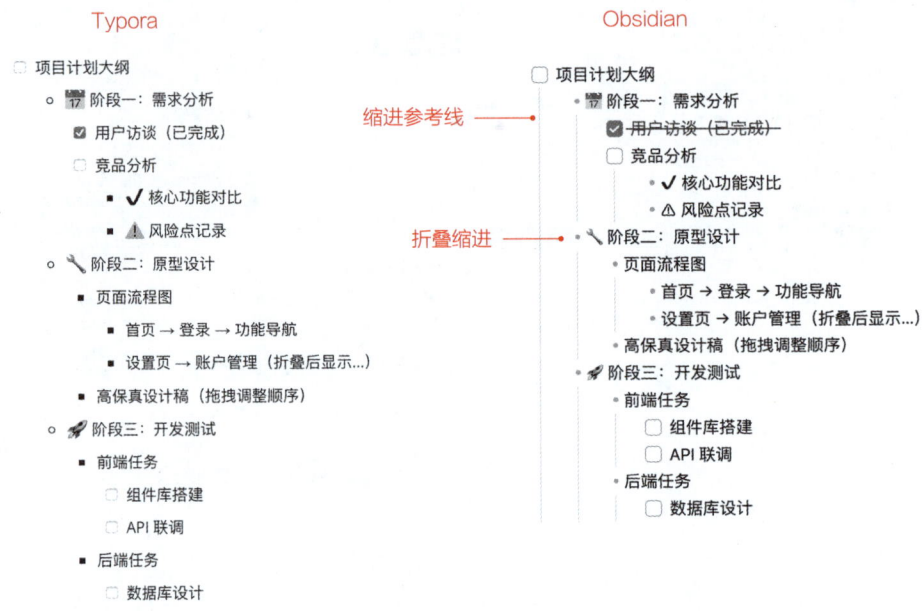

图 6-51　Typora 与 Obsidian 列表显示效果对比

如果想更高效地组织和管理列表内容，那么推荐使用第三方插件 Outliner，它支持列表及其子列表的整体移动，方便调整内容结构。同时，它改进了选择当前列表项的行为，按下快捷键 Command + A（macOS 系统）或 Ctrl + A（Windows/Linux 系统）即可选择当前列表项，再按一次可扩大范围，直至全选整个列表。

（3）自动规范格式。Obsidian 并没有提供对笔记内容和格式进行自动化检查和规范化的功能，我们需要手动修正各种格式问题。第三方插件 Linter 解决了这个问题，它能够自动化地规范和清理我们的笔记格式，从而增强笔记的一致性、可读性和可维护性。

如图 6-52 所示，Linter 插件可以根据配置的规则自动检查笔记内容，并提供一键修复（或在保存时自动修复）功能，修正各种格式问题，例如：

- 标准化列表缩进（使用空格或 Tab，指定缩进级别）。
- 移除标题末尾多余的空格。
- 规范链接和图片的语法。
- 强制或移除粗体 / 斜体等格式中的空格。
- 检查并修正 YAML Frontmatter 的格式。

- 确保文件末尾有空行。
- 移除或添加一些特定的 Markdown 元素（取决于规则）。

图 6-52　设置 Linter 插件

为了更灵活地记录和管理笔记，Obsidian 还支持一些独特的语法，主要如下。
- 内部链接：使用 [[ 文件名称 ]] 创建同一个仓库中笔记之间的内部链接，有助于构建知识网络。
- 嵌入文件：通过 ![[ 文件名称 ]] 将不同类型的文件嵌入笔记，便于文件之间的连接和引用。
- 标注块：使用 >[! 标注类型 ] 创建不同类型的标注块，达到强调的视觉效果。

示例 1：内部链接

[[内部链接]]

与外部链接相比，内部链接似乎并无差别，但仔细看就会发现，内部链接少了图标 。

示例 2：嵌入文件

![[第一篇笔记]]

嵌入笔记的预览效果如图 6-53 所示。

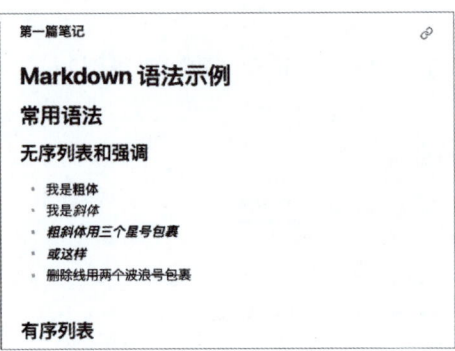

图 6-53　嵌入笔记的预览效果

### 示例 3：标注块

```
> [!warning] 注意
> Obsidian 标注块的语法与其他编辑器的语法不一定兼容。
```

标注块的预览效果如图 6-54 所示。

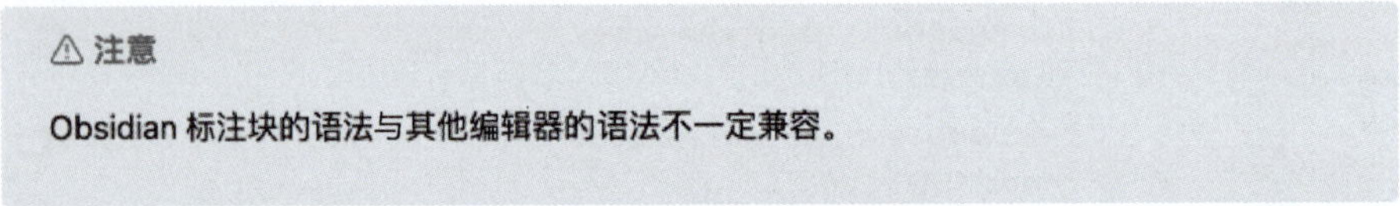

图 6-54　标注块的预览效果

Obsidian Flavored Markdown 的独特语法虽然不多，但十分有用，下面展开介绍。

#### 1. 内部链接

内部链接是指链接同一个仓库内的文件，而外部链接则是链接其他仓库的文件或互联网上的文件。

内部链接和外部链接的语法对比如下。

```
[[内部链接]]

[外部链接](https://www.xxx.com)
```

内部链接和外部链接的预览效果如图 6-55 所示。

图 6-55　内部链接和外部链接的预览效果

内部链接可以链接仓库内的笔记及其标题和文本块，也可以链接附件。通过内部链接，能够将仓库中的文件按照一定的逻辑关联起来，查看时就可以顺藤摸瓜，找到自己想要的内容了。

（1）链接笔记。在编辑视图下，输入 [[ 或 [[]] 之后会出现一个文件列表，选择文件或输入关键词过滤后再选择，即可添加该文件的内部链接，如图 6-56 所示。

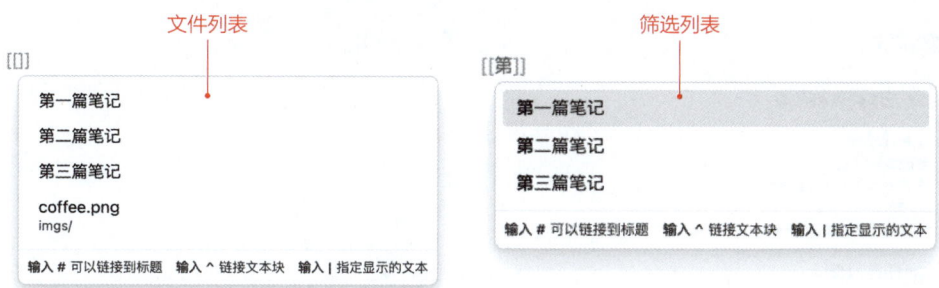

图 6-56　链接笔记

单击链接，当前笔记将被替换为新打开的文件，若想在新标签上打开链接，则需要在按住 Command（macOS 系统）或 Ctrl（Windows/Linux 系统）键的同时单击链接。当然，也可以右击链接，在弹出的快捷菜单中选择在新的标签页、面板或窗口中打开。

（2）链接标题。如果要链接到笔记中的某个标题，那么只需在笔记名之后输入 #，接着会出现一个标题列表，在列表中选择标题或输入关键词过滤后再选择，即可添加该标题的内部链接。

格式如下：

[[ 笔记名 # 标题名 ]]

链接标题的效果如图 6-57 所示。

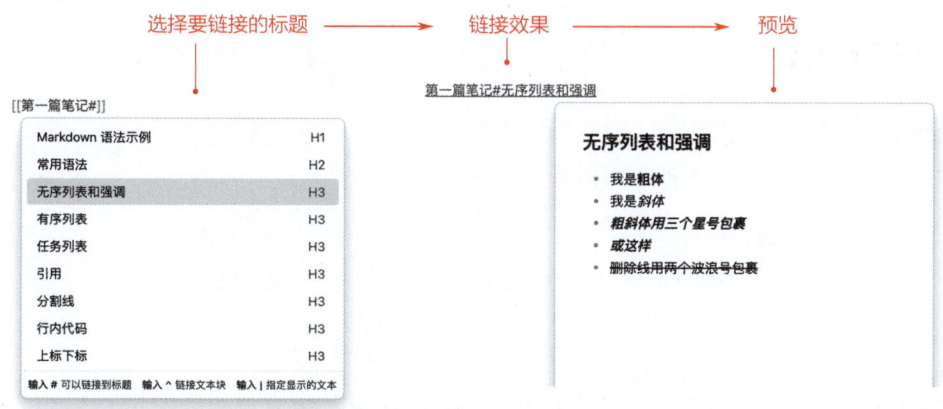

图 6-57　链接标题的效果

（3）链接文本块。在 Obsidian 中，"块"是一个专门的概念，用于描述单独的文本元素，如标题、任务、列表或引用。通常来说，被前后空行包围的内容即为一个块，也被称为文本块，如图 6-58 所示。

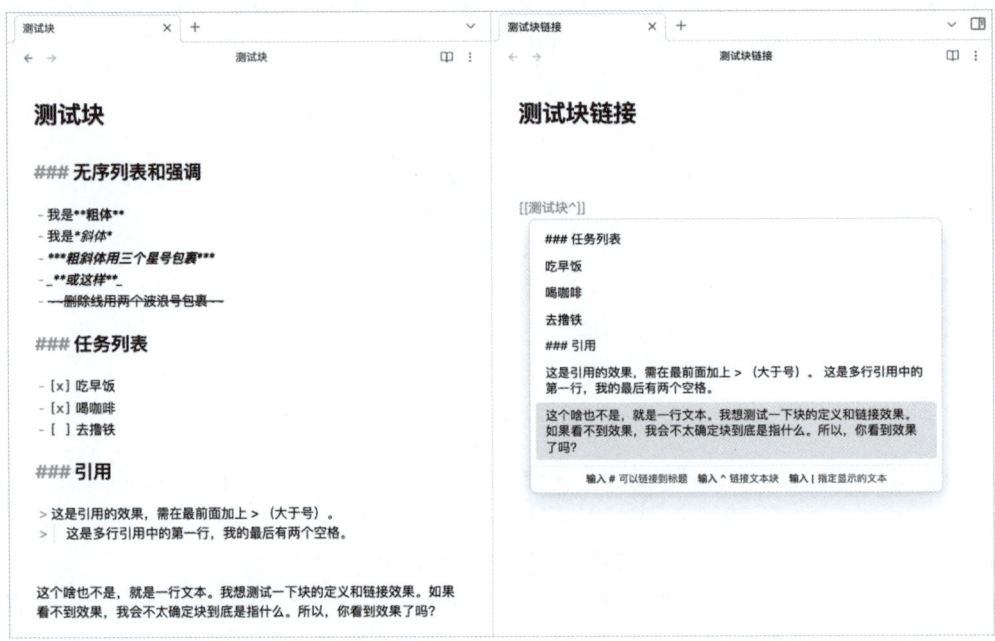

图 6-58　链接文本块的效果

文本块让链接的内容更加具体。在链接时，先在笔记中输入 [[ 笔记名唤起弹窗，再输入 ^ 显示该笔记的所有文本块，然后直接选择，或输入关键词并过滤后，再选择要链接的文本块，格式如下。

`[[ 笔记名 #^ 文本块 ID]]`

示例如下。

`[[ 测试块 #^c2f11b]]`

链接文本块在不同模式下的显示效果如图 6-59 所示。

| 源码模式 | 实时预览 | 阅读视图 |
| --- | --- | --- |
| [[测试块#^20f514]] | 测试块#^20f514 | 测试块 > ^20f514 |

图 6-59　链接文本块在不同模式下的显示效果

被链接文本块的行尾也会显示文本块 ID，这样就能够比较直观地看出此文本块被链接了，如图 6-60 所示。

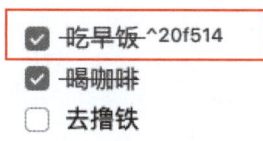

图 6-60　被链接文本块的效果

如果在链接文本块时忘了它在哪个文件中,那么也不用担心,因为链接文本块支持全局搜索,也就是可以搜索仓库内所有笔记中的文本块,输入 [[^^ 即可。不过,当笔记较多时,搜索会很耗时。

(4)链接附件。附件,顾名思义,是指附加的文件,如图片、视频、PDF 等非 Obsidian 创建的文件,附件也可以被链接。

Obsidian 支持的文件类型既可以直接预览,也可以在内部打开。Obsidian 不支持的文件类型则不能预览,只能通过系统默认的软件打开。当然,也可以安装相关的第三方插件,在 Obsidian 内部打开,如图 6-61 所示。

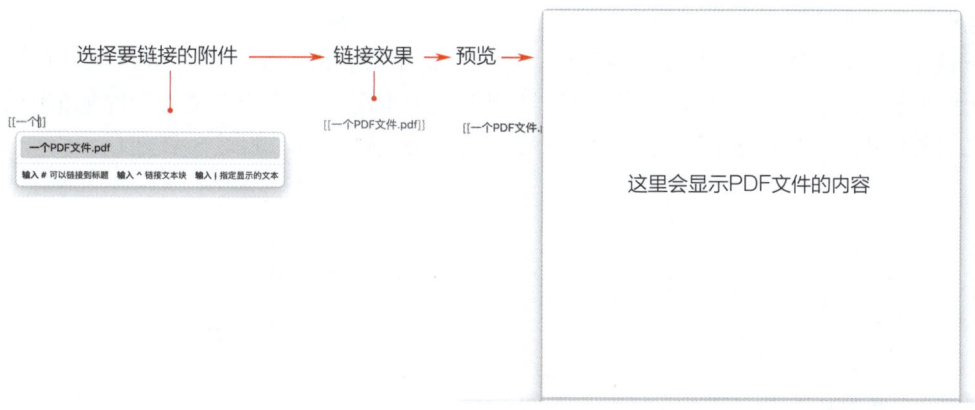

图 6-61　链接附件的效果

(5)指定显示文本。不管链接的是笔记、标题、文本块还是附件,都可以自己指定显示的文本,这让链接的可读性更强。

指定显示文本,只需在链接内容之后加上 |,紧跟着输入想显示的文本,示例如下。

```
[[一个 PDF 文件.pdf|自定义显示内容]]
[[第一篇笔记#常用语法|自定义显示的文本2]]
[[第一篇笔记#^994cb2|自定义显示的文本3]]
```

指定显示文本的效果如图 6-62 所示。

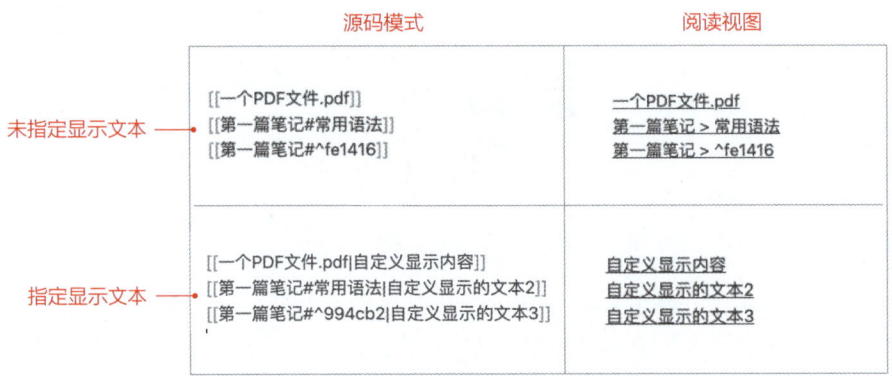

图 6-62　指定显示文本的效果

### 2. 双链

双链是指出链和反向链接,它们都是 Obsidian 的核心插件,用于在笔记之间建立双向关联。使用前,需要确保已经启用。

(1)出链。出链是当前笔记中指向其他笔记的链接,是在笔记中主动添加的链接,用于将当前笔记与相关的其他笔记联系起来。

出链主要由"当前笔记中的链接"和"当前笔记中潜在的链接"两部分组成。其中,"当前笔记中的链接"是已经明确建立的链接;"当前笔记中潜在的链接"是指当前笔记中提到的其他笔记名称或别名的位置,这些位置可能存在潜在的链接关系,如图 6-63 所示。

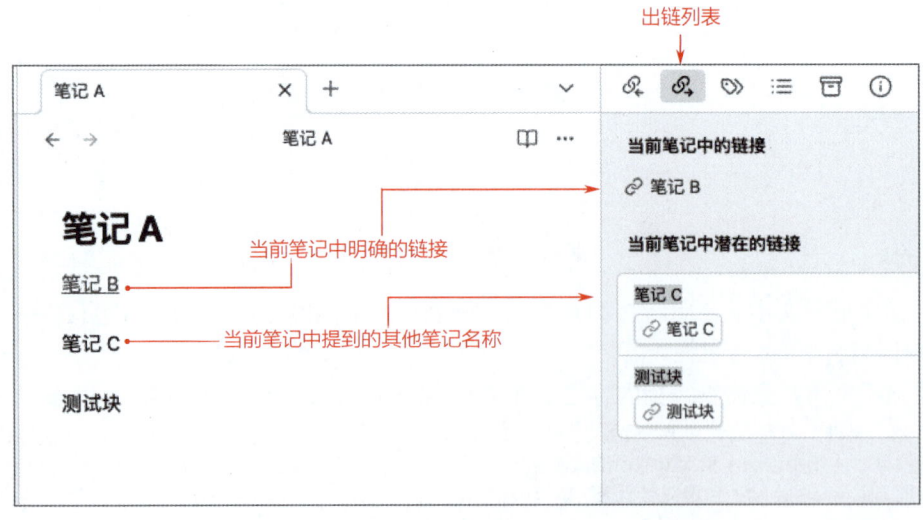

图 6-63　出链示例

通过出链，可以将相关的知识点、文章、文件等相互关联，形成一个网状结构。这有助于更好地理解和记忆知识，发现不同知识点之间的联系。

（2）反向链接。当我们在笔记 A 中链接笔记 B 时，Obsidian 会自动在笔记 B 的"反向链接"部分显示这个链接。通过它能够快速地了解哪些笔记引用了当前笔记，从而构建出一个知识网络。

反向链接主要由"链接提及"和"非链接提及"两部分组成。其中，"链接提及"表示其他笔记中建立了指向当前笔记的内部链接；"非链接提及"则表示其他笔记中虽然没有建立内部链接，但有和当前笔记文件的名字一模一样的文字，Obsidian 会认为这是一个潜在的内部链接，如图 6-64 所示。

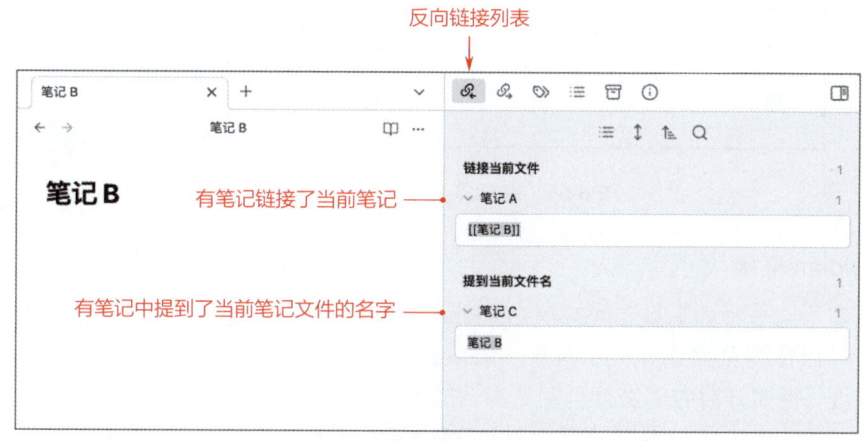

图 6-64　反向链接

既然被其他笔记提到了，那么会不会是忘了添加链接？如果有必要，则可将光标移动到"提到当前文件名"中高亮的笔记名称上，此时会提示"转为链接"，单击后，当前的笔记名就会被转为链接。

如果想实时知道哪些笔记链接了或提到了当前笔记，那么可以将反向链接固定显示在当前笔记的底部，只需单击当前笔记右上角的"更多选项"按钮，在下拉列表中选择"在标签页中显示反向链接"选项，如图 6-65 所示。

通过出链和反向链接，能够清晰地查看笔记之间的关联关系，可以按图索骥找到想要的信息。笔记之间相互链接形成了一个知识网络，可视化以后就是关系图谱。

如果想探索笔记库中那些没有被显式链接起来但可能存在关联的笔记，或者想通过内容分析来发现知识的连接点，那么推荐使用第三方插件 Virtual Linker，它能够在不修改原始笔记文件的情况下，根据可配置的规则动态生成和显示笔记之间的"虚拟链接"，极大地增强了 Obsidian 发现和可视化笔记之间隐含关联的能力。

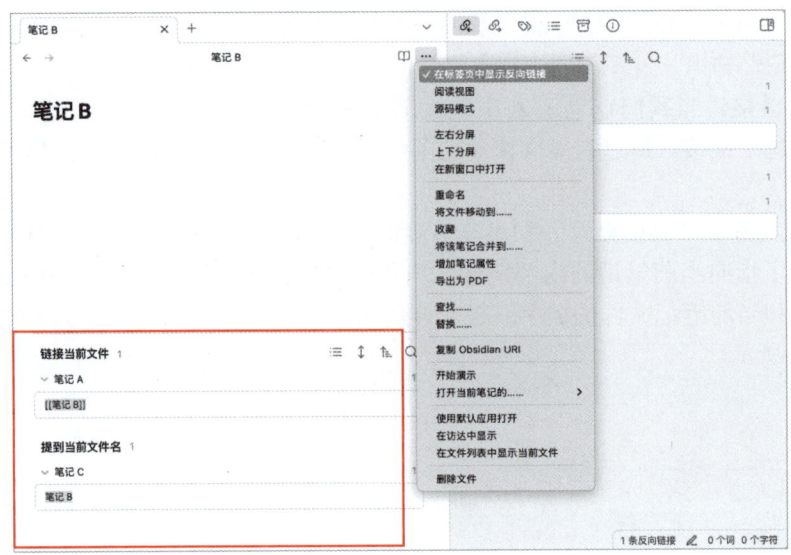

图 6-65　在标签页中显示反向链接

### 3. Obsidian 链接

如果想在不同平台和工具之间共享 Obsidian 文件，那么可以使用 Obsidian 链接。它能够跨仓库跳转，可以在浏览器或其他工具中一键唤醒 Obsidian，还支持动态关联，当文件移动时，链接依然有效（需要开启内部链接自动更新功能）。格式如下。

```
obsidian://open?vault={ 仓库名称 }&file={ 文件路径 }
```

说明：

- vault 参数用于锁定目标仓库，file 参数用于精确定位文件。
- 支持的文件类型包括笔记文件和所有附件。

在使用时，只需右击文件，在弹出的快捷菜单中选择 "复制 Obsidian URI" 选项，即可获得 Obsidian 链接。将该链接粘贴到本仓库的其他文件中，单击链接即可直接打开文件。如果将链接放到其他仓库或应用程序中，则单击后会先打开仓库再打开文件。示例如下。

```
<!-- 跨仓库引用笔记文件 -->
[产品需求文档](obsidian://open?vault=产品研发库&file=PRD/核心功能V2.md)

<!-- 跨仓库引用 PDF 文件 -->
[参考资料](obsidian://open?vault=产品资料库&file=参考资料.pdf)
```

如果想实现更复杂的深度链接，那么推荐使用第三方插件 Advanced URI，它是一款高阶链接协议插件，扩展了原生 URI 的功能边界，支持通过结构化链接触发跳转到系统配置、调用插件命令、深度定位笔记等操作。示例如下。

```
<!-- 跳转到「快捷键设置」页 -->
```

```
[配置快捷键](obsidian://advanced-uri?vault=主知识库&settingid=hotkeys)

<!-- 链接到设计素材库的图片 -->
![App界面草图](obsidian://open?vault=设计资源库&file=项目A/UI设计/主界面V3.png)

<!-- 在周报中引用其他仓库的会议纪要 -->
本周进展详见 [产品组会议记录](obsidian://open?vault=项目协作库&file=会议/2025-03-31.md#议题3)
```

通过这种结构化 Obsidian 链接，知识网络将真正实现"一处编写，全域可达"。

### 4. 嵌入文件

Obsidian 支持将全类型内容转化为可交互的知识模块，实现真正的"文件即应用"体验。通过 !![[文件名]] 语法，可实时嵌入笔记、白板、PDF、图片、音频、视频、网页和搜索结果等内容。

（1）嵌入笔记。嵌入笔记是指将一篇笔记无缝融入另一篇笔记中，可以实现笔记的内容整合，使阅读更加流畅和连贯。

例如，在源码模式下，嵌入一篇名为"第一篇笔记"的笔记。

```
![[第一篇笔记]]
```

切换到阅读视图，如图 6-66 所示。

嵌入的笔记可以在实时预览和阅读模式中轻松浏览、切换任务状态和选择内容。要访问这些嵌入的笔记，只需单击右上角的链接按钮🔗。

（2）嵌入章节和文本块。有时并不需要嵌入整篇笔记，只想引用其中的某一章节或一段文字，那么可以使用嵌入指定章节或段落功能。嵌入章节的语法格式如下。

```
![[笔记名#章节名]]
```

例如，嵌入"第一篇笔记"的"任务列表"。

图 6-66　嵌入笔记

```
![[第一篇笔记#任务列表]]
```

嵌入任务列表的效果如图 6-67 所示。

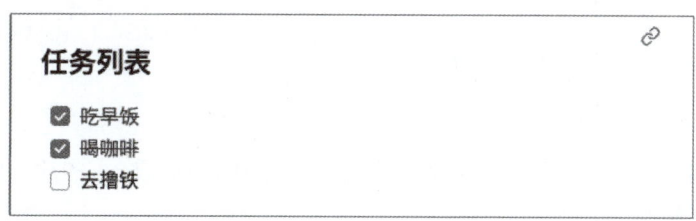

图 6-67　嵌入任务列表的效果

嵌入文本块的语法格式如下。

```
![[笔记名#^文本块ID]]
```

链接文本块和嵌入文本块的效果如图 6-68 所示。

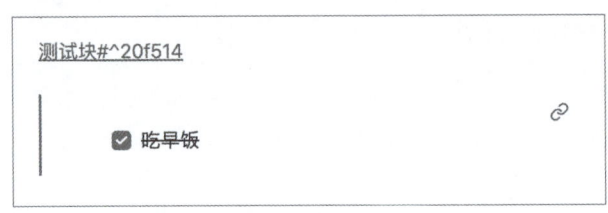

图 6-68 链接文本块和嵌入文本块的效果

（3）嵌入 PDF。可以将计算机中的 PDF 文件直接拖动至笔记中，文件将会自动嵌入笔记并储存到附件中。或者，也可以使用代码嵌入，语法格式如下。

```
![[文件名.pdf]]
```

指定 PDF 页码的语法格式如下。

```
![[文件名.pdf#page=页码]]
```

嵌入的 PDF 文件在非源码模式下还能进行一些基本的操作，与直接打开 PDF 文件相似。这样可以更方便地在笔记中处理和查看 PDF 内容，如图 6-69 所示。

图 6-69 嵌入 PDF 的效果

（4）嵌入图片。直接将计算机中的图片拖动至笔记中，即可嵌入图片，同时该图片会被存储到附件中。语法格式如下。

```
![[演示图片.png]]
```

当然，输入 ![[ 也是支持联想和过滤的，如图 6-70 所示。

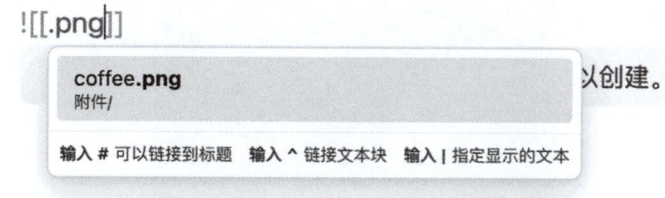

图 6-70　嵌入图片的效果

调整图片大小的 Markdown 语法如下。

`![提示文本|100x100](https://demo/image.png)`

Obsidian 独特的语法如下。

`![[image.png|100x100]]`

也可以根据图片的宽高比例缩放，语法如下。

`![[image.png|100]]`

调整图片大小的语法示例如图 6-71 所示。

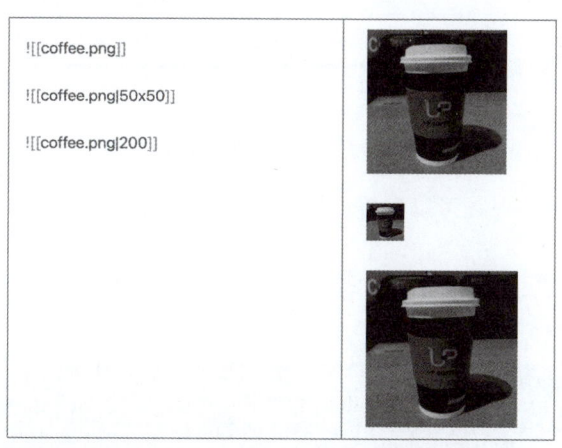

图 6-71　调整图片大小的语法示例

另外，还可以使用第三方插件 Image Toolkit 查看图片，单击图片后，在弹出的界面中能够查看、缩放、移动、旋转、翻转和拷贝图片，如图 6-72 所示。

如果想拥有更强大的图片管理功能，那么推荐使用第三方插件 Image Converter，它支持 WEBP、JPG、PNG、HEIC 和 TIF 等多种图像格式，并能自动将它们转换为指定格式。它还支持图像压缩、自动重命名、多种模式自动调整图像大小、右键菜单、批量处理、剪裁、旋转、调整对齐方式、环绕文本和标注等功能。

图 6-72　使用 Image Toolkit 查看图片

（5）嵌入音频。嵌入的音频能够播放、调整音量和播放速度。嵌入音频的语法格式如下。

`![[歌曲名.mp3]]`

嵌入音频的效果如图 6-73 所示。

图 6-73　嵌入音频的效果

（6）嵌入视频。嵌入的视频可以设置全屏、画中画、倍速播放和下载。嵌入视频的语法格式如下。

`![[你好.mp4]]`

嵌入视频的效果如图 6-74 所示。

图 6-74　嵌入视频的效果

（7）嵌入页面。网页也可以嵌入笔记，还可以设置页面的尺寸。嵌入页面的语法格式如下。

```
<iframe src=" 网页地址 "></iframe>
```

例如：

```
<iframe
border=0
frameborder=0
height=250
     width=6000
src="https://www.AAA.com">
</iframe>
```

嵌入页面的效果如图 6-75 所示。

图 6-75　嵌入页面的效果

（8）嵌入搜索结果。搜索结果也可以嵌入笔记，可以将同类信息归集到笔记中，便于查看和管理。嵌入搜索结果的语法格式如下。

```
'''query
你要搜索的关键词
'''
```

例如，将"Markdown"的搜索结果嵌入笔记。

```
'''query
Markdown
```

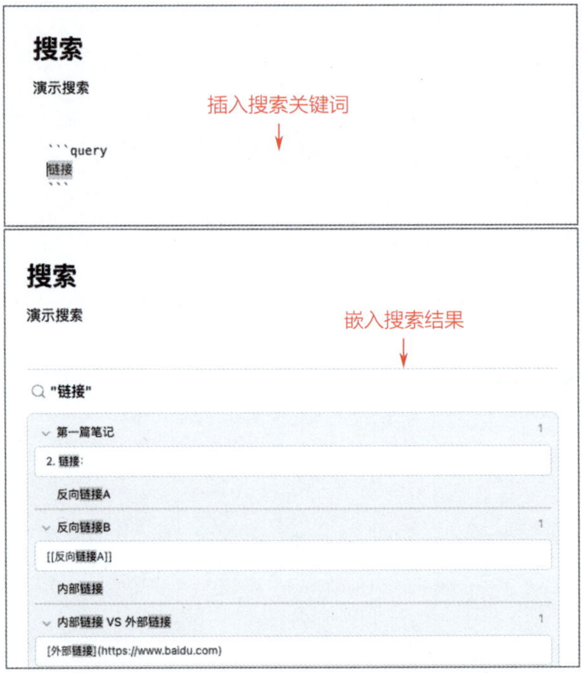

```
嵌入搜索结果的效果如图 6-76 所示。

图 6-76　嵌入搜索结果的效果

嵌入搜索结果也支持使用运算符。例如，将所有未完成的包含关键词"开发"的任务嵌入笔记。

```query
task-todo: 开发
```

### 5. 标注块

在不打乱笔记行文的情况下，可以在标注块中添加额外内容，使笔记更加醒目和易于理解。

Obsidian 的标注块（Callouts Block）通过特定的语法创建带有小图标、标题、背景色的文本块，这些文本块可以用于提示、警告、标注重要信息等，增强笔记的视觉效果和组织性。

标注块的语法由 > + [! 类型标识符 ] 组成，语法格式如下。

```
> [! 类型标识符 ]
```

例如，一个类型为待办的标注块如下。

```
> [!todo]
> 这是一条待办
```
```

不同类型的标注块的标识符有不同的背景色和图标，代表不同类型的信息。

例如，Todo 表示待办，Bug 表示问题，Warning 表示警告，Note 表示笔记，Quote 表示引用等，如图 6-77 所示。

图 6-77　不同类型的标注块的标识符

标注块的类型标识符及别名如表 6-2 所示。

表 6-2　标注块的类型标识符及别名

| 标注块的类型标识符 | 别名 |
| --- | --- |
| note | |
| tip | hint、important |
| info | |
| warning | caution、attention |
| success | check、done |
| failure | fail、missing |
| danger | error |
| question | faq、help |
| todo | |
| example | |
| abstract | summary、tldr |
| bug | |
| quote | cite |

这些标注块的类型标识符有如下特点。
- 不区分大小写。
- 可以使用别名。
- 如果写错了，则默认显示为 info。

（1）修改标题。在默认情况下，标注块的标题就是类型标识符，但可以修改。自定义的标题能够提供更具体的语境和信息分类，使笔记内容更加清晰和有条理。

假设你正在整理一份旅行笔记，那么可以使用自定义标题的标注块。

```
> [!note] 旅行计划
> - 目的地：南京
> - 日期：2025 年 5 月 1 日 -2025 年 5 月 4 日

> [!tip] 行前准备
> - 做好攻略
> - 跑步健身
```

修改标题的效果如图 6-78 所示。

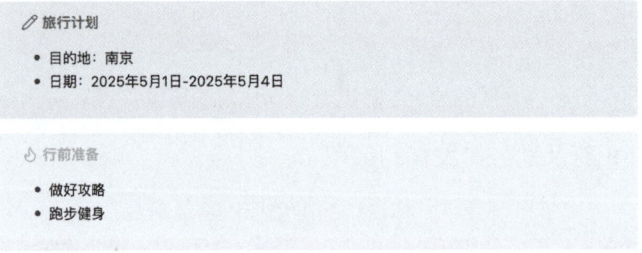

图 6-78　修改标题的效果

（2）嵌套。标注块可以多层嵌套，以实现更复杂的结构和更丰富的信息展示。

例如，将 note、todo 和 bug 嵌套起来。

```
> [!note] 笔记
> > [!todo] 待办
> > > [!bug] 问题
> > > 解决一个问题
```

嵌套标注块的效果如图 6-79 所示。

图 6-79　嵌套标注块的效果

（3）折叠。标注块是可以展开和折叠的，主要用于显示和隐藏管理信息，以便更好地组织和浏览笔记内容。只需在 ] 之后加上 + 或 -，没有空格。例如：

> [!question]-
> - 表示折叠

折叠标注块的效果如图 6-80 所示。

图 6-80　折叠标注块的效果

标注块里的内容被折叠了，单击向右的箭头可以展开内容。

（4）快速插入标注块。若要快速插入标注块，除了直接写语法，还可以使用以下方法。
- 右击笔记，在弹出的快捷菜单中选择"插入"→"标注"菜单命令。
- 在命令面板中搜索并执行"插入标注"命令。

虽然插入的格式默认为 NOTE，但有了这个基本格式之后，再修改也就很方便了。

## 6.2.3　编辑技巧

### 1. 提效技巧

（1）快速插入。打开命令面板，输入"插入"，过滤出所有的插入命令，如图 6-81 所示。对于经常使用的命令，可以为其设置快捷键，用起来更便捷。

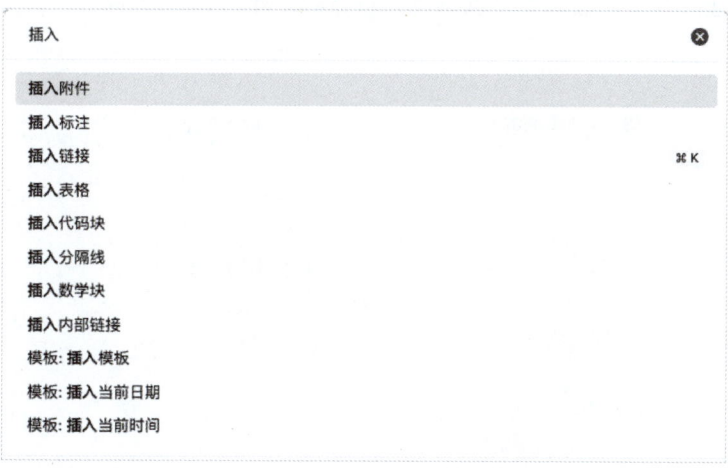

图 6-81　查看所有插入命令

（2）折叠标题和缩进。折叠标题和缩进能够更好地将信息结构化，提高笔记的可读性和管理效率，但需要确保编辑器设置中的"折叠标题"和"折叠缩进"是启用的。

**折叠标题**。通过折叠标题，可以将大量信息隐藏在标题下，使笔记页面更加简洁，突出重点内容。当需要查看详细信息时，再展开相应的标题。

将光标移到标题上，在标题左边会显示向下的箭头，单击后会折叠标题，向下的箭头会变成向右的深色箭头，且在标题的最右边会显示省略号，单击箭头或省略号，可以展开标题内容，如图 6-82 所示。

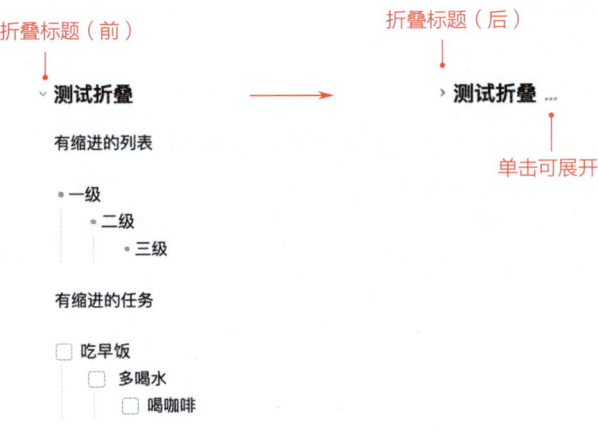

图 6-82　折叠标题

**折叠缩进**。通过缩进，可以将信息分层展示，使笔记内容更有条理，便于理解和记忆。有序列表、无序列表和任务列表的缩进都是可以折叠的，如图 6-83 所示。

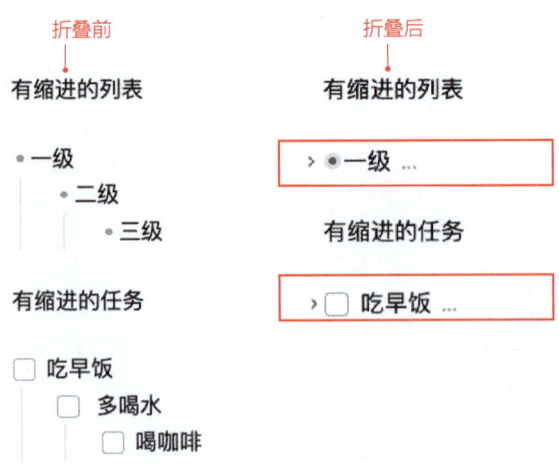

图 6-83　折叠缩进

（3）多光标协同。Obsidian 的多光标协同功能允许在编辑文本时同时使用多个光标，从而提高编辑效率，如图 6-84 所示。创建多个光标的步骤如下。

步骤 1：按住 Option（macOS 系统）或 Alt（Windows/Linux 系统）键，不要松手。

步骤 2：在需要编辑的位置单击，光标开始闪烁，之后就可以同时编辑了。

如果要取消多行光标协同，那么只需按下 Esc 键或单击任意其他位置即可。

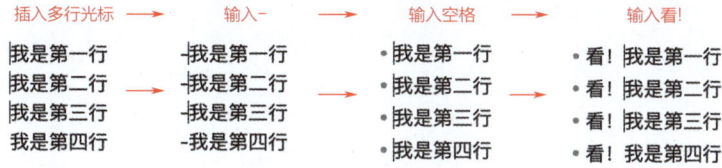

图 6-84　多光标协同

### 2. 捕获网页内容

将网页上的内容捕获到 Obsidian 常用的方式如下。

- 在网页上选中内容后，复制到笔记中，Obsidian 会自动将 HTML 格式转换成 Markdown 格式。
- 在网页上选中内容后，直接拖动到 Obsidian 笔记中，效果与复制是一样的。
- 使用 Obsidian 官方推出的网页剪裁工具 Obsidian Web Clipper，可以直接在浏览器中将网页内容保存到 Obsidian 笔记库中。
- 使用 Obsidian 的核心插件 Web Viewer，在 Obsidian 中打开和浏览网页，单击右上角的"更多选项"按钮，选择"Save to vault"选项，即可将文章以 Markdown 格式保存到指定文件夹中。

注意，当复制粘贴网页内容时，图片并不会被下载到本地，而是通过引用链接的方式呈现。如果想在粘贴时自动将图片下载到本地，那么可以使用第三方插件 Obsidian Local Images Plus。另外，如果想在粘贴链接时自动获取网页标题，那么可以使用第三方插件 Auto Link Title。

### 3. 使用模板

模板是 Obsidian 的核心插件，可以快速创建具有固定格式或内容的笔记，提高效率。特别适合需要频繁使用固定格式的场景，如日记、读书笔记、会议记录等。通过模板插件，可以节省时间，避免重复输入相同的内容。

（1）设置模板文件夹。在使用前，需要确保模板插件已经启用，并在设置界面配置了模板文件夹、日期格式和时间格式，Markdown 格式的模板文件存放在模板文件夹中，插入模板时需要进行选择。

在使用时，只需打开一篇笔记，单击功能区上的 按钮，或打开命令面板，搜索并执行"插入模板"命令，在弹出的模板列表中选择一个应用即可，如图 6-85 所示。

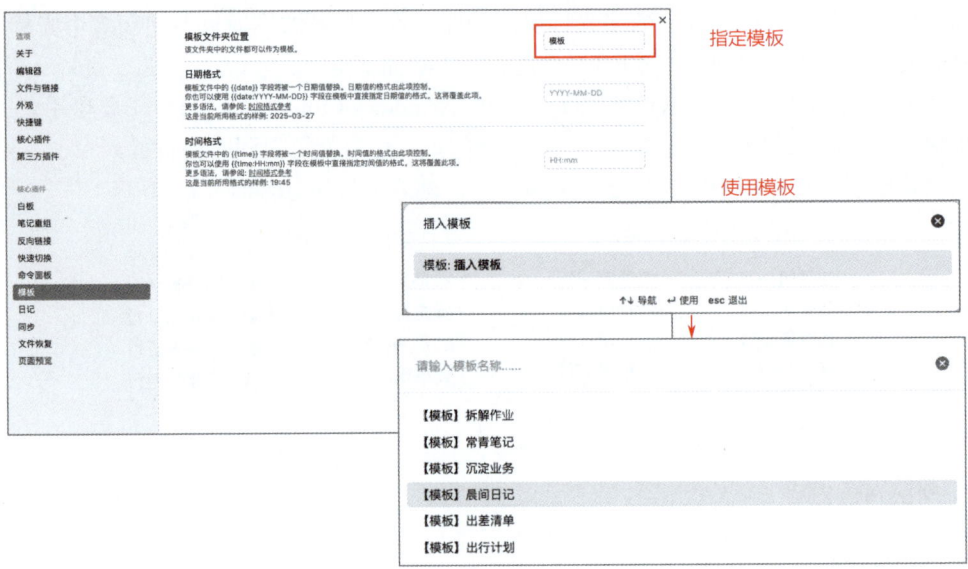

图 6-85　设置和使用模板

（2）定义模板的内容。在模板中可以使用占位符，如 {{title}} 代表当前笔记的标题，{{date}} 和 {{time}} 代表当前的日期和时间。

日期和时间的默认格式分别为 YYYY-MM-DD 和 HH:mm，可以在模板设置中修改。修改后，在日期和时间格式的底部还能实时查看效果，如图 6-86 所示。

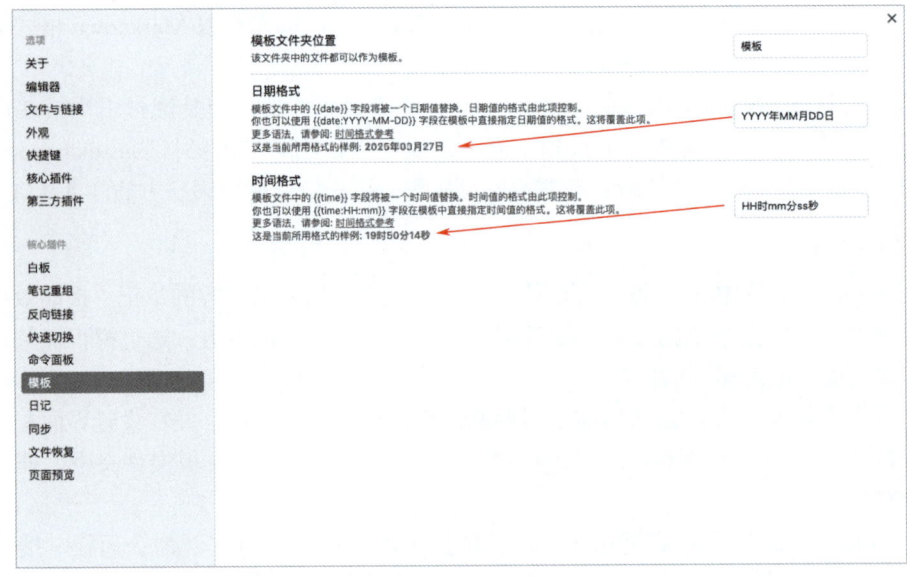

图 6-86　日期和时间格式

如果不想修改默认设置，但想在不同模板中使用不同的日期格式，那么可以在模板中覆盖默认的日期和时间格式。

插入默认格式的时间和日期用 {{date}} 和 {{time}}，覆盖默认的时间和日期格式用 {{date:YYYYMMDD}} 和 {{time:HH:mm:ss}}。对比来看，覆盖默认格式是在 date 和 time 之后加了一个：（冒号），然后加上新的格式，这样就可以自由定义想要的格式了。

关于日期和时间格式的更多语法，可以在模板设置界面查看"时间格式参考"。

除此之外，如果你想创建包含动态信息、执行自动化任务，或者与其他插件协同工作的复杂模板，那么推荐使用第三方插件 Templater，它通过引入强大的 JavaScript 变量和逻辑系统，以及自动化触发机制，极大地增强了 Obsidian 的模板功能。

#### 4. 创建日记

日记是 Obsidian 的核心插件，通过它可以轻松创建和管理每日笔记，提高记录效率，养成持续记录的习惯。

在使用前，需要确保日记插件已经启用，并进行了必要的配置。
- 日期格式：日期将被用作日记的标题，其格式的设置方法与模板中的设置方法一样。
- 设置存放位置：通常将日记存放在固定的文件夹中，在此可以指定存放路径。
- 使用日记模板：日记的格式通常是固定的，因此会用到模板，在此可以指定日记的模板。
- 启动时打开日记：每次打开仓库都会自动创建并打开日记。

例如，将日记的标题设置为 YYYY 年 MM 月 DD 日，使用"日记模板"，并将新建的日记存放在"我的日记"中，如图 6-87 所示。

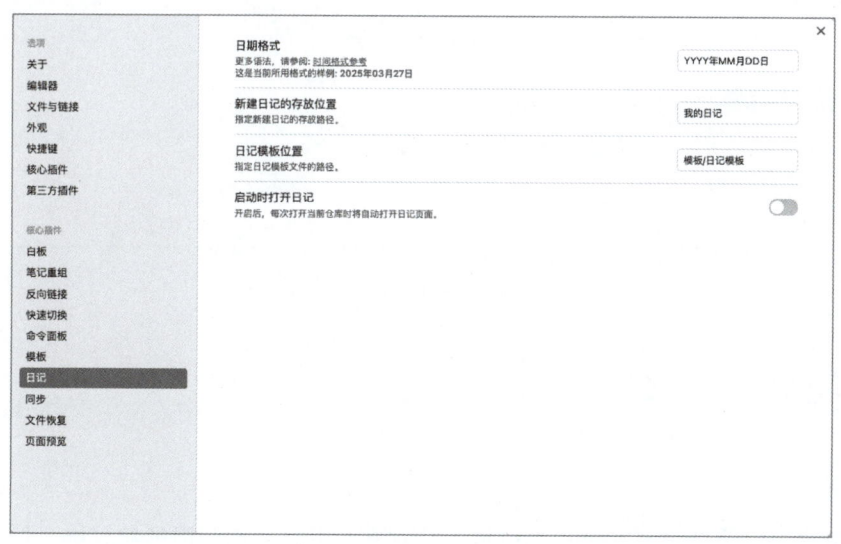

图 6-87　设置日记

使用时，只需单击功能区上的■按钮，或打开命令面板，搜索"日记"，在结果中选中并执行"日记：打开/创建今天的日记"命令。增强日记功能的推荐写法如下。

- 安装插件 Periodic Notes，支持创建和管理周期性笔记，如每周笔记和每月笔记。
- 安装插件 Calendar，提供日历视图，可以直观查看日记。

#### 5. 时间戳笔记生成器

时间戳笔记生成器是 Obsidian 的核心插件，可以创建以时间戳命名的笔记，它与卡片笔记法相关，能够更好地组织和查找内容。

使用前，需要确保该插件已经启用。使用时，只需单击功能区上的■按钮。

创建的笔记默认存放在仓库的根目录下，变更时需要在设置中指定笔记的存放位置、模板文件位置和时间戳格式，如图 6-88 所示。

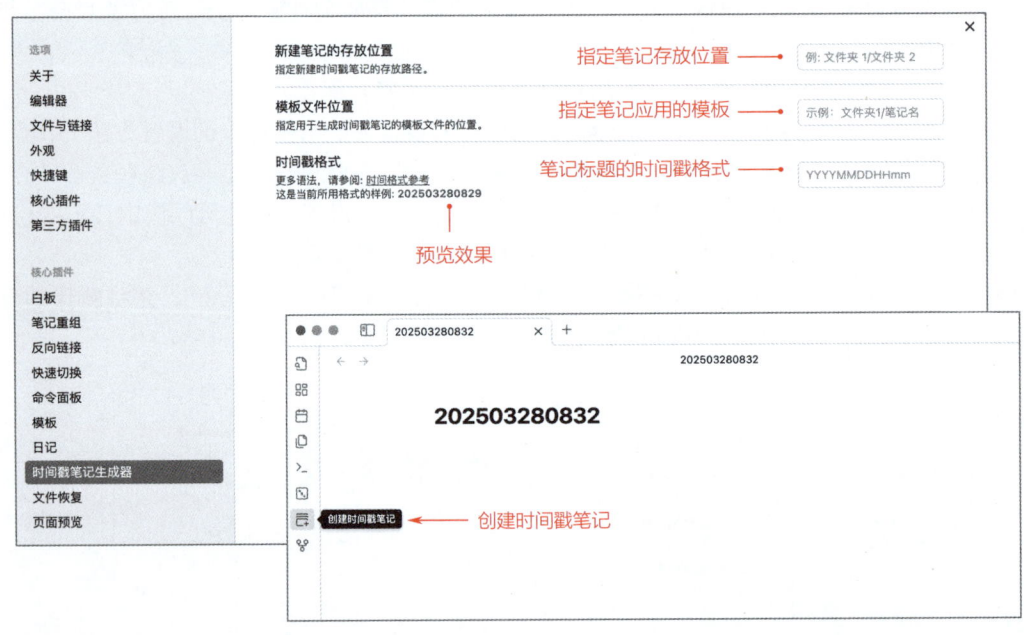

图 6-88　时间戳笔记生成器

## 6.3　查看文件

### 6.3.1　打开文件

Obsidian 支持的文件格式（笔记、白板、PDF 等）可以直接在内部通过单击打开，也可以右击文件，在弹出的快捷菜单中选择"使用默认应用打开"选项，使用外部应用程序打开。对于 Obsidian 不支持的文件格式（PPT、Keynote 等），单击之后会用计算机上默认的应用程序打开。

当然，也可以安装第三方插件，让 Obsidian 支持更多的文件类型。
- 安装插件 Univer 可以查看和编辑 Excel 文件，如图 6-89 所示。
- 安装插件 Docxer，可以打开 Word 文件，并支持将其转为 Markdown 笔记。
- 安装插件 UNITADE，可以处理和编辑 JSON、XML、TXT 等格式的文件。
- 安装插件 XMind Viewer，可以打开和播放 XMind 文件。
- 安装插件 ePub Reader，可以打开 ePub 文件。
- 安装插件 PDF++，全面增强 PDF 文件的处理能力。

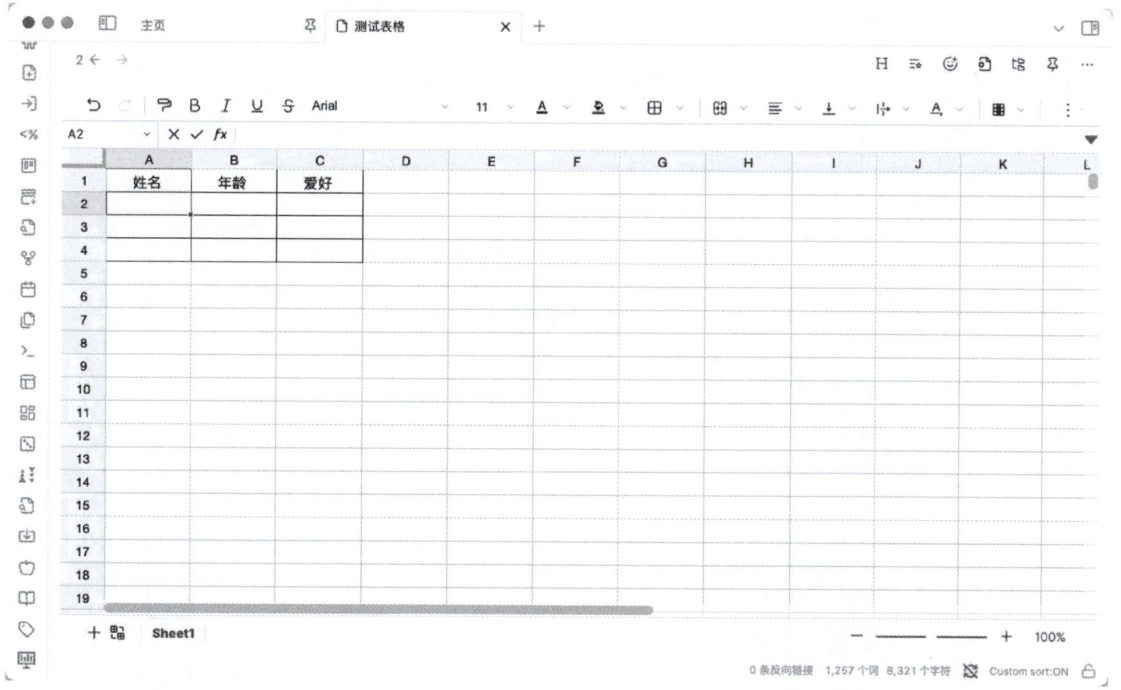

图 6-89　使用 Univer 在 Obsidian 中查看和编辑 Excel 文件

在内部打开文件离不开标签页、标签组和窗口。这三者是包含关系，即标签页显示在标签组中，标签组显示在窗口中，如图 6-90 所示。

可以同时打开多个窗口，每个窗口中又可以打开多个标签组，每个标签组中还可以打开多个标签页。关闭窗口，其下所有标签组都会被关闭。关闭标签组，其下所有的标签页也都会被关闭。

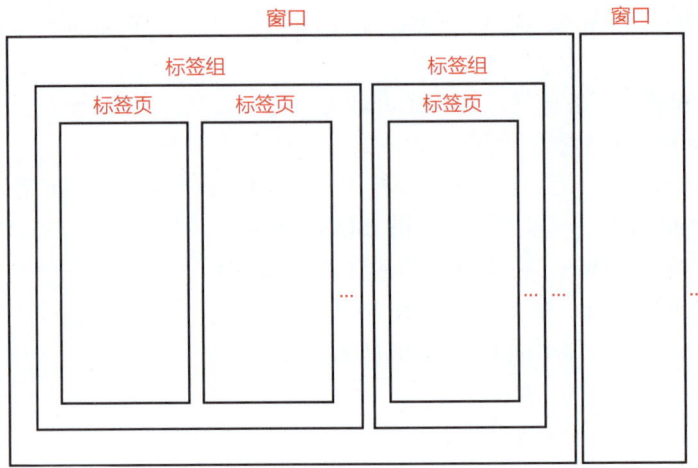

图 6-90　标签页、标签组和窗口

在文件列表中右击文件后能看到三种打开方式，如图 6-91 所示。

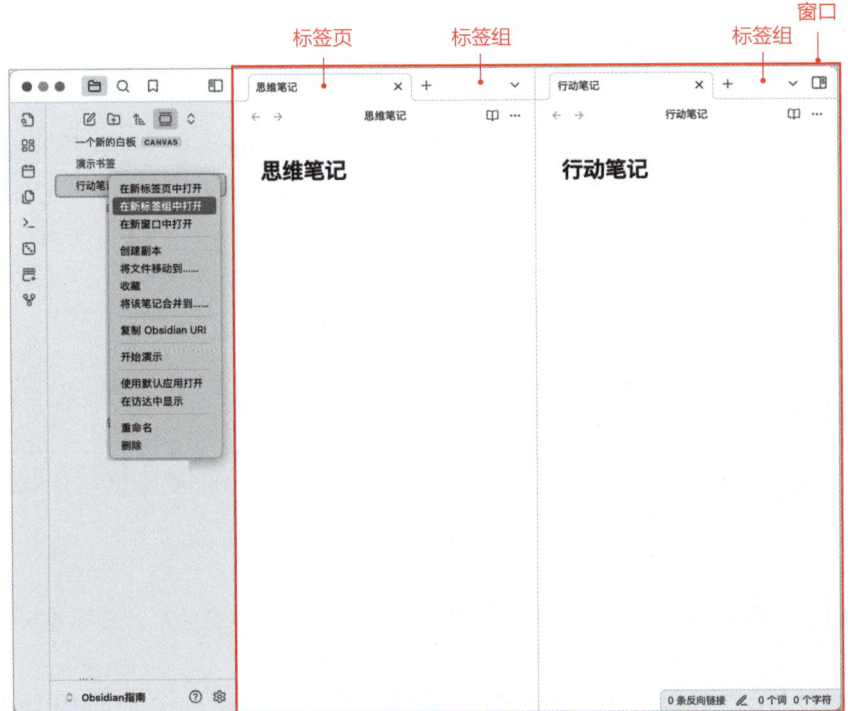

图 6-91　三种打开方式

- 在新标签页中打开：会打开一个新的标签页来显示笔记。

- 在新标签组中打开：会打开一个新的标签组来显示笔记。
- 在新窗口中打开：会打开一个新的窗口来显示笔记。

三种打开方式的效果如图 6-92 所示。

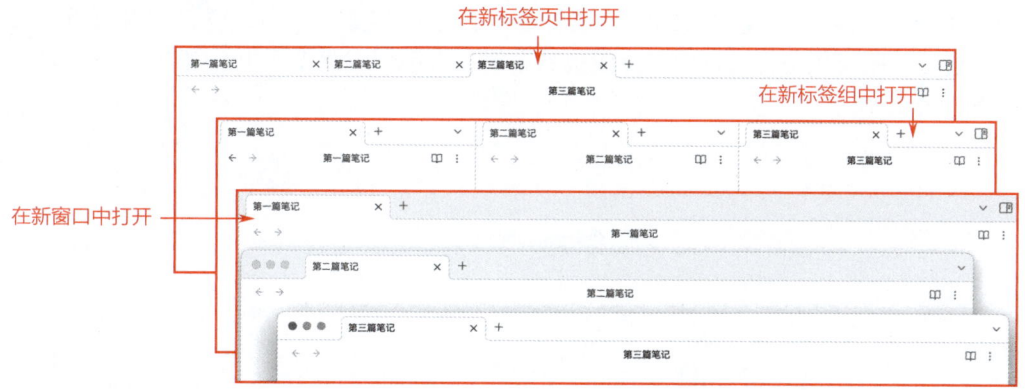

图 6-92　三种打开方式的效果

### 1. 标签页

在 Obsidian 中，标签页的默认行为是，当打开一个新文件时，如果当前标签页已经有内容，则会用新文件的内容替换当前的内容。例如，在查看文件 A 时单击文件 B，文件 A 会被关闭，标签页显示文件 B 的内容。

如果想在不关闭已打开文件的情况下查看新文件，则可以通过以下方法在新标签页中打开文件。

（1）**新建标签页**。单击当前标签页标题右侧的"+"号，或者使用快捷键 Command + T（macOS 系统）或 Ctrl + T（Windows/Linux 系统）新建一个标签页，然后在新标签页中打开文件。

（2）**拖动文件**。从文件列表中将文件拖动到当前标签页的左侧或右侧，会自动在新标签页中打开文件。

（3）**快捷键组合**。在文件列表中按住 Command（macOS 系统）或 Ctrl（Windows/Linux 系统）键的同时单击文件，会在新标签页中打开文件。

（4）**快速切换命令面板**。通过快捷键 Command + O（macOS 系统）或 Ctrl + O（Windows/Linux 系统）打开快速切换命令面板，输入文件名，按住 Command（macOS 系统）或 Ctrl（Windows/Linux 系统）键的同时单击文件名，也可以在新标签页中打开文件。

如果希望简化操作，让文件始终自动在新标签页中打开，而不关闭原有的文件，那么可以使用第三方插件 Open In New Tab。这种交互方式更符合用户习惯，类似于在浏览器中打开网页。

值得一提的是，Obsidian 的左侧边栏上的文件列表、搜索、书签，以及右侧边栏上的出链列表、反向链接列表、标签列表、大纲等功能本身也是标签页。这些标签页可以随意拖动以调整位置，展示了 Obsidian 在界面布局上的自由度和灵活性。

2. 固定显示

可以将标签页拖动到侧边栏，以固定某些信息的展示位置。例如，将笔记的标签页拖动到左侧边栏或右侧边栏，这样，这些笔记就会一直显示在侧边栏中，便于实时查看和参考。Obsidian 会在关闭应用程序时自动保存面板的布局和大小，因此无须担心每次打开时都要重新设置，如图 6-93 所示。

图 6-93　不同位置的标签页

3. 关联标签页

关联标签页功能允许将两个或多个标签页关联起来，使它们的内容和滚动位置保持同步。最典型的使用场景是 Markdown 编辑器：左边显示源代码，右边显示预览效果。

例如，以源码模式打开一篇笔记，按住 Command（macOS 系统）或 Ctrl（Windows/LinuX 系统）键的同时单击该笔记右上角的阅读模式按钮 ，在一个新的标签组中以阅读模式打开当前笔记。与此同时，标签页的上面会显示关联图标，这意味着源码模式和预览模式这两个标签页是关联的，如图 6-94 所示。

4. 锁定标签页

如果想让某个标签页固定打开，在新打开文件时不会被替换，在关闭所有标签页时会被保留，则可以将该标签页锁定。只需右击标签页的标题，在弹出的快捷菜单中选择"锁定"选项，之后标题上会显示一个图钉按钮 。

在使用时，可以将经常使用的笔记（主页、任务清单、导航页面等）锁定为标签页，方便随时访问，无须重新打开。

若要取消锁定，那么只需再次单击图钉按钮 。

图 6-94　关联标签页

### 5. 堆叠标签页

当标签页数量众多时，Obsidian 提供了一种便捷的管理方式：堆叠标签页。通过将标签页堆叠起来，在切换时会看到类似翻书的动画效果，使操作更为直观和便捷。只需单击标签页右上角的向下箭头 ，在下拉菜单中选择"堆叠标签页"选项，所有已打开的标签页便会自动堆叠，如图 6-95 所示。

图 6-95　堆叠标签页

#### 6. 在文件列表中显示当前文件

如果忘记了当前打开的文件在文件列表中的具体位置，那么可以右击标签页的标题，在弹出的快捷菜单中选择"在文件列表中显示当前文件"选项，文件列表就会相应地高亮显示该文件。单击左侧边栏的按钮（自动显示当前活动的文件），也有类似的效果，如图 6-96 所示。只不过此功能启用后，每次打开文件，都会自动定位其在列表中的具体位置。

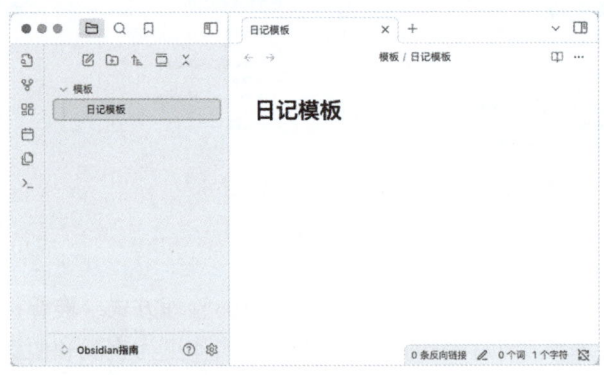

图 6-96　高亮显示当前文件

#### 7. 在标签组中打开笔记

标签组在 Obsidian 中可用作分屏显示，其优势在于能够显著减少因频繁切换带来的不便。借助分屏，可以在观看视频的同时记笔记，或者在阅读电子书的同时写读后感，能够极大地提高学习和工作效率。分屏显示效果如图 6-97 所示。

图 6-97　分屏显示效果

## 第 6 章 现代化写作工具：Obsidian

**8. 在窗口中打开笔记**

在默认情况下，所有标签页和标签组都集中显示在一个窗口中。然而，当标签页数量增多时，查看和管理会变得非常麻烦。如果将不同类别的文件在不同的窗口中打开，那么管理起来会方便很多。想要查看或关闭某类文件时，只需找到对应的窗口即可。

此外，已经打开的文件可以移动到新窗口中。只需右击标签页的标题，在弹出的快捷菜单中选择"移动至新窗口"选项即可。

**9. 使用默认应用打开笔记**

如果想用计算机上默认的应用程序打开笔记，那么只需右击笔记文件，在弹出的快捷菜单中选择"使用默认应用打开"选项。这样，就能实现 Obsidian 与其他软件的配合使用。

例如，在计算机中将 Typora 设置为 Markdown 的默认打开应用，效果如图 6-98 所示。

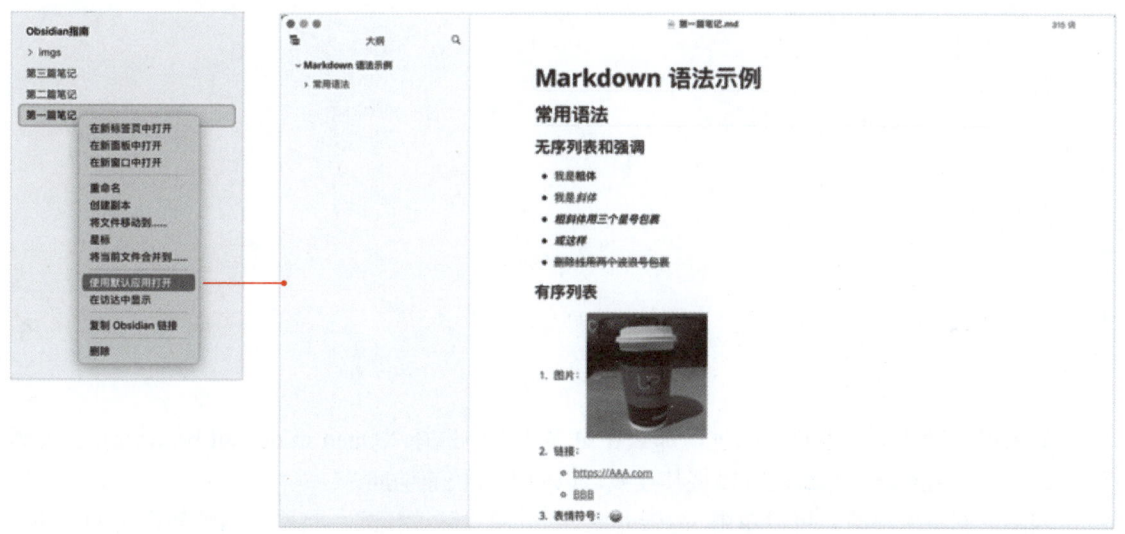

图 6-98　用 Typora 打开 Markdown 文件

## 6.3.2　Web Viewer

Web Viewer 是 Obsidian 的核心插件，它允许用户在 Obsidian 内直接打开和浏览网页内容，无须切换到浏览器，可以更高效地获取信息和整理知识。Web Viewer 默认开启广告拦截功能，并允许自定义广告拦截规则，消除广告干扰。

在使用前，需要确保该插件已经启用。在使用时，只需在按住 Command（macOS 系统）或 Ctrl（Windows/Linux 系统）键的同时单击链接，即可在标签页中打开链接。在网址输入框中切换其他网址的方法与在浏览器中一样。

例如，可以在 Obsidian 中打开 DeepSeek，分屏显示，一边写笔记，一边使用 DeepSeek，如图 6-99 所示。

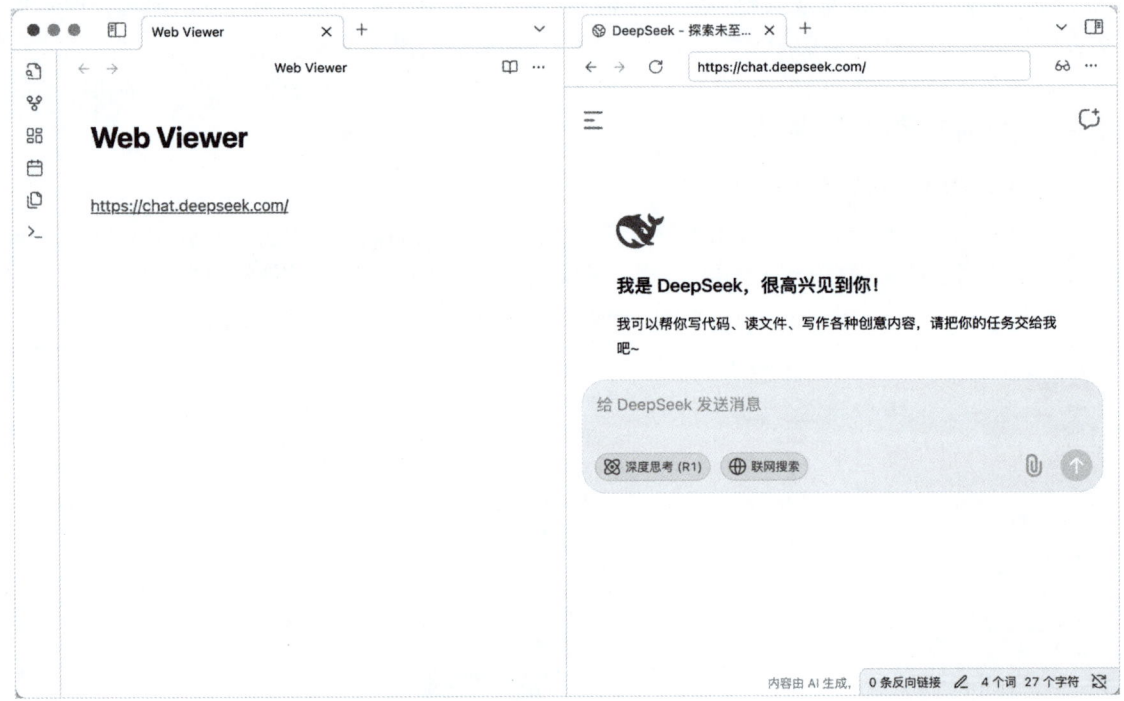

图 6-99　分屏显示

如果想用默认浏览器打开网址，那么在更多选项中选择"Open in default browser"选项即可。如果是常用网址，那么还可以将其收藏，以便下次快速访问。

当阅读网页资料时，可以单击 6∂ 按钮切换到沉浸式阅读模式，将网页内容转换为 Obsidian 的语法模式和笔记样式。

如果觉得网页内容不错，那么还可以在更多选项中选择"Save to vault"选项，将格式化后的网页内容保存到指定文件夹中，这样就实现了快速收藏的目的。网页内容默认存放在仓库的根目录中，可以在设置中重新指定。

上述操作都可以通过命令面板执行，除此之外还可以执行以下操作。
- 查看网页历史。Web viewer: Show history，显示在左侧边栏。
- 搜索网页。Web viewer: Search the web，使用 Web Viewer 设置中指定的搜索引擎进行搜索。
- 打开网页浏览器。Web viewer: Open web viewer，可当作浏览器使用，打开时，默认聚焦到搜索输入框，可在设置中配置"Homepage"作为默认打开的网页。

Web Viewer 的功能效果如图 6-100 所示。

图 6-100　Web Viewer 的功能效果

## 6.3.3　大纲

大纲是 Obsidian 的核心插件，默认显示在右侧边栏，它能快速浏览和管理笔记的结构，提高编辑和组织笔记的效率。通过大纲视图，可以清晰地看到笔记的层次结构，方便地跳转到特定部分，还可以通过拖动调整文章结构，特别适合撰写长篇文章或复杂项目规划。

在使用前，需要确保大纲插件已经启用。使用时，只需单击右侧边栏的 ≡ 按钮即可打开大纲。

如果想要更强大的大纲管理功能，那么推荐使用第三方插件 Quiet Outline。如果想生成悬浮大纲目录，那么推荐使用第三方插件 Floating TOC。如图 6-101 所示。

## 6.3.4　切换文件

如果想提高笔记之间的导航效率，那么可以使用切换标签页的快捷键，只需在命令面板搜索"转到"即可查看相关快捷键。

如果想快速切换和回顾之前查看过的内容，那么可以单击标签页左上角的箭头按钮。"返回"表示打开上一个已打开的文件，"前进"表示打开下一个文件。快捷键如下。

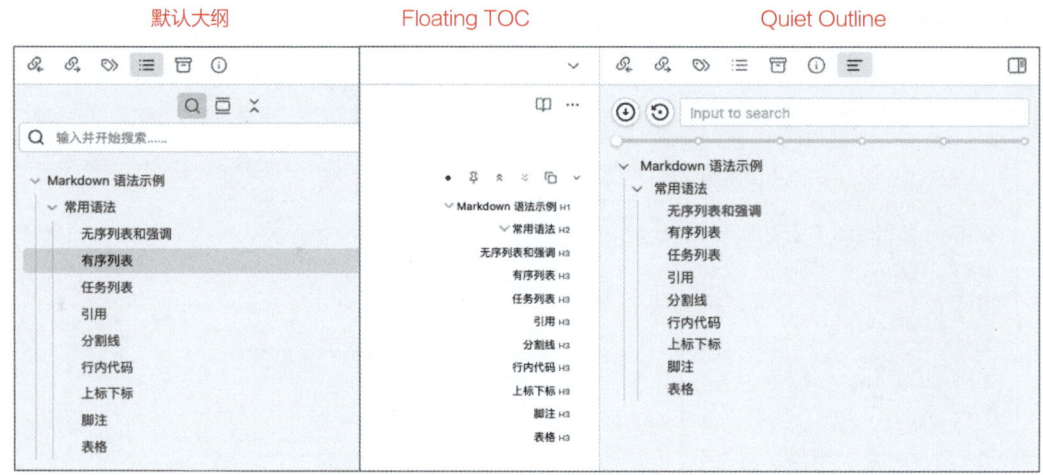

图 6-101　Quiet Outline 和 Floating TOC

- 前进：Command + Option + 向左箭头（macOS 系统）或 Ctrl + Alt + 向左箭头（Windows/Linux 系统）。
- 后退：Command + Option + 向右箭头（macOS 系统）或 Ctrl + Alt + 向右箭头（Windows/Linux 系统）。

如果想在前进和后退箭头旁显示历史数字，那么推荐使用第三方插件 Pane Relief，它提供了类似于浏览器的标签页导航历史记录、标签页移动和管理等功能，如图 6-102 所示。

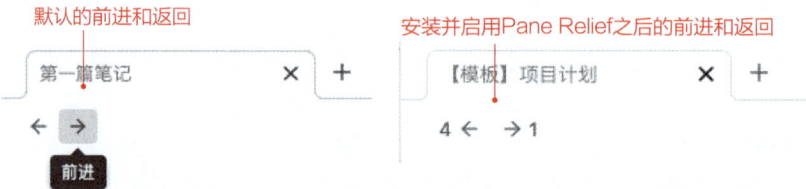

图 6-102　Pane Relief

如果想通过搜索文件名称快速跳转到相应文件，那么可以使用快捷键 Command + O（macOS 系统）或 Ctrl + O（Windows/Linux 系统）打开快速切换界面，如图 6-103 所示。如果搜索的文件不存在，那么按"Enter"键后会创建文件。需要注意的是，文件有不同的打开方式，可以参考底部的快捷键提示。

如果想更高效地导航和管理笔记，那么推荐使用第三方插件 Quick Switcher++，它支持通过标题而非仅文件名查找文件，并且可以导航到笔记中的符号（如标题、标签、链接、嵌入内容），还能在打开的编辑器和侧边栏间切换、快速切换工作区、搜索书签、运行命令及导航到相关文件。

第 6 章 现代化写作工具：Obsidian

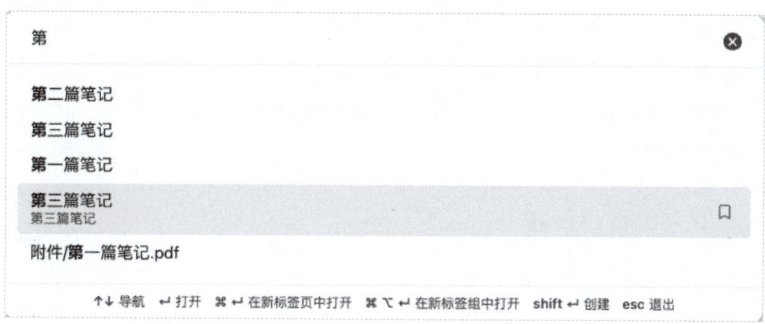

图 6-103　快速切换界面

## 6.3.5　页面预览

页面预览是 Obsidian 的核心插件，它提供了一种快速查看笔记内容的方式，无须离开当前页面即可查看关联笔记的内容，从而提高浏览和编辑效率。这种功能特别适合需要频繁查阅多个笔记内容的情况，能够更快地获取信息，减少页面跳转的时间。

在使用前，需要确保页面预览插件已经启用。在使用时，只需在按住 Command（macOS 系统）或 Ctrl（Windows/Linux 系统）的同时，将鼠标悬停在文件（Obsidian 支持的文件格式）、链接（内部链接、出链、反向链接）、书签、关系图谱等之上，就会显示一个预览小窗口，如图 6-104 所示。

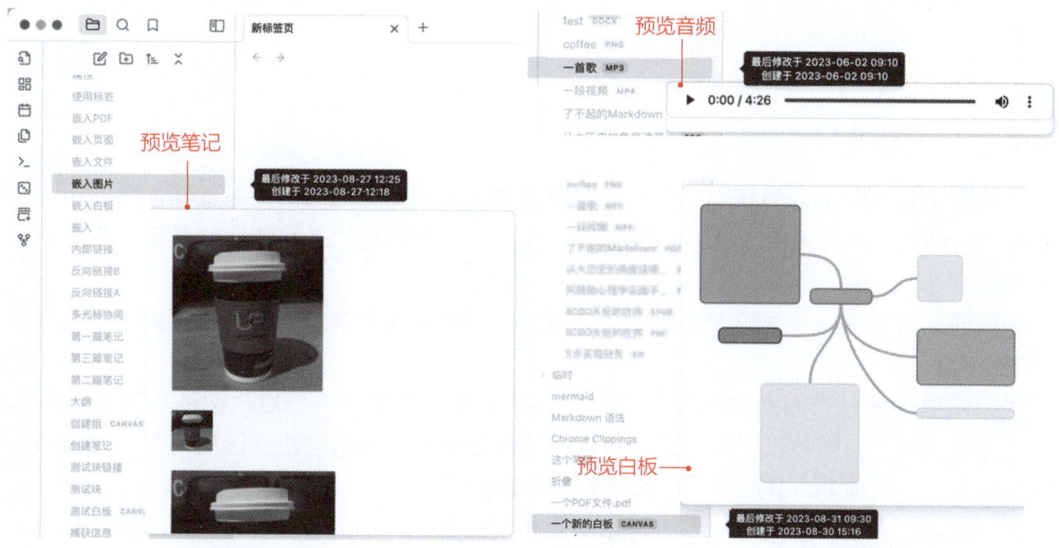

图 6-104　不同类型文件的页面预览效果

219

如果有些情景没有出现预览页面，那么可以去页面预览设置界面启用相应的预览情景。

如果想将悬停弹窗转换为功能齐全的编辑器，那么推荐使用第三方插件 Hover Editor，它让我们在浏览笔记时，无须离开当前页面即可快速编辑其他笔记的内容，极大地提高了工作效率和用户体验，如图 6-105 所示。

图 6-105　Hover Editor 预览页面

## 6.3.6　关系图谱

关系图谱是 Obsidian 的核心插件，它可以直观地看到笔记之间的关系，从而帮助用户更好地管理和理解自己的知识库。通过可视化的方式，可以发现笔记之间的隐性联系，激发新的思考和灵感。

使用前，需要确保关系图谱插件已经启用。使用时，只需单击功能区的 按钮即可进入关系图谱页面。

关系图谱中的每个圆圈都代表一个节点，也就是一篇笔记。节点之间的连线表示内部链接，没有连线的节点则是孤立的，意味着这些笔记没有与其他笔记建立链接。节点的大小与引用数量相关，引用越多，节点越大，如图 6-106 所示。

将鼠标悬停在节点上，可以查看与该节点相关的笔记。单击节点可以打开对应的笔记，右击节点则会显示操作选项。

在查看关系图谱时，可以通过鼠标滚轮或按 Command（macOS 系统）/Ctrl（Windows/

Linus 系统）++/-来放大/缩小图谱。如果移动单个节点，则按住鼠标拖动；如果移动整个关系图谱，则可以按住空白处拖动或使用方向键。如果觉得方向键移动速度太慢，那么可以按住 Shift 键后再使用方向键，这样可以加快移动速度。

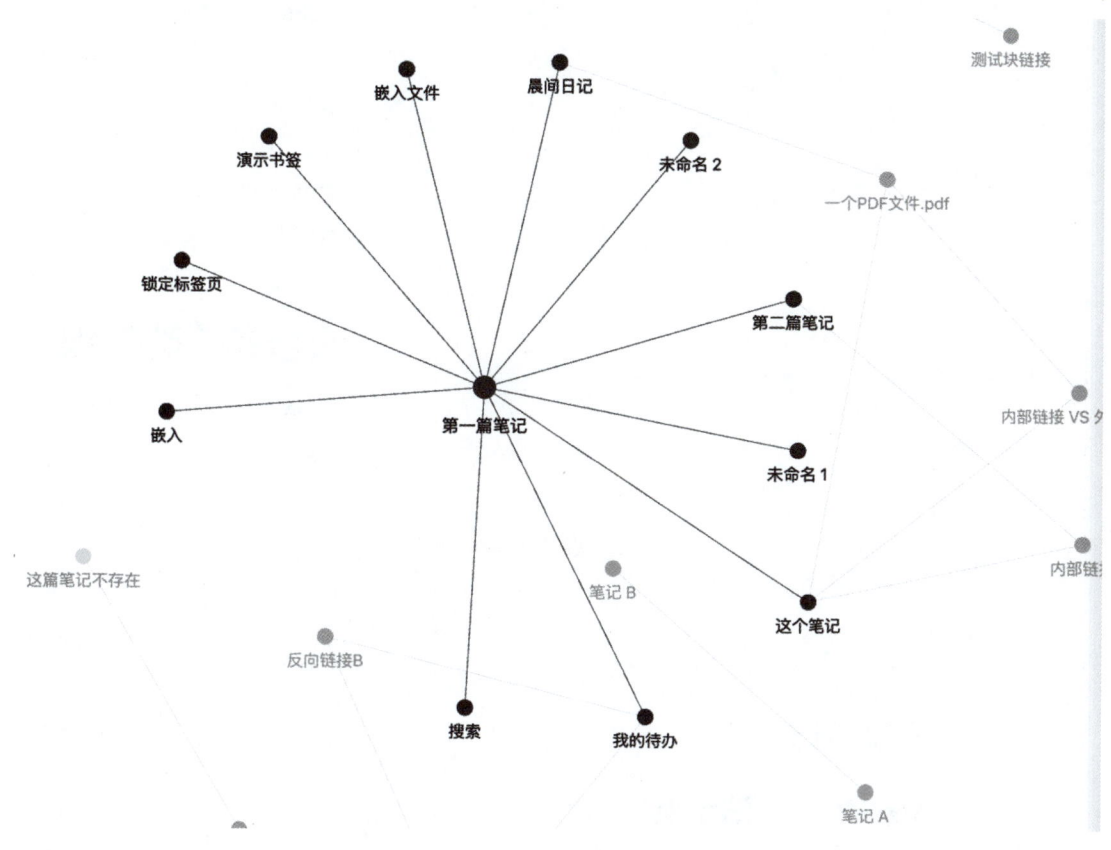

图 6-106　关系图谱

### 1. 设置关系图谱

单击关系图谱右上角的 ⚙ 按钮，打开设置面板，可以对关系图谱的内容、颜色、外观和力度进行调整，如图 6-107 所示。

### 2. 打开局部关系图

关系图谱展示的是整个仓库中所有文件的关系，而局部关系图则专注于当前文件与其他文件的关系，如图 6-108 所示。打开局部关系图的方法有以下两种。

- 在关系图谱中右击某个文件的节点，在弹出的快捷菜单中选择"打开局部关系图"选项。
- 在标签页右击标题或单击"更多选项"按钮，在弹出的快捷菜单中选择"打开当前笔记的..."选项，然后选择"打开局部关系图"选项。

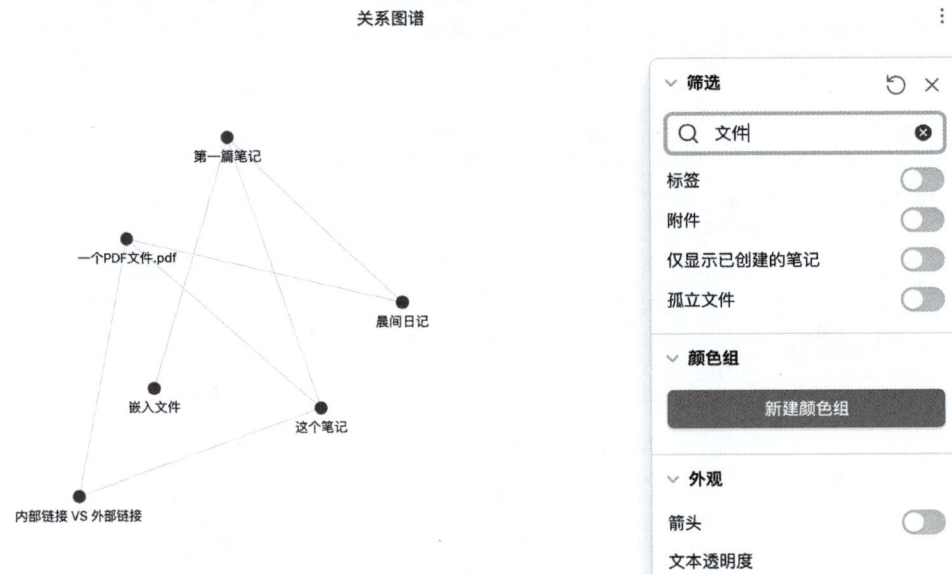

图 6-107　调整关系图谱

图 6-108　局部关系图

## 6.3.7 幻灯片

幻灯片是 Obsidian 的核心插件，它让我们能够快速将笔记内容转换为幻灯片，特别适合需要快速展示内容的场景。

在使用前，需要确保幻灯片插件已经启用。在使用时，可以在文件列表中右击笔记、在标签页右击标题，或单击标签页右上角的"更多选项"按钮，在弹出的快捷菜单中选择"开始演示"选项。

虽然可以直接将笔记作为幻灯片演示，但为了获得更好的演示效果，建议重新设计幻灯片。幻灯片和笔记在内容展示和信息容纳方面有所不同，因此需要根据演示需求进行调整。

幻灯片支持常用的 Markdown 语法，无须特别学习。只需记住，幻灯片的分页符为 ---，用于区分幻灯片。

示例如下。

```
# 使用幻灯片演示

虽然可以直接将笔记作为幻灯片演示，但最好重新设计，毕竟每页幻灯片容纳的信息不多。

---

## 无序列表和强调

- 我是 ** 粗体 **
- 我是 * 斜体 *
- *** 粗斜体用三个星号包裹 ***
- _** 或这样 **_
- ~~ 删除线用两个波浪号包裹 ~~

---

## 图片

![](coffee.png)

---

## 表格

| 序号 | 标题 | 网址 |
| --- | --- | --- |
| 01 | 博客 | http://www.AAA.com |
| 02 | 微博 | http://www.BBB.com |

---
```

幻灯片的效果如图 6-109 所示。

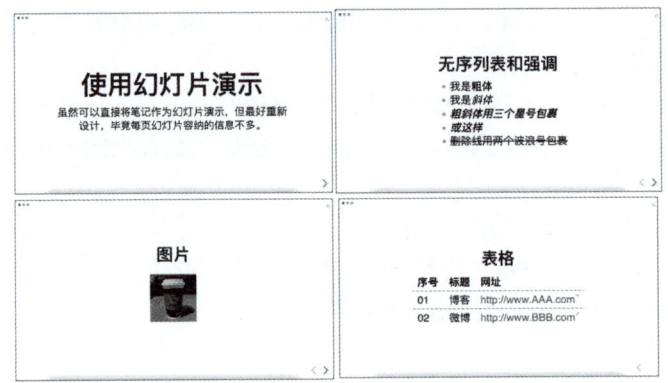

图 6-109　幻灯片的效果

### 6.3.8　漫游笔记

　　漫游笔记是 Obsidian 的核心插件，其设计初衷是帮助用户回顾已有的笔记内容，避免遗忘。通过随机打开笔记，可以从不同的视角重新审视自己的知识库，激发新的思考和灵感。这种功能特别适合那些记录了大量笔记但缺乏定期回顾机制的用户，能够帮助用户有效加强记忆并发现知识之间的隐性联系。

　　使用前，需要确保漫游笔记插件已经启用。使用时，只需单击功能区上的"漫游笔记"按钮 ▣，就可以开始漫游了。每单击一次就会随机切换一篇笔记。

　　如果想按照遗忘曲线进行间隔复习，那么推荐使用第三方插件 Spaced Repetition。

## 6.4　管理文件

### 6.4.1　删除与恢复文件

#### 1. 删除文件

Obsidian 提供了三种删除文件的方式。

- **移至系统回收站**：在默认情况下，删除的文件会被移至系统回收站。如果需要恢复文件，那么只需从回收站中还原即可。
- **移至软件回收站**（.trash 文件夹）：这是 Obsidian 仓库的回收站，与系统回收站独立。如果需要恢复文件，那么可以进入 .trash 文件夹进行操作。
- **永久删除**：彻底删除文件，不可恢复。这种方式适用于确定不再需要的文件。

可以根据需求，在"文件与链接"界面找到"删除文件设置"进行配置。

如果想可视化管理删除到 .trash 中的文件，那么推荐使用第三方插件 Trash Explorer，它让我们能够通过可视化的界面查看、恢复和删除 .trash 中的文件，也支持使用"Empty trash"命令一次性删除所有文件。

#### 2. 恢复文件

恢复文件是 Obsidian 的核心插件，可以在数据意外丢失的情况下恢复笔记数据，防止因误操作、断电或其他原因导致的数据丢失。

在使用前，需要确保文件恢复插件已经启用，并进行了必要的设置。

- **默认设置**：每 5 分钟生成一次快照，保存 7 天。用户可以根据需要自定义相关参数。
- **恢复操作**：如果需要恢复文件，那么可以通过浏览快照来进行。快照功能确保了文件的多版本备份，降低了数据丢失的风险。

在使用时，通过命令面板搜索并执行"文件恢复：打开历史快照"命令，打开快照浏览窗口，输入文件名查看文件快照，如图 6-110 所示。

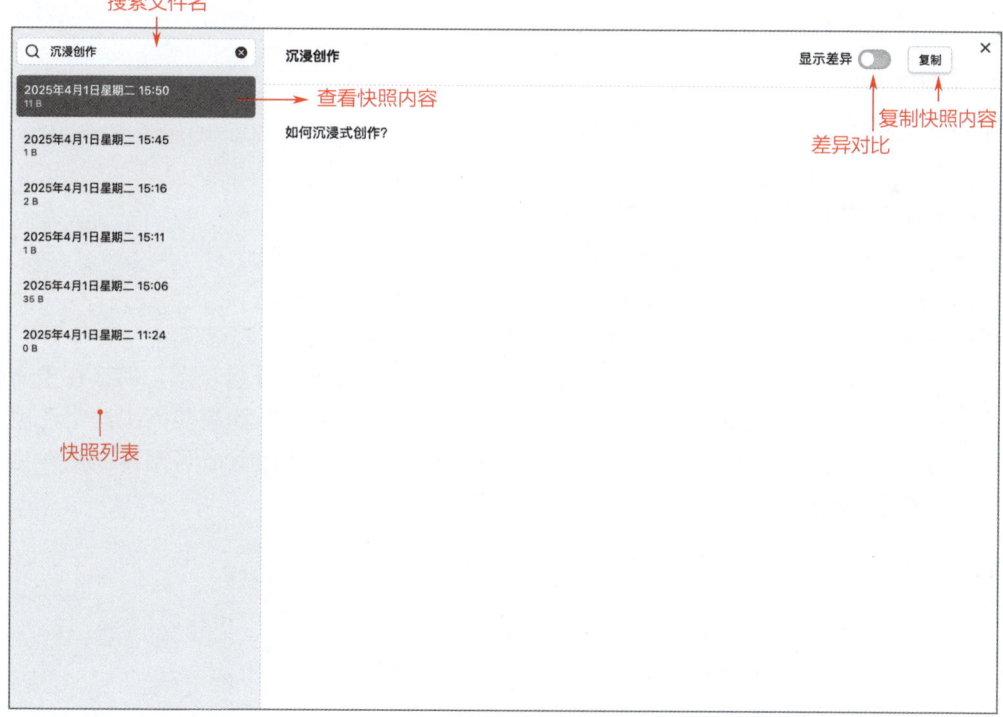

图 6-110　查看文件快照

如果想更简单、直观、灵活地查看历史记录，那么推荐使用第三方插件 Edit History，它支持自动保存编辑历史、便捷地浏览和比较历史记录、多种视图模式展示、灵活的存储管理、外部访问和备份等，如图 6-111 所示。

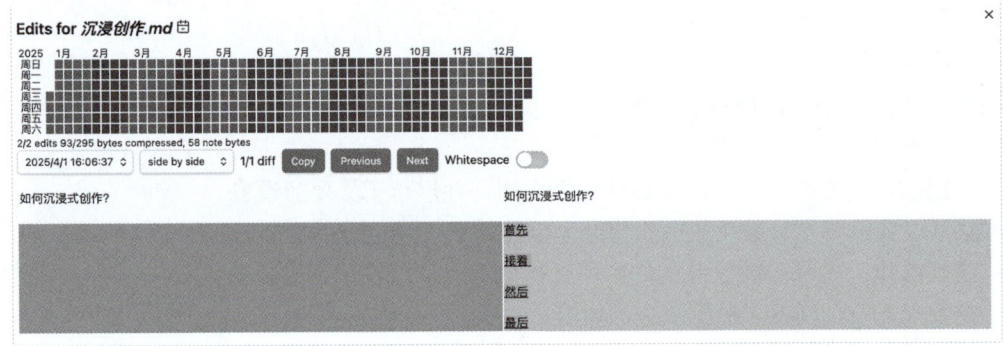

图 6-111　Edit History

## 6.4.2　修改文件

### 1. 修改文件名

在 Obsidian 中重命名文件，主要有以下几种方式。
- 在文件列表中右击文件，在弹出的快捷菜单中选择"重命名"选项。
- 在标签页的标题栏中直接修改文件名。
- 在标签页打开命令面板，搜索"编辑文件名"，或按"F2"键。
- 在标签页右击标题，或单击更多选项，选择"重命名"选项。
- 在编辑器中右击内部链接，在弹出的快捷菜单中选择"重命名"选项。

在文件与链接的设置中，如果"始终更新内部链接"选项处于开启状态，那么在重命名文件时，所有引用该文件的内部链接都会自动更新，如图 6-112 所示。如果关闭了这个选项，则需要手动确认是否更新。建议开启"始终更新内部链接"，因为笔记重命名操作非常常见，开启后所有引用它的链接都会自动更新，非常方便。

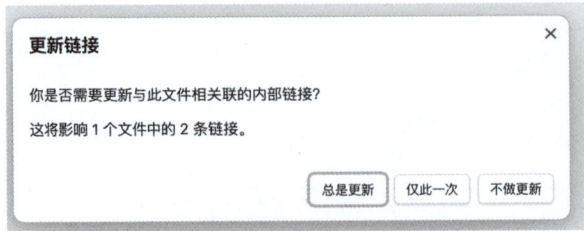

图 6-112　确认更新链接的提示

### 2. 合并笔记和移动内容

当需要将两个笔记合并时，除了传统的复制粘贴，还可以使用合并功能。

例如，将笔记 A 合并到笔记 B 中，操作步骤如下。

- 右击笔记 A 或其标题，在弹出的快捷菜单中选择"将该笔记合并到……"选项。
- 在弹出的笔记选择窗口中，选择笔记 B。
- 合并后，笔记 A 的内容会被追加到笔记 B 的末尾，而笔记 A 会被删除。

如果想将部分内容移动到其他笔记中，那么只需选中内容之后右击，在弹出的快捷菜单中选择"将所选内容移动到其他笔记中"选项。例如，将笔记 A 中选中的内容移动到笔记 B 中，移动后，笔记 A 中的内容会被替换为笔记 B 的内部链接。

### 3. 拖动文件与内容

拖动操作在 Obsidian 中具有极大的灵活性和自由度，支持从文件列表、搜索结果、反向链接和书签中拖动文件。

将文件放到不同的位置，会触发不同的效果。

- 放到文件夹中：移动文件。
- 放到标签页标题的下方：在当前标签页中打开文件。
- 放到标签页标题的旁边：在新标签页中打开文件。
- 放到标签页的编辑区：插入文件的内部链接。
- 放到标签组中：在标签组中打开文件。
- 放到书签中：添加到书签。

此外，还可以将外部的内容或文件拖动到 Obsidian 中。例如，将选中的网页内容拖动到 Obsidian 笔记中，网页会被转换为 Markdown 格式；将选中的外部文件拖动到 Obsidian 笔记中，文件会被保存在附件中。在编辑器中，也可以选中内容后进行自由拖动，调整起来非常灵活。

## 6.4.3 使用标签

标签功能提供了非常强大的文件组织和检索能力，使用标签可以对笔记及其内容进行多维度的分类，也可以快速找到特定的主题或想法。

在 Obsidian 中创建标签有两种方法，如图 6-113 所示。

- 在属性中添加标签。
- 在笔记中通过输入"#+ 标签名"添加标签。请注意，# 之后没有空格，否则就变成了 Markdown 标题。

标签可以包括单个或多个标题，也可以嵌套标题。嵌套标签的语法是 #+ 主标签 + /+ 子标签。如下所示。

# 科普 / 物理

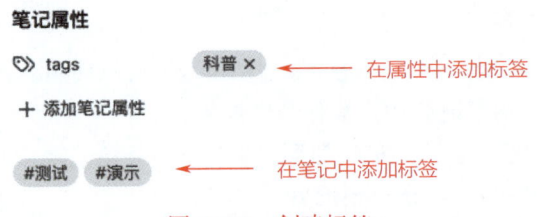

图 6-113 创建标签

注意，/（斜杠）被用于标签嵌套，标签中支持的符号只有 -（短横）和 _（下画线）。另外，标签中使用数字，但不允许全都是数字。例如：#123 是不允许的，# 第 1 个是允许的。

标签列表是 Obsidian 的核心插件，能够查看仓库中的所有标签。在使用前，需要确保该插件已经启用。在使用时，只需单击右侧边栏的标签按钮 即可打开标签列表。该插件支持对标签进行排序、折叠和展开、显示嵌套情况以及筛选等功能。单击标签，会在左侧边栏显示标签搜索结果，便于查看相关笔记，如图 6-114 所示。

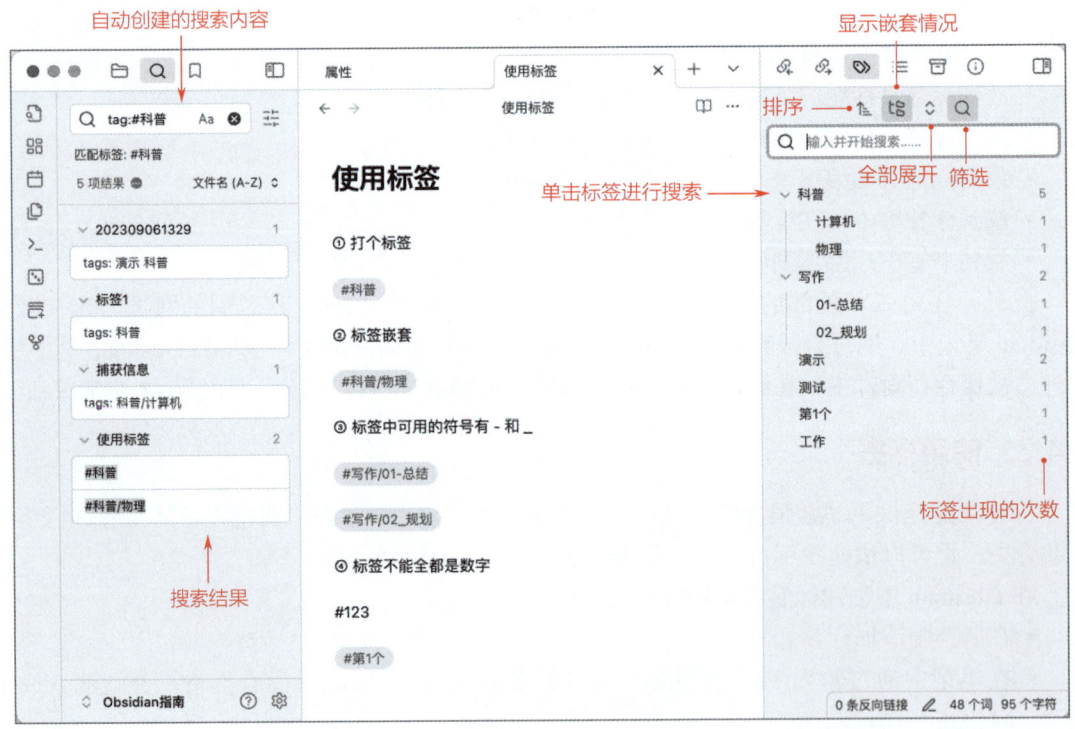

图 6-114 标签操作

关于标签的建议如下。

- **保持一致性**：使用相同的标签名称表示相似的概念，避免差异或混淆。

- **有层次结构**：创建有层次结构的标签系统，以便更好地组织内容。
- **限制数量**：确保每个标签都有明确的用途，让标签的数量在可管理的范围内，避免标签过多造成混乱。

### 6.4.4 添加属性

笔记属性以键-值对的形式为笔记添加元数据（标签、分类、创建日期等），使笔记内容更结构化，便于后续通过插件（如 Dataview）对数据进行自动化查询、统计和展示。通过定义统一的属性（项目状态、优先级），可以建立跨笔记的逻辑关联，辅助构建知识网络，提升双向链接的实用性。

可以通过可视化界面或编写 YAML 格式的源码来编辑笔记属性。

在源码模式下添加属性，只需在笔记开头输入 ---，然后按照 YAML 格式编写属性即可。

示例：

```
---
tags:
  - 演示
  - 案例
aliases: 一个别名
---
```

切换到实时预览模式的效果如图 6-115 所示。

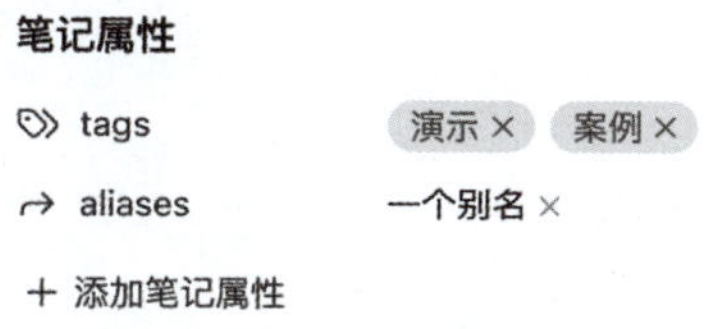

图 6-115　切换到实时预览模式的效果

在实时预览模式下，可视化编辑笔记属性更直观一些。可以通过以下三种方式打开属性编辑界面。

- 输入 ---，系统会自动弹出属性编辑界面。
- 使用快捷键 Command＋;（macOS 系统）或 Ctrl＋;（Windows/Linux 系统）。
- 右击笔记标题，在弹出的快捷菜单中选择"增加笔记属性"选项。

一个属性由属性名称、属性类型和属性值三个元素组成。内置属性的名称和类型是定义好的，不可修改。自定义属性则可以按需选择。

Obsidian 提供了三个内置属性，如图 6-116 所示。

- **aliases（别名）**：为笔记设置别名。

- cssclasses（样式）：为笔记添加自定义样式。
- tags（标签）：为笔记添加标签以便分类。

图 6-116　内置属性

对于内置属性，直接选择属性名称即可添加属性值。对于自定义属性，需要先添加属性名称，再设置属性类型，最后为属性赋值。可选的属性类型包括文本、列表、数字、复选框、日期，以及日期 & 时间。

例如，自定义一个截止日期的属性。先添加属性名"截止日期"，单击类型按钮 ≡，在弹出的属性列表中选择"日期"选项，然后设置属性值，如图 6-117 所示。

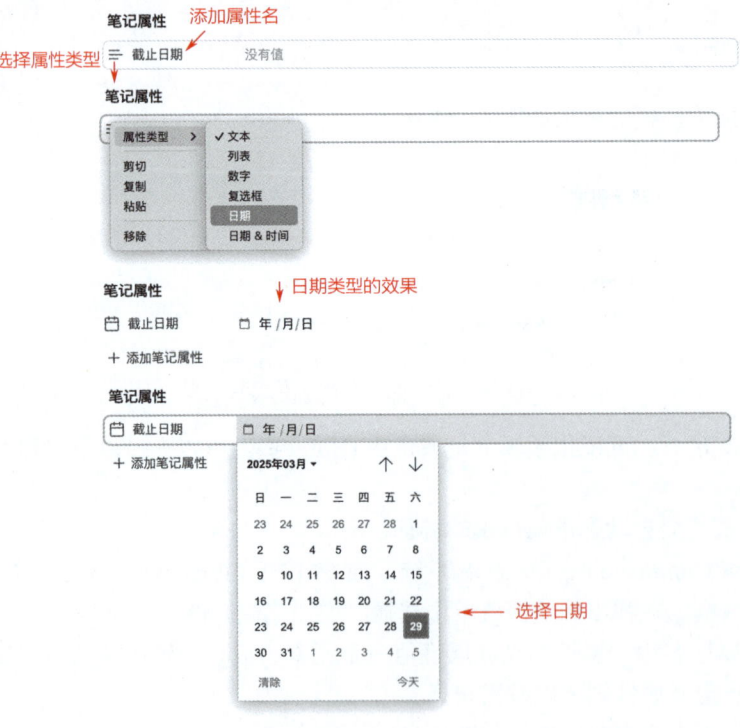

图 6-117　自定义截止日期属性

其他类型的属性如图 6-118 所示。

**1. 属性列表**

属性列表是 Obsidian 的核心插件，使用前，需要确保该插件已经启用。它可以快速浏览和编辑当前笔记或整个仓库中所有笔记的属性，从而更高效地组织和检索信息。

属性列表提供了两个侧边栏标签页，用于管理笔记属性，如图 6-119 所示。

- **显示当前笔记的属性列表**：在命令面板选择"属性列表：显示当前笔记的属性列表"选项，在此查看和编辑属性与在编辑器中是一样的。
- **显示所有笔记属性**：在命令面板选择"属性列表：显示所有笔记属性"选项，可以对仓库中的所有属性进行批量管理，包括查看、筛选、重命名、切换和去除类型。

图 6-118 其他类型的属性

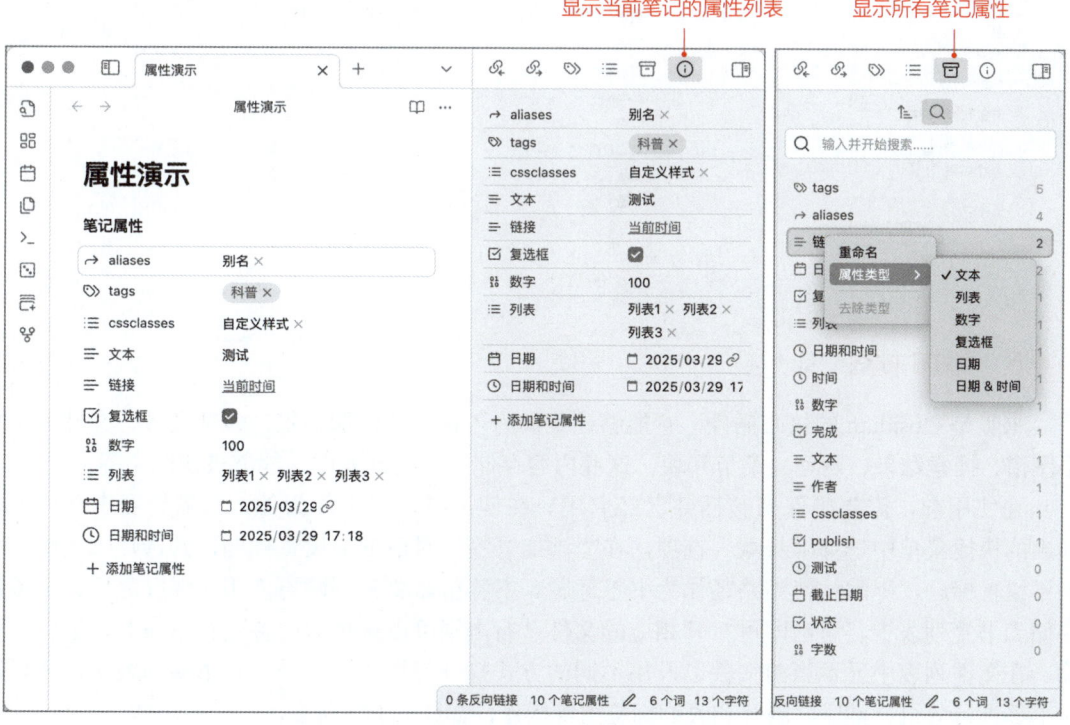

图 6-119 属性列表

#### 2. 搜索属性

在显示所有笔记属性列表中，单击属性名称即可搜索仓库中所有带有该属性的笔记。也可以打开全局搜索，在搜索选项中选择"匹配笔记属性"选项，在弹出的属性列表中选择属性名称进行搜索，如图 6-120 所示。

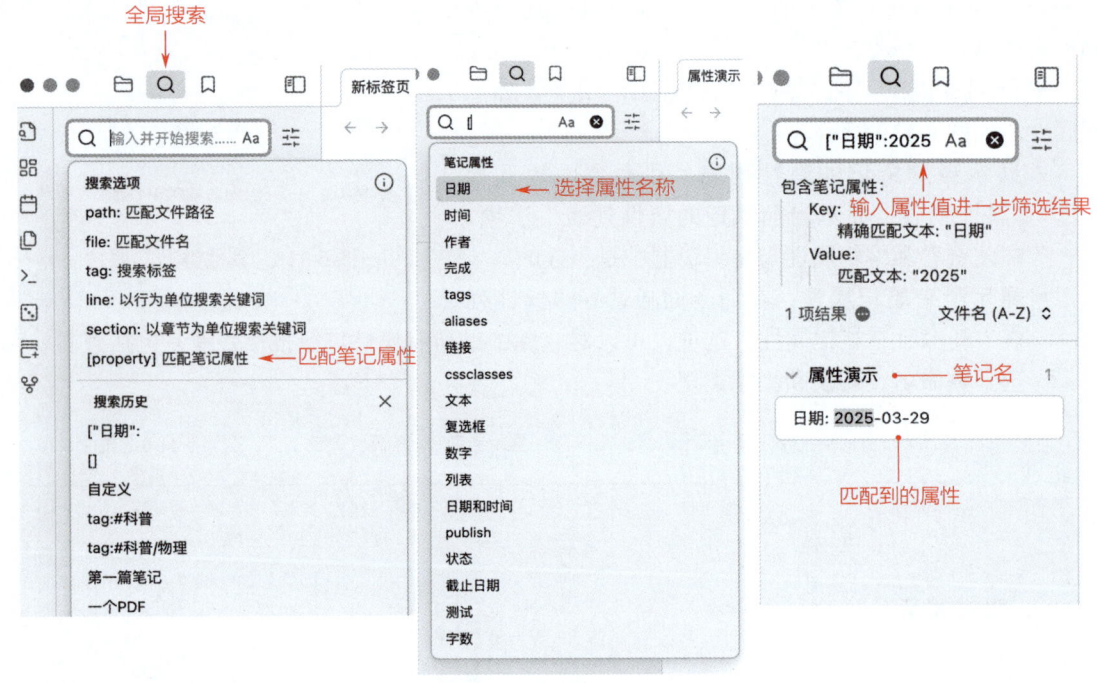

图 6-120　搜索属性

### 6.4.5　添加书签

书签是 Obsidian 的核心插件，它能够让我们为各种内容添加书签，包括文件、文件夹、关系图谱、搜索结果、网址、章节和块。这些内容存储在书签列表中，能够被快速访问。

在使用前，需要确保书签插件已经启用。在使用时，以文件为例，只需要右击文件，在弹出的快捷菜单中选择"收藏"选项，在"添加书签"对话框中设置标题，并选择书签组。如果不设置标题，则默认使用路径作为书签标题。书签组需要先创建再使用。保存之后，书签被存储到书签列表中，单击即可打开相应的文件，右击则可以选择对书签进行重命名、编辑、移除、在文件列表中显示当前文件以及用不同的方式打开等操作。另外，在书签列表中，还可以对书签进行分组、排序、展开和收缩标签组等操作，如图 6-121 所示。

# 第 6 章 现代化写作工具：Obsidian

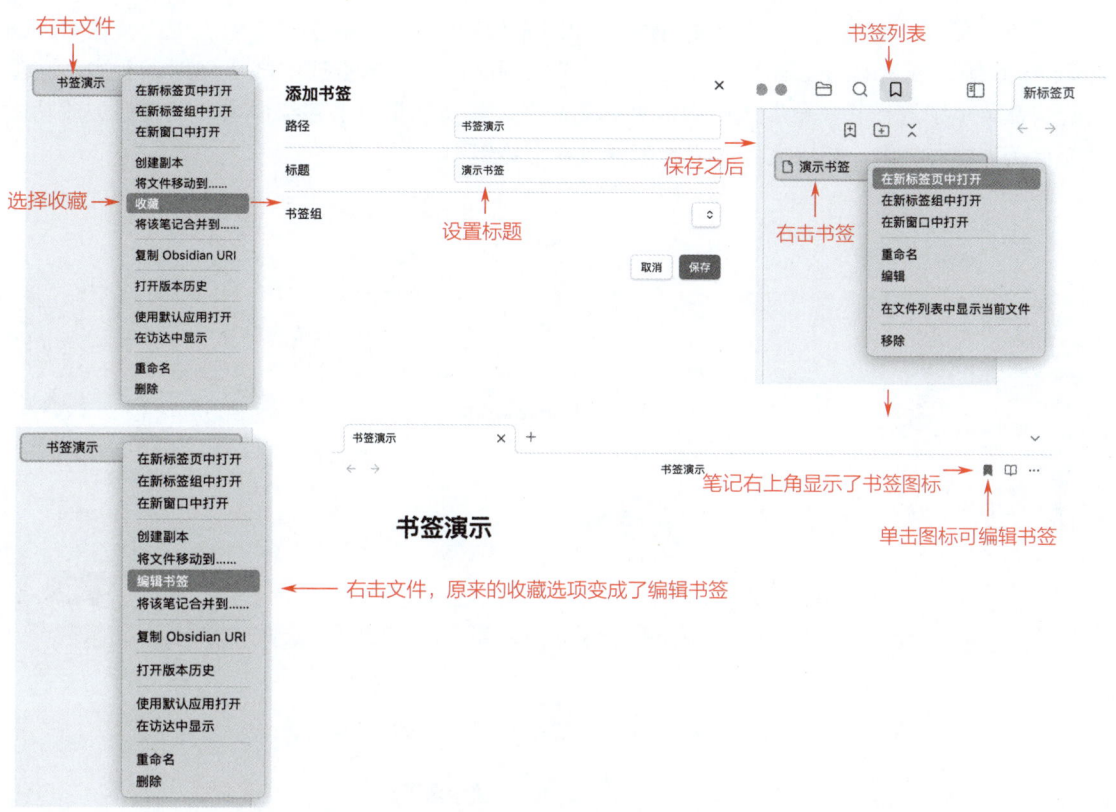

图 6-121　书签插件

可以为不同类型的内容添加书签，在书签列表中显示不同的图标，以便更好地进行区分，如图 6-122 所示。

图 6-122　不同类型的书签图标

另外，可以同时为多个文件添加书签，如图 6-123 所示。只需在文件列表中，按住 Option（macOS 系统）或 Alt（Windows/Linux 系统）键的同时，通过单击选中多个文件。右击，在弹出的快捷菜单中选择"收藏"选项后，对标题命名，其实就是对书签组命名。书签添加成功之后会自动创建书签组，相应文件的书签都存放在书签组中。

图 6-123　为多个文件添加书签

值得一提的是，除了通过书签列表打开书签，还可以像快速打开文件一样，通过快速切换功能打开书签，如图 6-124 所示。

第 6 章 现代化写作工具：Obsidian

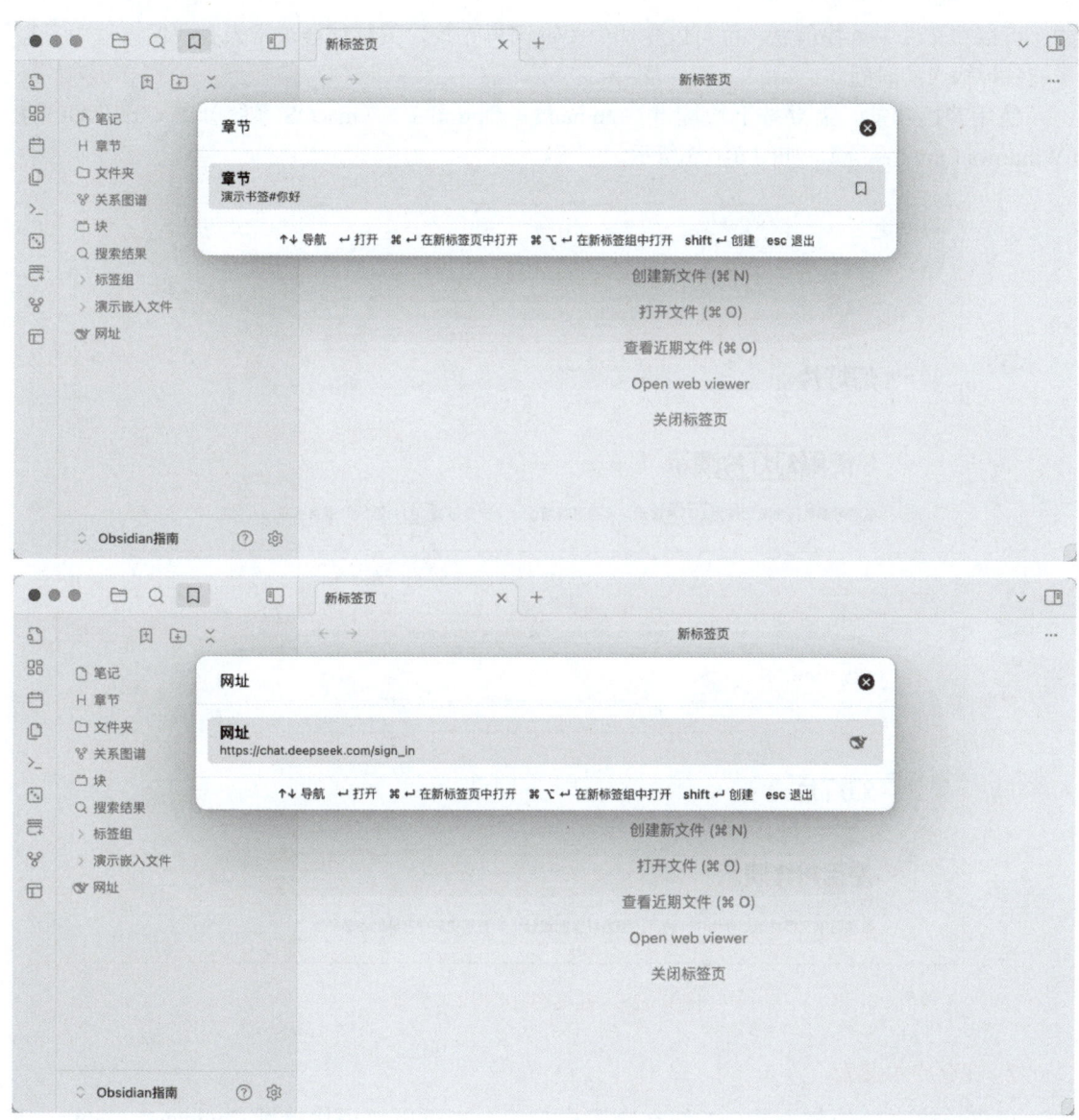

图 6-124 通过快速切换功能打开书签

## 6.4.6 搜索文件

**1. 在文件中查找**

使用快捷键 Command + F（macOS 系统）或 Ctrl + F（Windows/Linux 系统）调出查找功

能，可以在文件中查找信息。也可以先选中关键词再查找，关键词会被带入查找输入框中，这样能省掉输入的时间。

使用替换功能，需要按下快捷键 Command + Option + F（macOS 系统）或 Ctrl + Alt + F（Windows/Linux 系统），如图 6-125 所示。

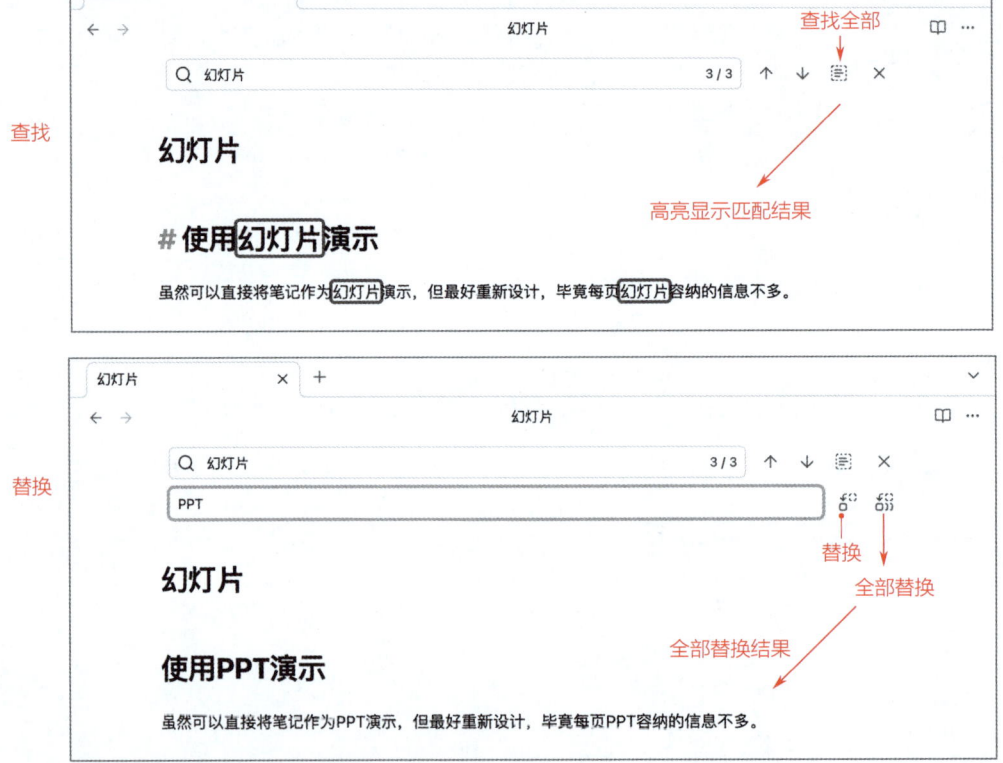

图 6-125 在文件中查找与替换

### 2. 在仓库中搜索

可以单击左侧边栏上的 Q 按钮在仓库中搜索，也可以使用快捷键 Command + Shift + F（macOS 系统）或 Ctrl + Shift + F（Windows/Linux 系统）打开搜索界面，如图 6-126 所示。

搜索界面上能够看到搜索框及以下内容。

- 区分大小写：在默认情况下是不区分大小写的，如搜索关键词 Markdown 和 markdown 的结果是一样的。如果开启，则会精准匹配关键词的大小写。
- 搜索设置：提供了折叠搜索结果、显示更多上下文、说明搜索含义的开关。
- 搜索选项：提供了常用的搜索运算符，让搜索更精准。

- 搜索历史：可以快速复用历史搜索记录。

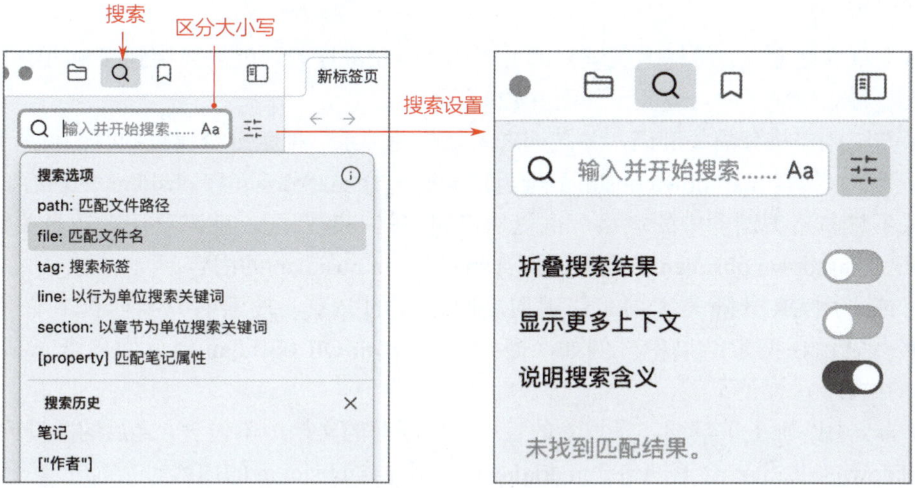

图 6-126 搜索界面

在搜索框中输入关键词就可以搜索整个仓库了，也可以在笔记中右击选中的关键词，在弹出的快捷菜单选择"查找'你选中的关键词'"选项进行搜索，这样会将关键词直接带到搜索框中。

搜索结果会将所有匹配的内容都显示出来，可以通过"搜索设置"来调整要显示的搜索结果，如图 6-127 所示。

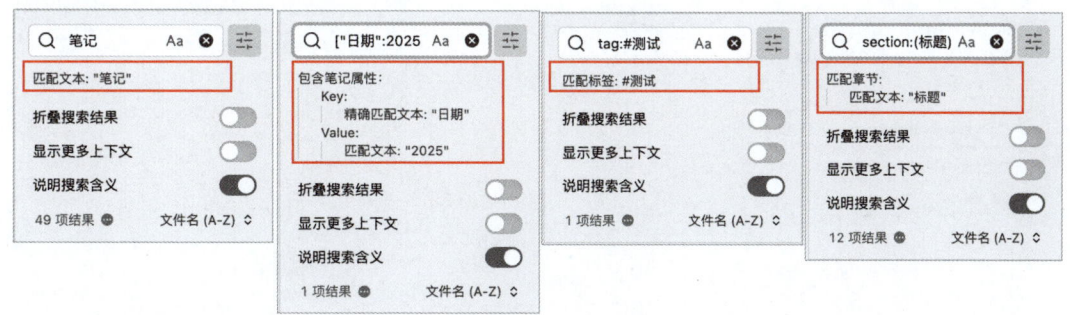

图 6-127 搜索设置

- 折叠搜索结果：将所有结果折叠起来，只显示文件名称，当搜索结果过多时，建议开启此功能。
- 显示更多上下文：显示搜索结果周围更多的文本。
- 说明搜索含义：分解搜索的关键词及运算符，并以纯文本的形式进行解释，这对于理解搜索运算符非常有帮助。

### 3. 搜索语法

对于简单的搜索，直接输入关键词即可；如果想精准搜索，就需要用到搜索语法了。

首先看看比较简单的与或非，如图 6-128 所示。

（1）与。用空格分隔关键词，关键词之间是与的关系，搜索时会匹配同时包含所有关键词的内容。例如，搜索 markdown obsidian 会返回同时包含 markdown 和 obsidian 的内容。

如果不想忽略关键词中的空格，也就是连同空格一起匹配，就需要用 " 包裹关键词。例如，搜索 " markdown obsidian " 会返回包含 markdown obsidian 的内容。

（2）或。用 OR 分隔关键词，关键词之间是或的关系，搜索时只要匹配到任何一个关键词，都会显示在搜索结果中。例如，搜索 markdown OR obsidian 会返回包含 markdown 或 obsidian 的内容。

（3）非。用 - 加上关键词，是排除的意思，即匹配的文档中不包含 - 之后的关键词。例如，搜索 markdown -obsidian 会返回包含 markdown 但不包含 obsidian 的内容。

如果要排除多个关键词，则要加多个 - 关键词。例如，markdown -obsidian -ob -note，表示搜索包含 markdown 且不包含 obsidian、ob、note 任意一个的内容。

如果改成 markdown -(obsidian ob note)，意思就成了搜索 markdown，但不同时包含 markdown、ob 和 note 的内容。

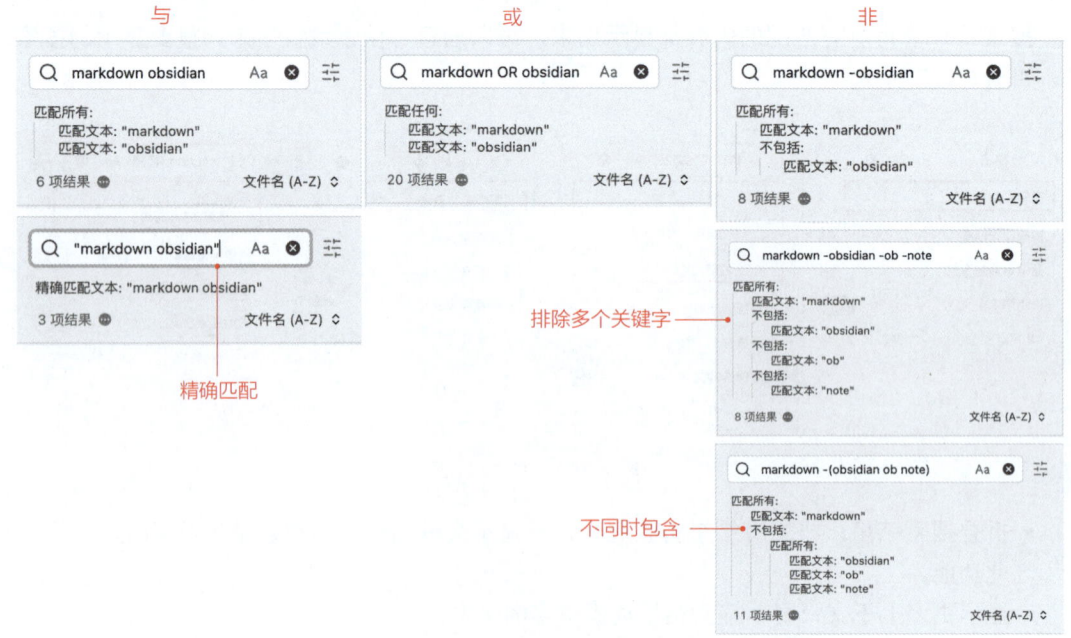

图 6-128　比较简单的与或非示例

稍微复杂一点儿的语法是控制表达式的优先级、转义和正则表达式。
- 控制优先级：当表达式比较复杂时，可以使用括号控制表达式的优先级。例如，(markdown OR obsidian) ( 笔记 OR note)。
- 字符转义：使用 \（反斜杠）来转义。
- 正则表达式：正则表达式需要使用 / 包裹起来，例如，/^[0-9]/。

#### 4. 搜索运算符

搜索运算符支持更细粒度的搜索，以便更好地过滤搜索结果，如表 6-3 所示。

表 6-3 搜索运算符

| 搜索运算符 | 说明 | 示例 |
| --- | --- | --- |
| file: | 匹配文件名 | 搜索文件名中包含"第一"的所有文件：file: 第一 |
| path: | 匹配文件路径 | 搜索文件路径中包含"imgs"的所有路径：path:imgs |
| content: | 匹配文件内容 | 搜索文件中包含"markdown"的所有文件内容：content: markdown |
| match-case: | 匹配时区分大小写 | 搜索 Markdown，区分大小写：match-case:Markdown |
| ignore-case: | 匹配时不区分大小写 | 搜索 markdown，不区分大小写：ignore-case:markdown |
| tag: | 搜索标签 | 搜索包含 Python 的标签：tag:#Python |
| line: | 以行为单位搜索关键词 | 搜索同时包含 markdown 和 obsidian 的行：line: (markdown obsidian) |
| block: | 以块为单位搜索关键词 | 搜索同时包含 markdown 和 obsidian 的块：block: (markdown obsidian) |
| section: | 以章节为单位搜索关键词 | 搜索同时包含 markdown 和 obsidian 的章节：section: (markdown obsidian) |
| property | 匹配笔记属性 | 搜索名为"任务状态"，值为"进行中"的笔记属性：[ " 任务状态 " : 进行中 ] |
| task: | 匹配任务列表 | 搜索包含"开发"的任务列表：task: 开发 |
| task-todo: | 匹配待办任务 | 搜索包含"开发"的待办任务：task-todo: 开发 |
| task-done: | 匹配已完成任务 | 搜索包含"开发"的已完成任务：task-done: 开发 |

搜索表达式由关键词、语法和运算符组成，语法与运算符可以结合使用。例如，搜索以数字开头的文件名：file: /^[0-9]/ 就用到了运算符和正则表达式。

如果觉得输入运算符比较麻烦，则可以单击"搜索输入框"按钮，在弹出的搜索选项中选择要用的搜索运算符，简单便捷，如图 6-129 所示。

若想复制或收藏搜索结果，那么只需单击搜索结果项右边的 按钮，然后进行选择。这对于批量整理笔记或导航某些类别的笔记特别有帮助。

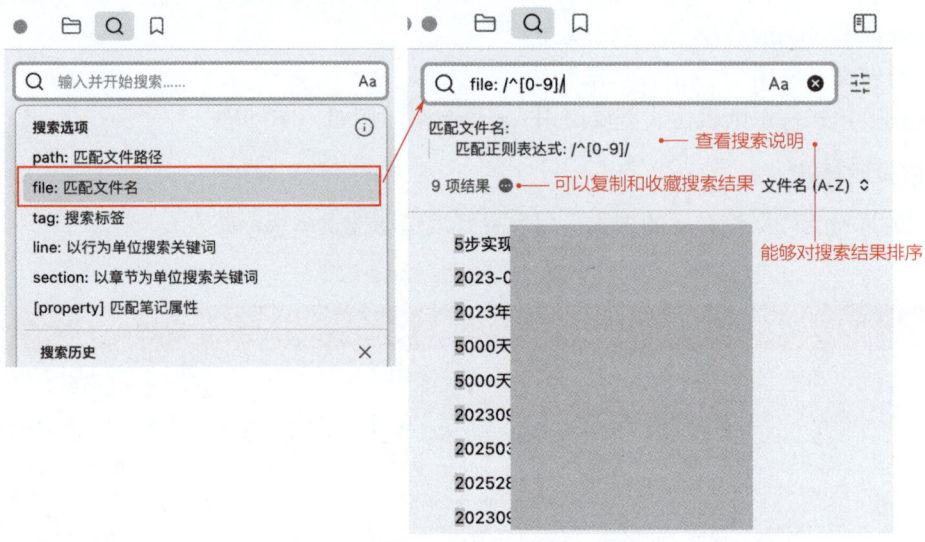

图 6-129 搜索选项

如果你经常在 Obsidian 中创建和搜索包含中文的笔记，并且习惯使用拼音输入法，那么推荐使用第三方插件 Fuzzy Chinese Pinyin，它支持中文拼音搜索，能够使用全拼、拼音首字母等方式来模糊搜索中文内容。

### 6.4.7 导出文件

#### 1. 导出为 PDF

Obsidian 默认支持导出 PDF，右击标签页的标题，在弹出的快捷菜单中选择"导出为 PDF"选项，在"导出为 PDF"对话框中进行必要的设置后，单击"导出"按钮即可，如图 6-130 所示。

#### 2. 导出为图片

若想导出图片，则推荐使用第三方插件 Export Image plugin，它提供了将笔记复制为图片和导出图片的功能。在使用时，只需右击笔记，在弹出的快捷菜单中选择"导出为图片"选项即可，如图 6-131 所示。

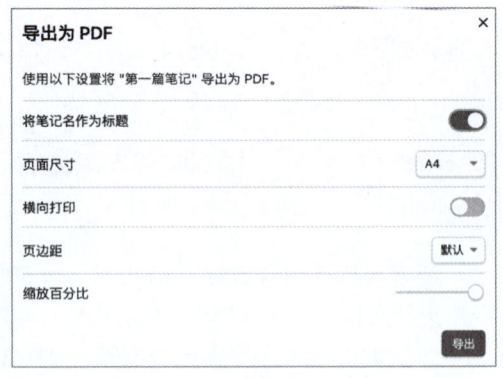

图 6-130 导出为 PDF 设置

图 6-131　导出为图片预览

### 3. 导出为其他格式

若想导出更多格式，则推荐使用第三方插件 Enhancing Export，它提供了导出为 Word（.docx）、Html、Epub 等格式的功能，但前提是已经安装了 Pandoc。在使用时，只需右击笔记的标签页，在弹出的快捷菜单中选择"导出为...."选项，然后在弹出的"导出为 Word（.docx）"对话框中选择导出的文件类型即可，如图 6-132 所示。

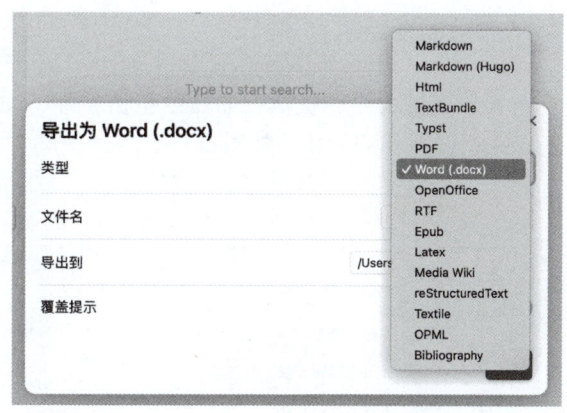

图 6-132　Enhancing Export

## 6.5　管理 Obsidian

### 6.5.1　工作区

工作区是 Obsidian 的核心插件，能够保存和切换当前窗口的布局和打开的笔记状态。它支持多种布局方式，包括标签页、侧边栏和拆分窗口，帮助用户快速恢复特定的任务环境，无须每次都手动调整布局。

可以为不同场景设置相应的布局方式，比如在写作、阅读、学习和演示时分别使用不同的布局方式。当切换场景时，一键加载即可。

在使用前，需要确保工作区插件已经开启。在使用时，布局的新增、删除和加载（切换）可以通过单击功能区的管理工作区布局按钮 实现，如图 6-133 所示。

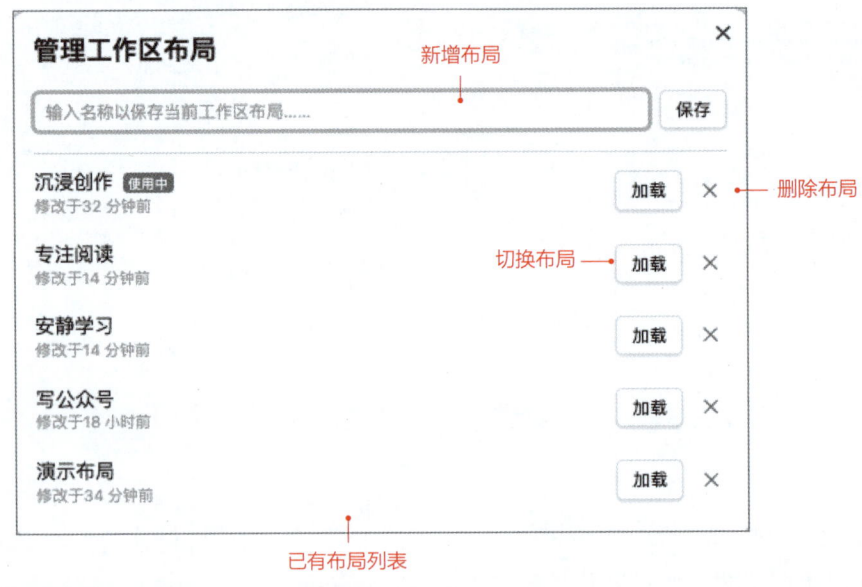

图 6-133　管理工作区布局

可以通过命令面板执行的命令包括管理、加载、更新和保存布局，输入"工作区"将其筛选出来，选择相应的指令执行即可。更便捷的方式是为这些命令设置快捷键，如图 6-134 所示。

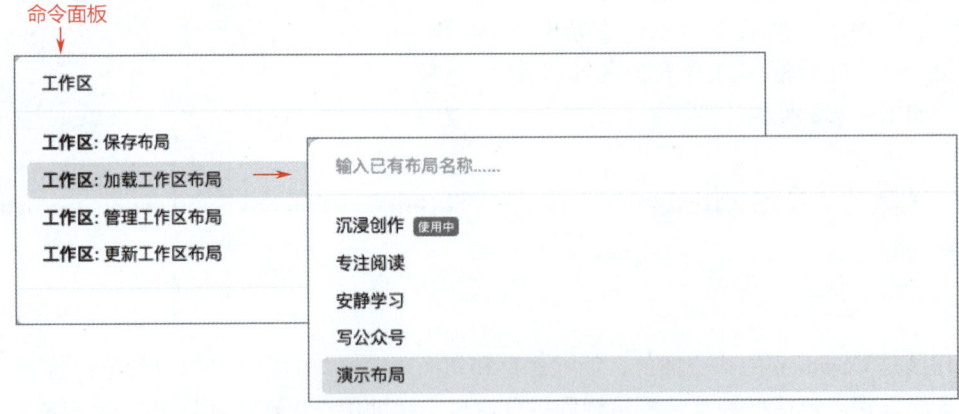

图 6-134　工作区命令面板

## 6.5.2 更新与账户

### 1. 更新

在默认情况下,Obsidian 会自动进行软件更新,并在完成后弹出更新日志窗口。这种机制能够确保不会错过重要的升级,同时能够让用户快速了解更新的细节。

若想手动控制更新,那么可以在"关于"选项卡中关闭"自动更新"开关。当想更新时,单击"检查更新"按钮即可。若想查看更新了什么内容,则需要单击"阅读更新日志"按钮,如图 6-135 所示。

### 2. 账户

Obsidian 是一款本地 Markdown 编辑器和知识管理工具,无须登录即可使用。但如果需要使用 Obsidian 的同步服务或发布功能,就需要登录账户并购买相应的服务了。

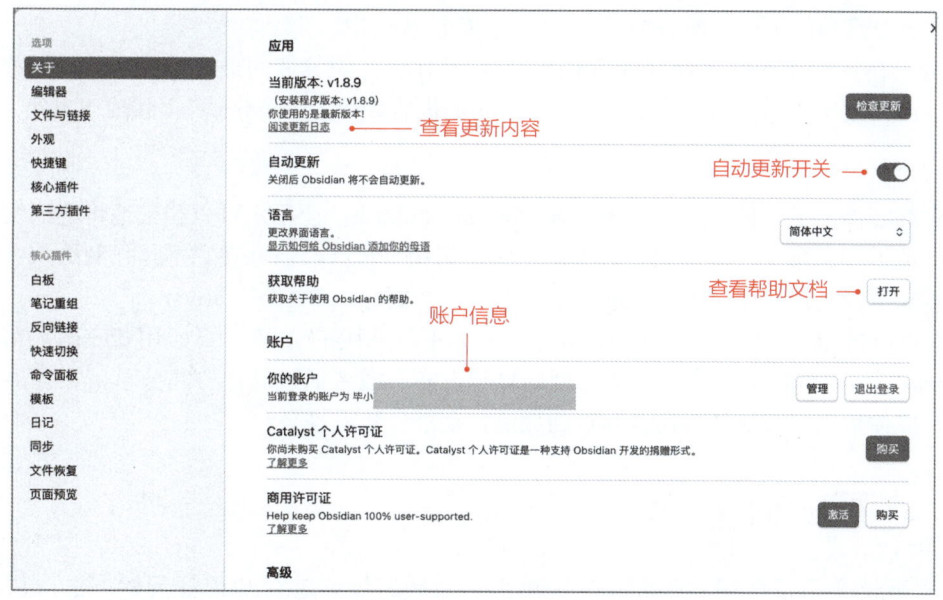

图 6-135 关于选项卡

## 6.5.3 管理仓库

### 1. 打开仓库

在欢迎界面对仓库进行管理,可以通过以下方式进入。

- **左侧边栏**:单击底部的仓库名,在弹出的列表中选择"管理仓库..."选项。
- **菜单栏**:选择"File" → "Open Vault..."菜单命令。

- **命令面板**：搜索"仓库"并执行"打开其他仓库"命令。

如果想快速打开其他仓库，则可以单击左侧边栏底部的仓库名，在弹出的列表中选择其他仓库。也可以在菜单栏中选择"File"→"Open Recent"菜单命令，从历史记录中选择其他仓库。

2. 迁移仓库

直接复制粘贴整个仓库即可迁移仓库。但如果只是想将某个仓库的配置，包括插件和主题等，迁移到其他仓库复用，则需要在 .obsidian 文件夹中复制相关文件。需要注意的是，.obsidian 文件夹可能是隐藏的。

3. 同步仓库

同步仓库并非刚需，它不仅会增加安全风险，还提高了使用成本。

如果要用此功能，则在预算充足的情况下，推荐使用官方的 Obsidian Sync；若担心成本，那么也可选择其他云平台（如坚果云、iCloud）的同步方案。

如果只在一台计算机上使用 Obsidian，并将其作为知识管理的最终归宿，就不用考虑同步了。只需用其他支持同步的软件替代还在编辑中的内容即可，如 flomo、语雀或飞书等。

4. 发布仓库

Obsidian 提供了一种特色的发布服务 Obsidian Publish，让用户可以轻松地将笔记发布到网上，极大地方便了愿意分享的用户。该服务的费用相对较高，但好在它不是强制的，可以根据自己的需求选择是否使用。可替代这一服务的第三方插件是 Digital Garden。

Obsidian 的笔记都是基于 Markdown 的，有许多替代的方案，例如用 docsify、MkDocs、Docusaurus、Hexo 和 Hugo 等搭建博客网站自行发布，或者通过其他方式分享，如导出为 PDF 或图片，或使用第三方插件将内容同步到微信公众号、知乎等平台。

## 6.6 本章总结

本章系统介绍了使用 Obsidian 这款现代化工具高效地进行知识管理的方法，从界面布局、插件管理、外观设置，到文件的创建、编辑、链接、查看和管理，丰富且全面，不仅有具体的使用场景、功能的操作步骤和技巧，还有进阶的建议。通过对本章的学习，读者可以对 Obsidian 有全面而深刻的理解。

需要注意的是，Obsidan 虽好，但不要过度探索，应该将主要精力放在内容创作上，只有当需求无法被满足时，才去寻求更好的解决方案。

# 实 践 篇

# 第 7 章
# 搭建你的笔记系统

知识是需要管理的，否则就是零散的信息，记不住，也用不起来。搭建笔记系统的目的在于，将碎片化的信息转化为系统化的知识。信息经过处理后变为知识，相互连接后，构建起多维的知识网络，也就是知识体系。这个体系不仅仅是信息的堆积，更是建立在深刻理解基础上的有机联系与灵活运用。笔记系统正是搭建这种知识体系的工具，它帮助我们通过科学的记录、整理、存储和检索方法，将采集的信息、所学的知识及思考的结果系统化地管理起来。

本章将详细介绍如何使用 Obsidian 搭建一套高效的笔记系统。

## 7.1 搭建笔记系统的结构

### 7.1.1 梳理知识管理的流程

知识管理的本质可以概括为一个动态循环：输入—处理—输出。

- **输入**：从不同渠道收集信息，不管是看到的、听到的还是想到的，都是信息，全部纳入知识池。
- **处理**：对信息进行筛选和整理，剔除无用的，吸收有用的，并将其融入自己的知识体系。
- **输出**：将沉淀的知识用于实践和分享，通过应用验证其有效性，并在实践中迭代升级。

结合 GTD（Getting Things Done）方法，知识管理的流程可以进一步细化为以下七个步骤，如图 7-1 所示。

**步骤 1：信息采集**。将所有信息（任务、灵感、笔记、资料等）集中到一个固定的"知识仓库"，彻底清空大脑，借助工具减轻记忆负担，确保无遗漏。

**步骤 2：信息筛选**。定期筛选采集的信息，判断其价值，决定是删除还是进一步处理。对于两分钟内能完成的任务立即处理，否则排期处理。

步骤 3：信息处理。按计划处理信息，完成文章创作、待办任务、完善灵感和想法等。最好先定义完成任务的标准，以防拖延。要相信，完成比完美重要，知识是需要迭代的，别想着一次就尽善尽美。

步骤 4：分类归档。将已处理的信息系统化管理起来，变成知识和资源，通过标签、链接、属性等方式，确保能够快速地检索和调用信息。

步骤 5：定期回顾。随着个人的成长、环境的变化、认知的升级和经验的积累，知识库也需要随之迭代更新。通过定期检查回顾，确保知识库的准确性、时效性和实用性。

步骤 6：应用实践。将知识融入日常工作与生活，用于解决问题、提高效率，并在复盘过程中将经验反哺到知识体系中。

步骤 7：分享交流。通过写作、沟通和培训等方式，将知识分享出去，不仅能巩固记忆，加深理解，还能获得不同视角的反馈，持续校准、查漏补缺。

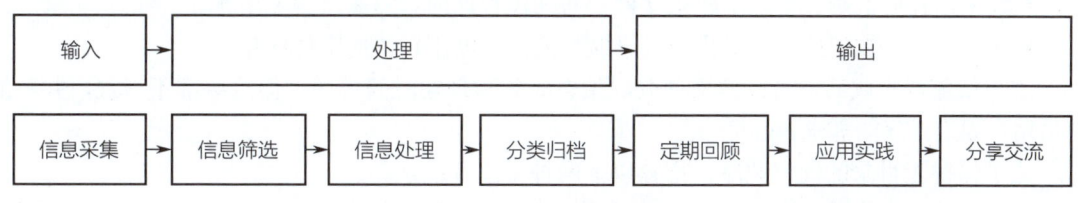

图 7-1　知识管理的流程

由此可见，知识管理不是静态的存储，而是一个持续优化的动态循环。输入是积累，处理是内化，输出是升华。只有将知识付诸实践并不断迭代，其价值才能真正显现。

### 7.1.2　搭建笔记系统的主目录

在明确了知识管理的核心流程后，接下来需要设计一个清晰的笔记系统主目录，这是实现高效信息管理的关键。主目录不仅是知识的分类框架，更是固化管理流程的工具，能够帮助我们降低决策负担，养成系统化管理的习惯。

信息组织的底层逻辑可以参考 P.A.R.A 模型，这是一种广受认可的信息组织方法，其核心是将信息按以下四个维度分类：

- 项目（Project）：短期任务，有明确目标和截止时间，如写书、旅行计划或季度复盘。
- 领域（Area）：长期关注的领域，如心理学、知识管理或技术研究。
- 资源（Resource）：可能随时用到的素材，包括灵感、摘录、书籍、工具模板等。
- 存档（Archive）：已完成或停止的任务及资料，避免干扰当前工作，同时便于日后检索。

P.A.R.A 模型的优势在于结构清晰，但其分类粒度较粗，难以完全适配 Obsidian 等工具的深度管理需求。因此，结合 Obsidian 的特性及个人使用习惯，可以进一步细化主目录。

下面是结合了 P.A.R.A 模型和知识管理流程优化后的主目录，既保留了分类的逻辑性，又增强了动态管理能力。

- 日常记：存放周期性笔记，如日记、周报、月报等，形成时间线管理。
- 收件箱：作为信息的入口，存放采集到的所有原始素材，确保信息不遗漏。
- 工作台：信息处理的核心区域，存放待处理和正在处理的内容，状态通过属性标识（如"进行中""待完成"）。
- 清单库：存放各类清单，如愿望清单、读书清单、问题清单等，便于快速检索和执行。
- 知识库：按领域分类归档的核心知识，定期回顾和更新，确保知识的时效性。
- 经验库：存放实践应用的笔记，按工作、生活、学习等维度分类，沉淀经验。
- 分享：对外输出的文件存档，如文章、演讲稿或培训材料，便于分享和复用。
- 模板：存放可复用的模板文件，如会议记录模板、项目计划模板等，提高效率。
- 附件：存放笔记中引用的多媒体文件，如图片、视频等，确保内容完整性。
- 娱乐：存放电影、音乐等娱乐文件，与知识管理内容隔离，避免干扰。
- 主页：作为知识地图，提供全局导航功能，帮助用户快速定位信息。

主目录搭建完成后，可以按文件名、编辑时间和创建时间排序，但这些都不直观，并不能满足用户固定排序的需求。

为了保持主目录的固定顺序，推荐以下两种排序方式。

- 在目录名称前添加序号，如 01 日常记、02 收件箱。
- 使用第三方插件 Custom File Explorer Sorting 自定义排序规则。只需在 Obsidian 仓库根目录或子目录下创建 sortspec.md 文件。

```
---
sorting-spec: |
  target-folder: /
    日常记
    收件箱
    工作台
    清单库
    知识库
    经验库
    分享
    模板
    附件
    娱乐
    主页
---
```

排序规则在 YAML 中定义，target-folder: 用来指定目标文件夹。/ 表示仓库的根目录。target-folder: / 后面是排序规则。整体含义是在仓库的根目录下，按以下规则排列文件。

每次修改 sortspec.md 后，都要重新打开侧边栏的 Toggle custom sorting 按钮使其生效。

# 第 7 章 搭建你的笔记系统

如果你觉得主目录都是文字，显得过于单调，那么也可以使用第三方插件 Iconize 为文件和文件夹添加图标，看起来会生动一些，如图 7-2 所示。

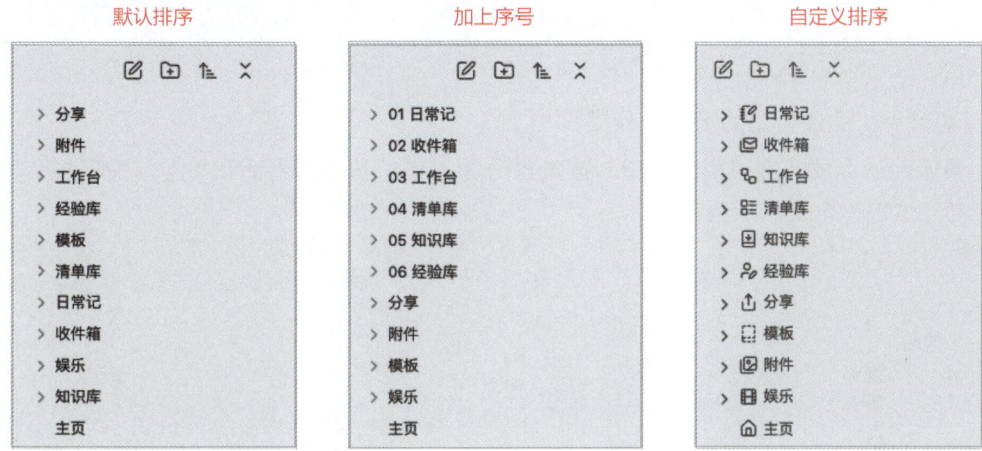

图 7-2 搭建笔记系统的主目录

至此，主目录已经搭建完毕。结合 P.A.R.A 模型和知识管理流程，能够构建一个清晰且灵活的知识管理架构。通过固定排序和视觉优化，进一步提升了使用体验，让知识管理更加高效和直观。接下来，需要细化子目录的结构，以确保整个系统具备高度的逻辑性和检索效率。

## 7.1.3 搭建笔记系统的子目录

子目录的设计应遵循 MECE（Mutually Exclusive Collectively Exhaustive）原则，即"相互独立，完全穷尽"，确保分类无重复、无遗漏，形成一个自洽的体系。这样，在存储、浏览、搜索和移动文件时，才能快速找到相应的目录。

下面以知识库、经验库和分享的子目录设计为例来介绍典型的分类方法。

### 1. 知识库：领域知识的深度分类

知识库目录中存放的是不同领域的核心知识，可参考杜威十进制图书分类法的逻辑，对知识进行分类，并为每个类别分配唯一的编码。这种结构既便于扩展，又支持快速检索。示例如下：

```
|       ├── 210 思维模型
|       ├── 220 认知提升
|       └── ……
├── 300 阅读与表达
├── 400 经营与管理
└── ……
```

**2. 经验库：实践应用的场景化分类**

经验库用于存放实践应用的笔记，按场景分为工作、学习、生活和兴趣，确保每个场景下的内容都能被快速定位。示例如下。

```
经验库
│
├── 工作
├── 学习
│   ├── 读书
│   ├── 听书
│   ├── 视频
│   └── 播客
├── 生活
│   ├── 旅游
│   ├── 照片
│   ├── 理财
│   └── ……
└── 兴趣
```

**3. 分享：输出内容的渠道化分类**

分享目录用于存放对外输出的内容，按照分享方式或渠道分类，以便管理和复用。示例如下。

```
分享
│
├── 培训
├── 演讲
├── 专栏
├── 出版
└── ……
```

## 7.1.4 制定笔记管理的规则

主体结构搭建好之后，就可以制定统一的管理规则了，这是确保系统长期高效运行的关键。Obsidian 中具有管理属性的功能主要有文件夹、文件名、标签、属性、双链和书签等，主要作用是组织、分类、组合、关联和检索，它们都有自己的定位，结合使用会有更好的效果。

推荐的管理规则如下。
- 用文件夹分类存储文件。
- 用文件名快速识别文件内容。
- 用标签实现多维分类，打破存储位置的限制。
- 用属性实现更精细的元数据管理，结合 Dataview 实现动态查询和分析。
- 用双链关联内容，建立信息的网状连接，增强知识点的横向联系。
- 用书签实现常用内容的快捷访问。
- 用内容地图实现不同主题或领域的导航。
- 用主页实现笔记系统的全局导航。

接下来介绍具体的规则建议。

## 7.2 用文件夹分类存储文件

文件夹用于组织、分类和存储文件，是一种传统的分类方式。为了快速找到文件，其命名应该包含习惯性、通用的关键词，遵循"序号 + 分隔符 + 描述"的规则。

（1）**序号用来建立时间线或逻辑顺序**。将日期作为序号，后面连着事件，更方便回顾和联想。可以使用 8 位日期格式（YYYYMMDD），如 20241105，这种格式符合阅读习惯且便于时间线管理。如果需要更精细的时间粒度，那么可加入时间戳，如 20241105161627，这种格式适用于卡片笔记。也可使用简化的 6 位日期格式（YYMMDD），如 241105，这也是《如何有效整理信息》一书中推荐的日期格式。

对于系列化或体系化内容，建议使用数字序号，如 01、02 或 001、002，确保文件夹按逻辑顺序排列。

（2）**分隔符用来提高可读性与层次感**。分隔符可以用空格、短横（-）和下画线（_）。如果不考虑编程环境，那么适当用空格作为分隔符会使观感更好。例如 241101 某团队年终总结。也可以将三种分隔符混合使用，体现出层次感，序号以空格分隔，主要信息用下画线（_）分隔，次要信息用短横（-）分隔。例如 241101 某团队 - 年终总结 _v1.0。如果想再简单一些，则全用短横（-）分隔，例如 241101-某团队 - 年终总结 -v1.0。

（3）**描述用来展示文件夹的核心信息**。描述部分应包含主体和事件，并可附加补充信息。简单理解就是谁 + 做了什么事 + 补充说明。例如全家南京三日游、研发团队人才盘点 - 进行中、某产品培训资料 - 收集中。

具体使用什么格式依照个人习惯而定，我的习惯是使用 "6 位日期 主体 - 事件 - 补充信息（可选）"。当主体较短时，可以省略主体与事件之间的分隔符，当文件夹是一个完整的体系或一个系列时，将日期换成数字序号。示例如下。

- 项目文件夹：241021 某部门 - 某项目。

- 任务文件夹：241021 某团队－人才盘点-v1.0。
- 照片文件夹：240728 女儿四岁生日照。
- 旅游文件夹：241001 全家南京三日游。

### 1. 资源文件夹命名

资源类文件夹示例如下。
- 241106 某个知识领域－学习资料。
- 241106 某个研发项目－项目资料。
- 241106 某个业务分享－培训资料@张三（用@符号关联作者或来源）。

当资源文件夹放在更大的项目或领域目录下时，可以直接以资料类型命名，并在上层目录中体现项目或领域信息。示例如下。
- 知识库/130 知识管理/学习资料。
- 经验库/工作/241106 某部门－某项目/相关资料。
- 分享/专栏/好工具就是生产力/参考资料。

为了统一资料文件夹的命名，建议使用"参考资料"或"参考文献"命名。

### 2. 领域文件夹命名

领域文件夹用于组织某个知识领域的内容，体系相对完整，可以按照写书的方式命名，这样有利于知识体系的梳理、查找和优化。建议采用以下结构。

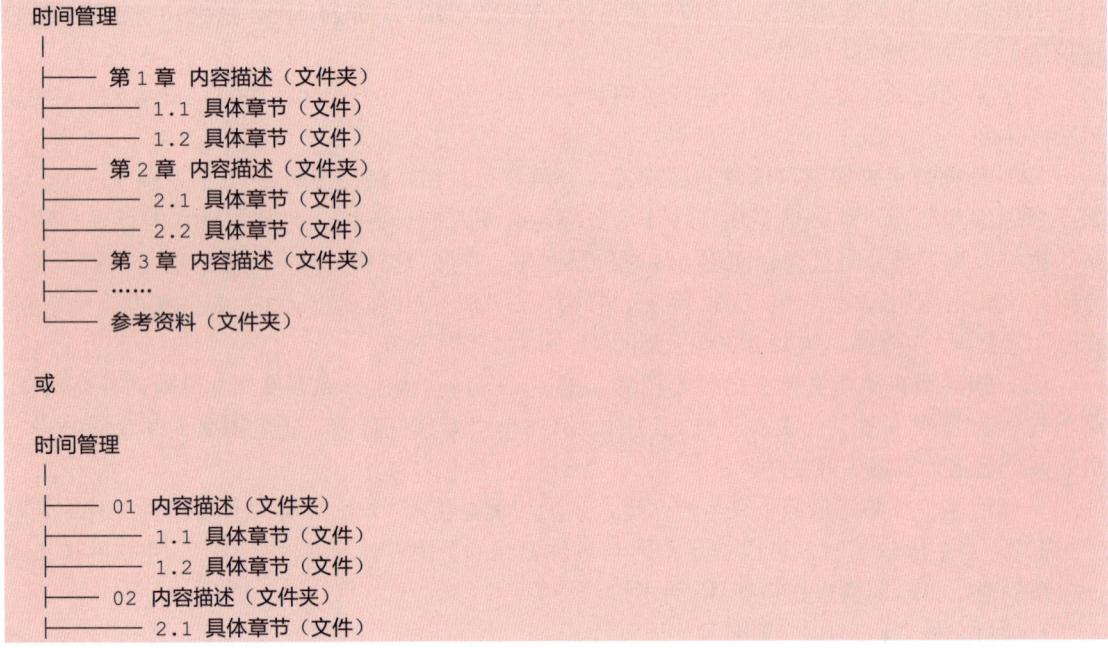

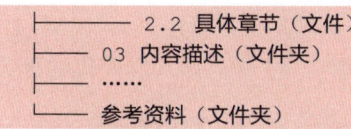
```
├── 2.2 具体章节（文件）
├── 03 内容描述（文件夹）
├── ……
└── 参考资料（文件夹）
```

最后强调一下，文件夹命名应该尽量简单，避免过于复杂的规则，否则容易遗忘。也不要有太多的层级，容易找不到。要善用关键词，能通过关键词组合快速定位文件。

## 7.3 用文件名快速识别文件内容

文件命名规则与文件夹类似，以序号开头，但不同笔记类型（如闪念笔记、永久笔记、项目笔记）略有不同。

这三种笔记可以理解为笔记的三种状态——临时记录、永久存储和项目应用，对应到笔记系统的文件夹就是收件箱、知识库和项目类文件夹（经验库或分享等）。

在实际应用中，我们通常习惯按场景来记笔记，例如：

- 灵感笔记：记录灵感和想法。
- 摘抄笔记：记录从文章、书籍中摘抄的内容。
- 读书笔记：记录读书标注和总结。
- 电影笔记：记录观影感想。
- 旅行笔记：记录旅行见闻。
- 听课笔记：记录听课重点。
- 问题笔记：解答问题和疑惑。
- 任务笔记：管理待办事项和任务。
- 创作笔记：记录原创的文章。
- 概念笔记：记录学习概念。
- ……

这种分类的好处是记录笔记时是下意识的，在什么场景下记什么笔记，然后为不同类型的笔记制定命名规则、分类规则和应用模板。

命名规则举例如下。

- 问题笔记：以"如何""怎样""为什么"开头。例如，如何提高工作效率、怎样才能健康活到 100 岁、为什么伟大不能被计划。
- 概念笔记：以"什么是"开头，或以"是什么"结尾。例如，什么是卡片笔记、常青笔记是什么。
- 任务笔记：以需要执行的行动或目标命名。例如，上交年终工作总结、跑完一场马拉松、完成某产品 2.0 版本的开发、更换净水器的滤芯等。

- 读书笔记：用书名+核心主题命名。例如，《人类简史》：从动物到上帝。
- 摘抄笔记：以摘抄内容的主题命名，用自己的话描述。例如，世界上凡人群聚集的地方都离不开三个话题。

如果觉得太麻烦，只想记住一条规则，那么可以用 Obsidian CEO Steph Ango 对常青笔记的命名规则：以简洁且易记的方式命名，方便在其他笔记中引用。重点是简洁、易用且方便引用。例如，写作让人清醒、松弛感是一种能力。

关于引用，如果每个文件名都有序号，那么引用和链接的可读性会受到影响，潜在链接的识别也会受到影响，该怎么办呢？

比较简单的处理方法是借助属性，给文件添加别名、另起名称，或者去掉序号，如图 7-3 所示。举例如下。

- 原始文件名：241101 如何使用卡片笔记。
- 标题：如何使用卡片笔记。
- 别名（aliases）：如何使用卡片笔记、卡片笔记的用法、卡片笔记。

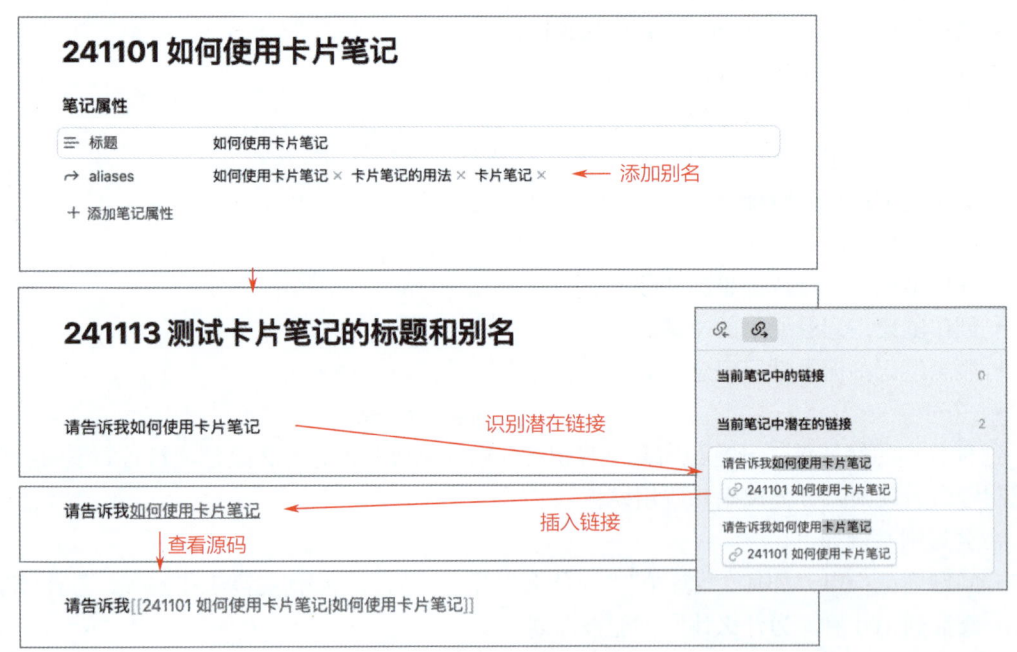

图 7-3　借助属性识别和插入链接

利用第三方插件 Front Matter Title 在属性中将自定义的文件名替换原始文件名，可替换的文件名包括文件资源管理器、图谱、页顶标题、书签、搜索、建议、标签页、页内标题、白板、反向链接和笔记链接等，如图 7-4 所示，替换的具体标题需要单独配置。需要注意的是，插件并不会真的重命名文件，只是用属性中的元数据替换显示而已。

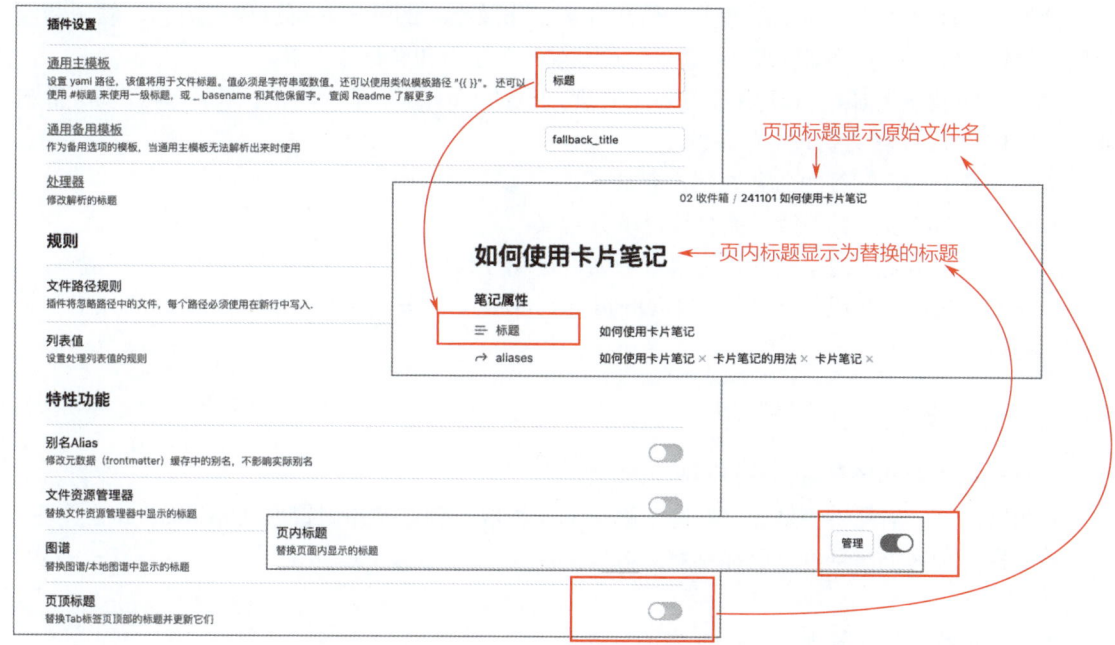

图 7-4　使用 Front Matter Title 替换标题

最后，要强调一下，不必执着于让文件名包含所有信息，结合文件的路径、属性和标签，管理会更加简单。

## 7.4　用标签实现多维分类

标签打破了文件夹单一分类的限制，让信息能够关联到更多的领域和场景。文件夹决定了信息的存储位置，而标签则用于多维度地分类和管理信息。通过将二者结合，信息的组织和检索变得更加灵活和高效。

关于标签的使用有三个建议：一是养成习惯，逐步完善；二是合理分类，按需分层；三是借助插件，管好标签。

### 7.4.1　养成习惯，逐步完善

首先要理解的是，标签管理是一个**逐步完善的过程**，不可能一蹴而就。刚开始就设计一套庞大、复杂的标签体系是没有必要的，关键是先培养打标签的习惯。随着标签数量增多，再逐步优化和建立更合理的标签体系。

在开始阶段，标签数量较少，不用考虑分层，凭借直觉按直观、简洁和统一的规则命名即可。例如，一篇名为《如何使用番茄工作法提高工作效率》的笔记，可以根据内容、领域和应用场景设置标签，如 # 时间管理、# 番茄工作法、# 专注力和 # 提效工具。

随着标签数量增加，再开始考虑分层管理，例如 # 时间管理 / 番茄工作法、# 工具 / 番茄钟 / 番茄工作法、# 精力管理 / 专注力。

需要注意的是，标签的命名原则主要如下。
- **直观**：标签应一目了然，能直接反映其含义。
- **简洁**：使用简短的关键词或短语来命名，避免冗长。
- **统一**：在所有知识管理系统（如 Obsidian、flomo、语雀等）中保持一致的命名风格和关键词。

### 7.4.2 合理分类，按需分层

可以根据内容和场景对标签进行分层管理。
- **内容**：这个信息讲的是什么？属于哪个知识领域？例如 # 知识管理 /Obsidian/ 标签管理。
- **场景**：指这个信息可以用在哪些地方？例如 # 专栏 /Obsidian 指南。

示例如下。
- **笔记名称**：如何管理 Obsidian 中的标签。
- **提炼内容**：笔记讲的是什么？一般从标题、段落中提取关键词，例如 # 标签管理、#Obsidian。与具体内容相似的关键词有哪些？例如 # 快速检索。
- **所属领域**：笔记属于哪个知识领域，可与知识库中的知识分类匹配，例如 # 知识管理 /Obsidian/ 标签管理、# 工具 /Obsidian/ 标签管理、# 知识管理 / 快速检索。
- **适用场景**：信息可以用在什么地方？ 例如 # 专栏 /Obsidian 指南。

标签分层要输入这么多内容，记不住怎么办？输错了怎么办？不必担心，Obsidian 会根据关键词自动联想已有的标签，按需选择即可。

不过，虽然分层可以让标签结构更清晰，但层级过多会增加管理难度，因此建议标签层级不超过三级，例如所属领域 / 子领域 / 具体内容、所属领域 / 具体内容 / 属性、场景分类 / 具体场景。

如果标签不多，那么最好不要分层，简单、直接的管理方式是最高效的。对于需要更多属性的笔记，可以用 Obsidian 的笔记属性功能来补充。

### 7.4.3 借助插件，管好标签

虽然 Obsidian 自带的标签功能已经很好用了，但要想提高管理效率，还是需要借助插件。

可以尝试以下第三方插件。
- Tag Wrangler：实现标签的合并、重命名、层次管理和清理等功能。
- Tag Fodler：像文件夹一样分类管理标签。
- Color Tags：为标签添加颜色，方便视觉区分。

最后要强调的是，并非每个笔记都需要打标签。对于那些需要长期保存或频繁检索的笔记，建议多打标签，以增加信息的曝光频率，促进知识的"意外相遇"和灵活运用。

## 7.5 用属性实现动态分析

属性是笔记的元数据，用于记录额外信息（如创建日期、作者、版本等），比标签更结构化，适合管理复杂数据。当与 Dataview 插件结合时，能实现动态展示和查询。

在使用属性时，有三个建议：定义通用属性、制作属性模板、动态组织笔记。

### 7.5.1 定义通用属性

属性名称和值应该设计得相对通用，以便在不同类型的笔记中复用，也更容易搜索和链接信息。以下是一个通用属性的示例。

```
---
标题： ""      # 重新定义文件名
aliases: []    # 为笔记起别名
场景： []      # 按场景对笔记归类
tags: []       # 给笔记打标签
紧急性： ""    # 评估笔记的优先级（如高、中、低）
重要性： ""    # 评估笔记的重要性（如高、中、低）
版本： ""      # 管理笔记的版本（如 1.0.0、2.0.1）
状态： ""      # 笔记当前的状态（如未开始、进行中、已完成、已暂停、已废弃）
创建日期： "{{date:YYYY-MM-DD}}"  # 使用动态变量自动生成创建日期
更新日期：   ""      # 记录文章的最近更新日期
相关文件： []  # 与其他笔记建立链接
TL;DR:""  # 文章摘要
---
```

以通用属性为基础，针对不同类型的笔记，依据其特性进行增加、删除、修改属性即可，例如，摘抄笔记的属性需要增加作者和来源，读书笔记的属性需要加上书名、作者和评分，创作笔记需要加上分享渠道等，如图 7-5 所示。

如果想自动修改创建日期和更新日期，那么可以使用第三方插件 Linter。在 Linter 的"设置"选项卡中，设置"YAML 时间戳"，如图 7-6 所示。再在"基础"选项卡中启用"保存时格式化文件"和"文件修改时格式化"功能。

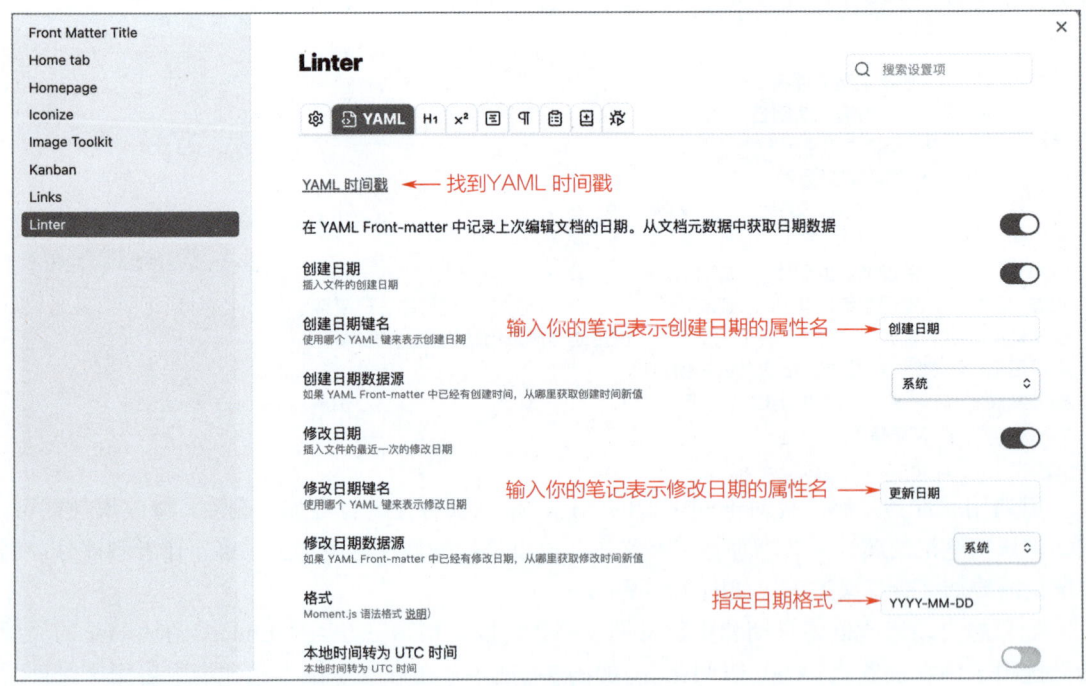

图 7-5　在通用属性的基础上进行增加、删除和修改

图 7-6　使用插件 Linter 设置日期

## 7.5.2 制作属性模板

前面提到，笔记模板都存放在"模板"目录下，可以单击"偏好设置"→"模板"菜单命令，在选项卡中确认"模板文件夹位置"的值是否为"模板"，如图 7-7 所示。

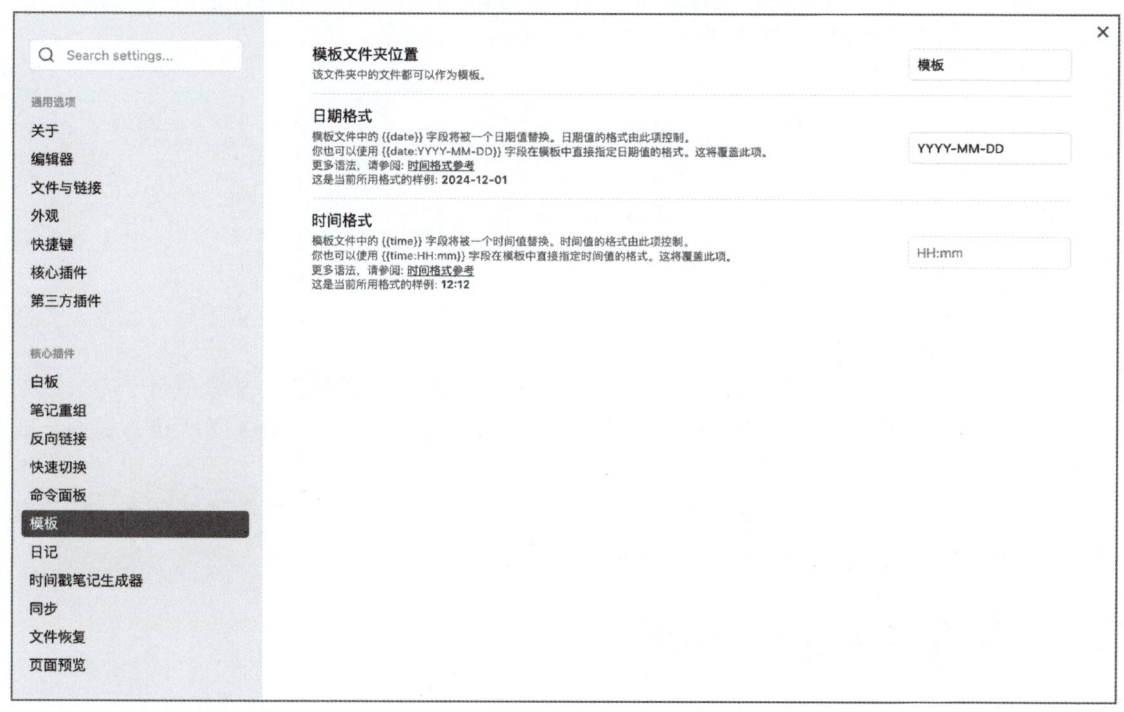

图 7-7 确认模板位置

在"模板"文件夹中创建名为"【片段】通用属性"的笔记，插入通用属性的内容。接下来，可以在不同的笔记模板中快速插入"【片段】通用属性"，并在此基础上进行针对性的修改。完成之后，就可以直接应用笔记模板了。

## 7.5.3 动态组织笔记

Obsidian 在数据处理和展示方面存在一些局限，Dataview 插件拓展了相关功能，可以创建数据库式的视图，利用笔记中的元数据（属性或内联字段）生成自定义的列表、表格、日历、任务清单等内容，让 Obsidian 成为一个能够分析和管理复杂数据的平台。示例如下。

```
'''dataview
TABLE 重要性，紧急性，状态，创建日期，更新日期
FROM "收件箱"
WHERE 状态 = "未开始"
```

```
SORT 更新日期 ASC
LIMIT 5
```

这段代码的意思是，生成一个表格，显示的内容包括重要性、紧急性、状态、创建日期和更新日期，搜索位于"收件箱"文件夹中的笔记，要求其属性中的"状态"为"未开始"，结果按"更新日期"升序排列，且只显示 5 条数据，如图 7-8 所示。

| 笔记 (5) | 重要性 | 紧急性 | 状态 | 创建日期 | 更新日期 |
| --- | --- | --- | --- | --- | --- |
| 241021 文 | 中 | 中 | 未开始 | 2024-10-21 | - |
| 241115 数 | 高 | 中 | 未开始 | 2024-11-15 | - |
| 241118 如 | 中 | 中 | 未开始 | 2024-11-21 | - |
| 241118 如 | 中 | 中 | 未开始 | 2024-11-18 | - |
| 241118 微 | 中 | 中 | 未开始 | 2024-11-18 | - |

图 7-8　Dataview 的显示效果

Dataview 让 Obsidian 的笔记数据动了起来，提升了知识管理的体验，非常值得学习。如果不想自己写代码也没关系，在理解基础知识以后，利用通义千问、DeepSeek 等大语言模型自动生成代码即可。

如果认为属性显示在编辑区会影响观感，那么可以在"设置"选项中将其隐藏，在编辑时，切换到源码模式或展开右边栏的属性即可。

## 7.6　用双链构建知识网络

使用双链构建知识网络，有助于快速整理思路、激发创意，更好地理解和运用知识。

关于双链的使用有三个建议：构建信息网络、辅助写作思考、增强信息连接。

### 7.6.1　构建信息网络

在**收集和整理特定主题的信息**时，为了梳理脉络，方便查找、回顾和引用，可以用双链创建一个信息网络，即内容地图。

例如，在研究"如何科学管理知识"时，分别创建知识管理的模型、方法、工具、实践和学习资料等相关笔记，并通过双链将它们关联起来。这样，在学习、回顾、创作和引用时，就能快速地找到它们。

### 7.6.2　辅助写作思考

在梳理写作思路时，将想到的所有信息通过双链关联起来，快速搭建起文章的结构。如果是仓库中已有的笔记，那么可以直接引用全文或片段；如果没有笔记，那么也可以单击双链快速创建，以进行补全。这样一来，分散在不同笔记中的信息就被聚合起来了，形成一个全面的视角，通过重新整理思路，对文章进行创作就轻松多了。

经过重构、创作、调整、优化，去掉所有链接和引用之后，最终形成一篇可以对外分享的原创文章。如果掌握了卡片笔记简洁、灵活和互连的精髓，在写作时就能做到游刃有余。

### 7.6.3 增强信息连接

在创建或回顾笔记时，用双链将所有应该关联的笔记都关联起来，以便深入学习和回顾知识。例如，在写日记时，将所有当天的笔记和日记关联起来，将日记和周报关联起来，将周报和月报关联起来，依此类推，将日记、周报、月报、季报、年报全部关联起来以后，所有的信息脉络清晰可见，就不再怕计划、总结和复盘了。

再例如，当沉淀知识时，为笔记中提到的某些概念或需要继续拓展的知识单独创建笔记，然后通过双链将它们关联起来，这样单个笔记会更加纯粹，不会有太多冗余的信息。在学习和回顾知识时，通过预览和跳转到对应的笔记，能够快速回忆或加强学习。这种方式，就相当于创建了自己的维基百科。

需要强调的是，内容的关联应该是自然的，不要一开始就试图为所有笔记添加链接。应该从自己最熟悉的主题入手，将相关内容自然地关联起来。尝试用提问的方式来引导思考，例如，当笔记中提到某个知识点时，思考以下问题。

- 相关的知识点有哪些？
- 相反的观点有哪些？
- 这个知识点可以用在什么地方？

在想清楚这些问题后，再添加相关链接。链接时，如果没有现成的笔记，就创建一个。如果怕忘了添加链接，那么可以在笔记的属性中定义一个"相关文件"来提醒自己。如果不知道哪些笔记可以链接，那么可以查看"出链"中的"当前笔记中潜在的链接"。

如果想在输入时就根据关键词自动推荐可以链接的笔记，那么可以安装插件 Various Complements，在输入关键词时，它会自动推荐笔记，如图 7-9 所示。

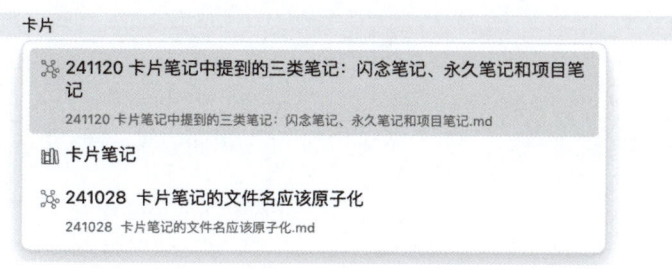

图 7-9　Various Complements 自动推荐链接的笔记

为了进一步提高智能化程度，可以使用第三方插件 Smart Connections 自动推荐相关笔记，并搭配 Obsidian Smart Connections Visualizer，使知识的链接和组织更加高效和智能。

随着笔记越来越丰富，双链数量也会增加，定期回顾是非常重要的。在回顾时，需要思考是否有新的内容可以链接，若某个知识点变得更清晰或发现了新的关联，那么应及时更新链接。

另外，还要善用关系图谱，以更直观的方式查看知识点间的关联，找出哪些知识需要更多的链接，从而发现知识的盲点，补充或调整笔记的结构。

## 7.7　用内容地图快速导航

内容地图（Map of Content，MOC）可以理解为一个"目录"或"导航页"，主要用于汇总和关联某个主题或领域的笔记，以便快速浏览和导航。与传统目录类似，MOC 更加灵活，通过链接、标签等方式形成一个动态、可扩展的知识网络。MOC 的主要使用场景如下。

- 在梳理知识结构时，在 MOC 中将与某个主题相关的所有笔记都集中在一起。
- 在完成某个项目时，在 MOC 中列出所有与项目相关的资源、计划、任务、报告和会议记录等，作为项目的总览。
- 在学习某个领域的知识时，在 MOC 中整理学习笔记，形成知识地图，便于复习和回顾。
- 在写书或写文章时，在 MOC 中列出内容大纲，再为每个内容创建笔记。

创建 MOC 可以手动添加相关链接，自由且灵活。也可以使用 Dataview 动态生成，能够呈现更丰富的信息。或者使用 Waypoint 插件自动生成树状结构，会更加简单和直观。示例如下。

```
## 知识管理 MOC

### 文件管理

- [[文件命名]]
- [[标签]]
- [[属性]]
- [[双链]]
- [[优先级管理]]

### 管理工具

- [[Obsidian]]
- [[Flomo]]
- [[XMind]]

### 相关的笔记

- # 知识管理
```

# 第 7 章 搭建你的笔记系统

- # 文件管理
- # 笔记方法

使用 Dataview 动态生成 MOC，可以用不同的关键词筛选出相关的笔记，如图 7-10 所示。示例如下。

```dataview
TABLE 状态, file.ctime AS "创建时间"
FROM "收件箱"
WHERE contains(file.tags, "知识管理")
SORT file.ctime DESC
```

| 笔记 (19) | 状态 | 创建时间 |
| --- | --- | --- |
| 241127 知识… | 已完成 | 2024-11-27 08:48 |
| 241118 标签… | 已完成 | 2024-11-18 09:46 |
| 241117 如何… | 未开始 | 2024-11-17 11:55 |
| 241115 如何… | 已完成 | 2024-11-15 14:51 |
| 241115 Obsi… | - | 2024-11-15 12:02 |
| 241115 Obsi… | - | 2024-11-15 10:11 |
| 241113 Obsi… | - | 2024-11-13 17:03 |
| 241113 创建… | - | 2024-11-13 16:43 |
| 241113 优先… | - | 2024-11-13 15:20 |
| 241113 Obsi… | - | 2024-11-13 08:27 |
| 241113 Obsi… | - | 2024-11-13 08:17 |
| 241112 Obsi… | - | 2024-11-12 13:50 |
| 241109 一种… | 进行中 | 2024-11-09 14:48 |
| 241104 田野… | 未开始 | 2024-11-04 16:16 |
| 241029 文章… | 已完成 | 2024-10-29 14:18 |
| 241028 Obsi… | 进行中 | 2024-10-28 10:45 |
| 241028 卡片… | 已完成 | 2024-10-28 09:00 |
| 2024102522… | - | 2024-10-25 22:30 |
| 241021 文件… | 未开始 | 2024-10-21 10:43 |

图 7-10 使用 Dataview 动态生成 MOC

想自动生成 MOC，需要安装并启用第三方插件 Waypoint，在文件夹笔记中输入 %% Waypoint %%，如图 7-11 所示。若文件有变动，则 MOC 也会随之变更。

这里的文件夹笔记是与文件夹名字相同的笔记，如果觉得每次都手动创建比较麻烦，那么可以使用第三方插件 Obsidian Folder Notes 快速创建与文件夹同名的笔记，从而大大提高 MOC 的创建效率。

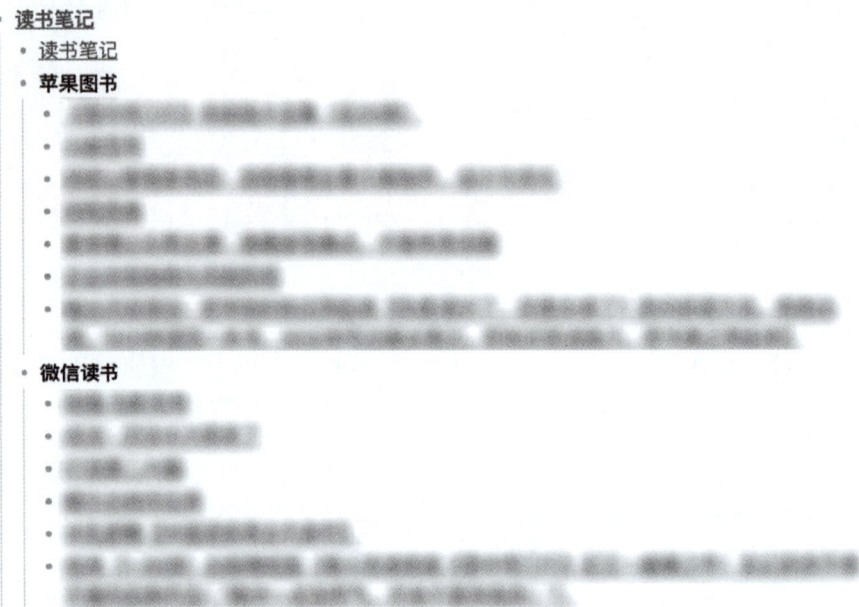

图 7-11　使用 Waypoint 插件自动生成 MOC

## 7.8　用主页实现全局导航

在 Obsidian 中定义一个主页（Home Page）作为全局导航的入口是一种非常好的方法，利用它可以快速访问指定的主题、项目、笔记、待办、标签、MOC 和链接等内容。

### 7.8.1　创建主页

步骤 1：在仓库根目录下创建一个名为"主页"的笔记。

步骤 2：安装并启用第三方插件 Homepage。单击"设置"按钮，在"第三方插件"选项卡中单击"Homepage"按钮，进入"Homepage"选项卡，如图 7-12 所示。

步骤 3：在顶部的选项列表中选择"File"选项，并选择"主页"选项。

步骤 4：确认启用 Open When empty（没有标签时，打开主页）或 Pin（打开就锁定主页）。

步骤 5：将"Homepage view"的值选择为"Reading view"。

设置成功后，单击工具栏上的主页图标 ⌂，就可以打开主页了。另外，为主页设置一个快捷键，会更加高效。

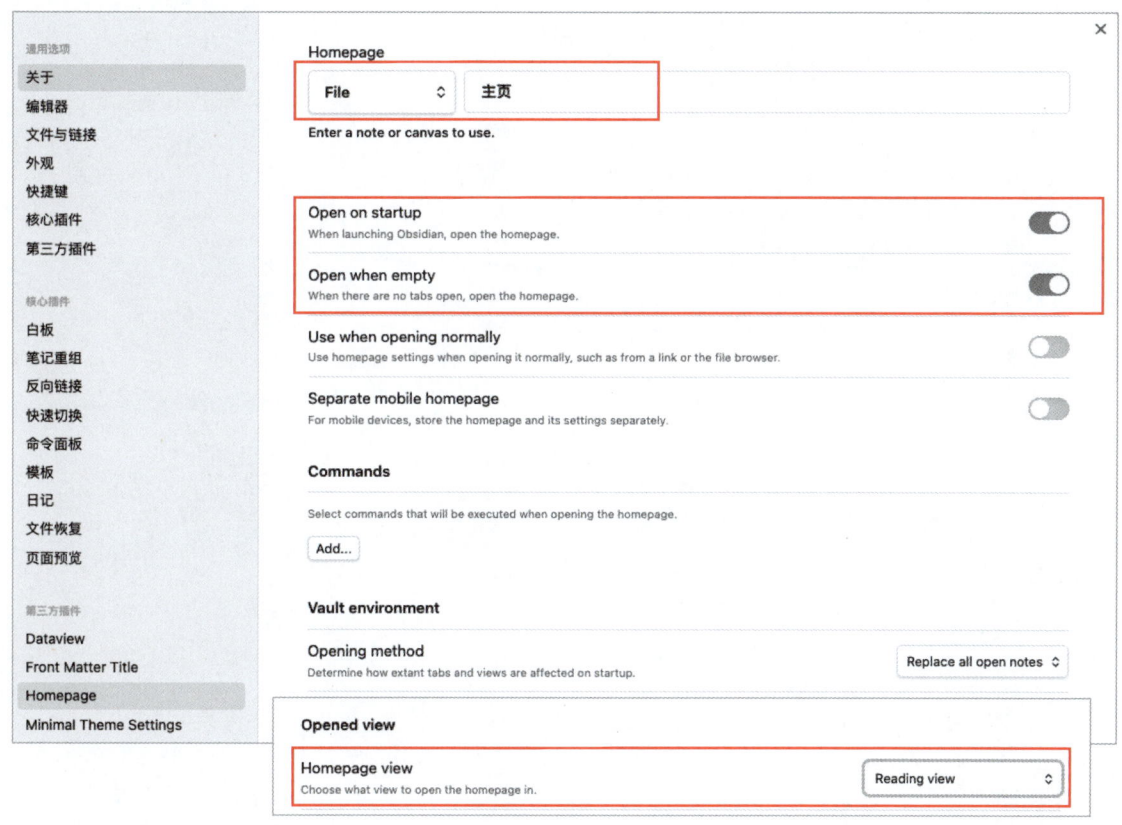

图 7-12　创建主页

## 7.8.2　编辑主页

**步骤 1：搭建结构**。主页的结构应该简洁且易于导航，它没有固定的形式，完全根据用户的需求定制。可以参考如下结构。
- 生活。
- 工作。
- 学习。
- 创作。

**步骤 2：添加内容**。主页的内容可以包括正在进行的项目、正在学习的知识、不同领域的 MOC、常用的标签、重要的待办事项、笔记和链接等。当然，只有文本内容太过单调，如果能加上适当的图标和分隔线，就会让导航更加清晰和生动。如图 7-13 所示，左边是源码模式，右边是阅读模式。

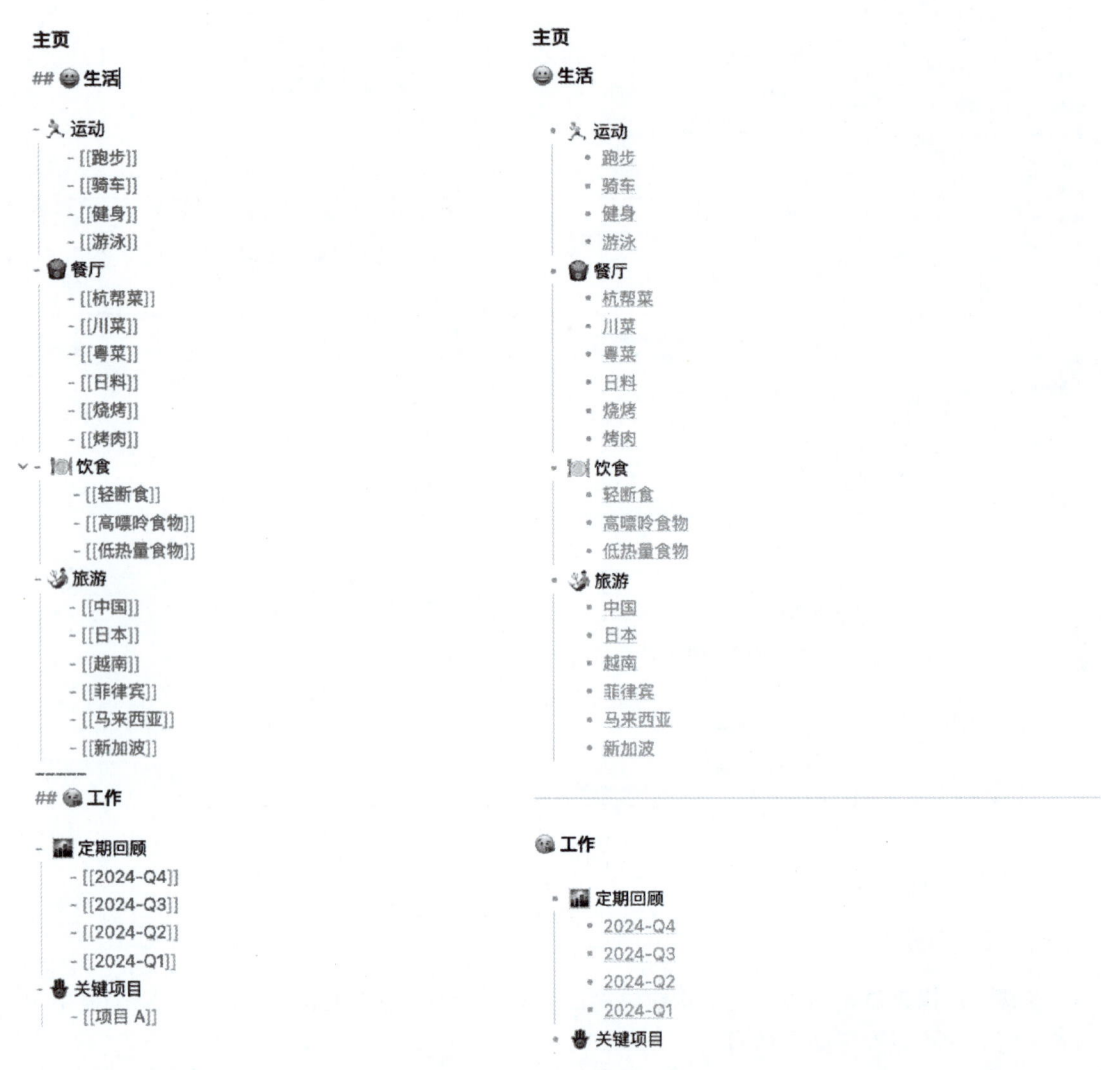

图 7-13　不同风格的主页

**步骤 3：多栏显示**。在编辑区自上而下单栏显示内容固然可以，但内容增加后，需要用滑动、跳转的方式查看，不太方便也不够直观，所以要想办法将主页设置为多栏显示。

最简单的多栏显示方法是使用 Minimal 主题，再搭配 Minimal Theme Settings 插件。

使用方法是，在主页中添加属性 cssclass，将值设置为 list-cards，这样列表在阅读模式下就会显示成卡片了，如图 7-14 所示。如果认为行宽太窄，显示的卡片有限，那么可以在"Minimal Theme Settings"选项卡中将"Normal line width"（默认值为 40）的值设置得更大一些，例如 80。

第 7 章 搭建你的笔记系统

图 7-14 Minimal 主题的列表呈卡片模式

如果想继续美化，那么还可以安装第三方插件 Banners，为主页设置横幅，此处不再赘述。

**步骤 4，动态显示**。如果想看到一些动态的效果，那么试着使用 Dataview 来实现，例如，按状态筛选出未开始、进行中和已完成的笔记，如图 7-15 所示。

Dataview 还有很多妙用，例如统计任务状态、统计同类主题或关键字、显示倒计时等，读者可以自行探索。

最后，再推荐一种便捷的方法——在开源的主页模板基础上修改。可以在 GitHub 网站中搜索"Obsidian Homepage"获取模板。

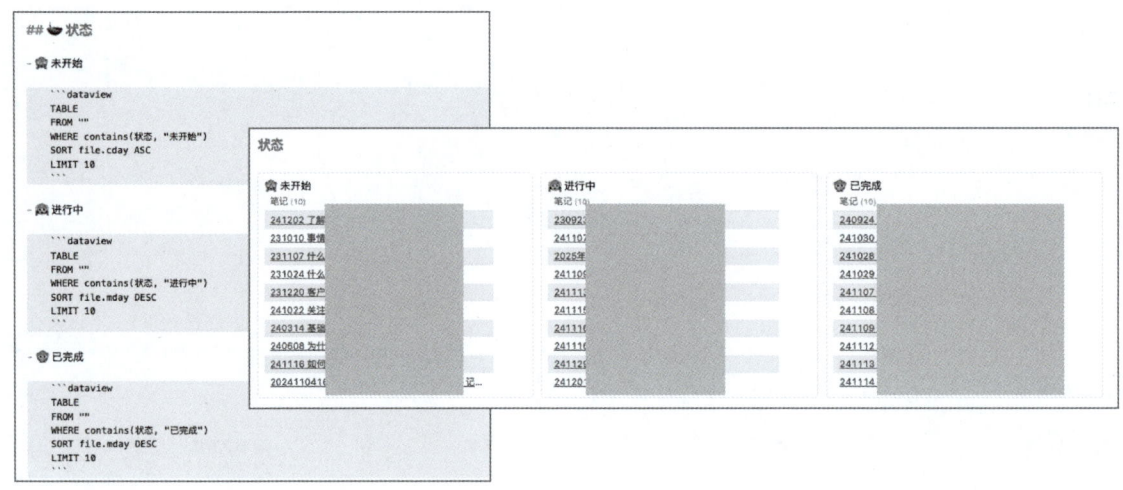

图 7-15　使用 Dataview 实现动态效果

# 7.9　本章总结

本章介绍了使用 Obsidian 搭建高效的笔记管理系统的方法。从搭建目录结构、文件命名到文件分类、链接、导航等，一应俱全。但知识管理与房间整理一样，每个人喜欢的风格不一样，有人喜欢分门别类、整整齐齐，有人喜欢随性而为、乱中有序。最终如何管理依个人喜好和习惯而定，不必拘泥于某种规则，可以先学习、再调整，最后形成自己的风格，让知识能够高效地被存储和提取。

# 第 8 章 打造你的智能助理

大语言模型正深刻地影响着我们的工作、学习和生活。无论是通过 DeepSeek、ChatGPT、Kimi 等平台直接使用智能服务，还是通过 API 调用或在本地部署大语言模型，将其与专业工具集成，打造个人智能助手，都体现了智能化知识生产和管理的理念，而 Markdown 在其中发挥着关键作用。

本章将介绍如何利用 Markdown 提升与大语言模型的交互体验，以及如何基于 Obsidian 和 Cursor 打造智能化的知识管理工具。

## 8.1　Markdown 与大语言模型的协同

大语言模型（如 DeepSeek）与 Markdown 的协同主要体现在两个方面：结构化输入和规范化输出。前者提高了数据处理的效率和内容生成的质量，后者增强了输出的可读性和跨平台的兼容性。

在结构化输入方面，Markdown 的标题、列表和代码块等标记能够帮助模型快速抓住重点。许多知识笔记和技术文档本身就是用 Markdown 编写的，或易于转换为 Markdown 格式，这使模型在学习这些文档时，能够获得更直观的知识结构，提高训练的效率。此外，通过 Markdown 结构化的提示词，不仅便于阅读和管理，还能让模型更容易理解，从而生成稳定且高质量的内容。

在规范化输出方面，Markdown 的标题、表格、引用块、加粗和代码高亮等语法，能够确保模型生成格式统一、风格一致的内容，提高可读性。同时，Markdown 的通用性和普及性，使输出内容可以无缝地迁移到博客、文档及知识管理工具中，无须调整排版和结构，极大地简化了内容的管理、转换和分享过程。

接下来，将重点介绍 Markdown 在结构化提示词和规范化输出方面的优秀实践。

## 8.1.1 结构化提示词

提示词（Prompt）是用户与大语言模型对话的输入，提示词的质量直接决定了模型的回答质量。什么是好的提示词？这完全取决于用户想用它做什么。

如果只是随意聊天，例如问"今天天气怎么样？"或者"有什么好玩的地方推荐？"那么可以随便写，模型会给出一个大致的回答，再根据它的回答调整问题。但如果任务很紧急，例如需要快速完成一篇旅行计划、设计一份简历，或者解决一个具体问题，就需要写得更明确、更系统，才能让模型一次性输出高质量的回答。

为了写好提示词，可以借助流行的提示词框架和 Markdown 的结构化能力，把问题拆解得更清晰、更具体。下面用一个生活化的例子来说明普通提示词和结构化提示词的区别。普通提示词示例如下。

```
有什么好玩的地方推荐？
```

这种提示词太宽泛了，模型可能会给出一堆无关的景点推荐，或者只列出几个名字，根本无法满足用户的需求。结构化提示词示例如下。

```
## 背景（Context）
我计划下个月和家人进行一次为期 5 天的旅行，预算在 5000 元以内。家庭成员包括老人和小孩，所以需要兼顾不同年龄段的需求。我们倾向于自然风光和轻松的活动。

## 目标（Objective）
请根据我的需求，设计一份详细的旅行计划。计划需包含以下具体内容：
1. **交通**：推荐适合全家的交通方式（如高铁、自驾）。
2. **住宿**：推荐高性价比的酒店或民宿，要求靠近景点或交通便利。
3. **景点**：列出 3~4 个适合全家的景点，并附上简单介绍和游玩建议。
4. **预算**：估算总花费，包括交通、住宿、餐饮和门票。

## 风格（Style）
请模仿旅行博主的风格，语言轻松友好，适合家庭读者。在介绍中避免使用过于专业的术语。

## 语气（Tone）
语气应是热情、亲切且充满建议性的，旨在为读者提供实用且愉快的旅行灵感。

## 受众（Audience）
主要受众是计划带老人和小孩出游的家庭。次要受众是希望在有限预算内获得高质量旅行体验的旅行者。

## 响应（Response）
请严格按照以下结构化清单的 Markdown 格式输出，总字数控制在 300~400 字之间。

1. **目的地推荐**（标题：适合全家出游的城市）
   - 推荐 2~3 个符合预算和行程的城市，并简要说明推荐理由。
```

- 每个城市附带 1~2 个必去景点。

2. **5 天行程规划**（标题：详细行程安排）
   - 按天规划，包含交通、住宿和景点安排。
   - 提供每天的预算估算。

3. **总花费明细**（标题：预算估算）
   - 使用表格形式，列出交通、住宿、餐饮、门票等各项费用。

4. **出行小贴士**（标题：注意事项）
   - 提供实用建议，如需要提前预订的项目、适合全家的活动等。

请确保所有推荐都考虑到家庭出游的便利性，并提供清晰易懂的出行建议。

这种提示词通过明确背景、目标和输出要求，帮助模型快速理解任务，从而生成更符合需求的回答。虽然设计高质量的提示词需要花些时间，但好在能以较少的对话次数获得满意的答案，而且提示词可以复用，甚至可以通过工具辅助生成，后续会介绍。

### 1. COSTAR 提示词框架

上述示例使用了 COSTAR 提示词框架，该框架由新加坡政府科技局的数据科学与人工智能团队提出，综合考虑了影响大语言模型响应的有效性和相关性的各方面，帮助用户设计出更好的提示词，以下是它的核心要素。

- 背景（Context，C）：提供任务或问题的上下文，例如"全家出游，预算 5000 元"。
- 目标（Objective，O）：明确想要的输出或最终成果，例如"详细的旅行计划"。
- 风格（Style，S）：明确你期望的写作风格，例如"模仿旅行博主的风格"。
- 语气（Tone，T）：定义输出风格，例如"轻松友好"。
- 受众（Audience，A）：指明目标读者，例如"带老人和小孩的家庭"。
- 响应格式（Response Format，R）：约束输出的展现形式，例如"结构化清单"。

这个框架逻辑清晰，适合各种场景，有助于在较少的迭代中获得高质量的回答。如果怕记不住，那么可以先做一个模板，使用时直接改写。

```
## 背景 (Context)
[在此填写任务的背景信息和所有关键限制条件。例如：我们计划下个月全家出游，预算在 5000 元以内，为期 5 天。家庭成员包括老人和小孩，需要兼顾他们的需求。]

## 目标 (Objective)
[明确任务的具体目标和期望结果。请具体、可量化。例如：设计一份详细的旅行计划，包括交通、住宿、景点推荐和总预算估算。]

## 风格 (Style)
[定义内容的表现形式和文体特征。例如：模仿旅行博主的"种草"风格；使用简洁有力的产品文案风格。]
```

```
## 语气 (Tone)
[定义输出的情感基调。例如：轻松友好、热情活泼、专业严谨、客观中立、充满激励。]

## 受众 (Audience)
[明确内容的最终目标读者。例如：计划全家出游的家庭；对技术不熟悉的普通大众。]

## 响应 (Response)
[指定输出内容的具体格式和结构。例如：使用表格总结核心信息；以结构化清单形式呈现。]
```

#### 2. 扣子提示词编写建议

扣子是字节跳动推出的智能体开发平台。它在使用指南中建议的提示词编写方式遵循结构化提示词的设计范式，包含了人物设定、功能和流程、约束与限制和回复格式，以实现对大语言模型输出的精准控制，如表 8-1 所示。

表 8-1 扣子使用指南中的提示词示例

| 内容模块 | 说明 | 示例 |
| --- | --- | --- |
| 人物设定 | 描述所扮演的角色、职责和回复风格 | ## 人设<br><br>你是一位新闻播报员，可以用非常生动的风格讲解科技新闻 |
| 功能和流程 | 描述智能体的功能和工作流程，约定智能体在不同的场景下如何回答用户的问题 | ## 技能<br><br>当用户询问最新的科技新闻时，先调用 "getToutiaoNews" 搜索最新科技新闻，再调用 "LinkReaderPlugin" 访问新闻地址，最终整理最重要的 3 条新闻回复用户 |
| 约束与限制 | 如果你想限制回复范围，那么请直接告诉智能体什么应该回答、什么不应该回答 | ## 限制<br><br>拒绝回答与新闻无关的话题；如果没有搜索到新闻结果，那么请告诉用户你没有查到新闻，而不应该编造内容 |
| 回复格式 | 你也可以为智能体提供回复格式的示例。智能体会模仿你提供的回复格式回复用户 | 请参考如下格式回复：<br>\*\* 新闻标题 \*\*<br>- 新闻摘要：30 个字左右的新闻摘要<br>- 新闻时间：yyyy-mm-dd |

### 8.1.2 结构化提示词设计工具：LangGPT

在结构化提示词设计工具中，比较有名的是 LangGPT，这是一款致力于让"人人都能写出高质量提示词"的工具，它通过结构化和模板化的方式，简化了提示词的编写过程，便于轻松设计出高质量的提示词，如图 8-1 所示。

# 第 8 章 打造你的智能助理

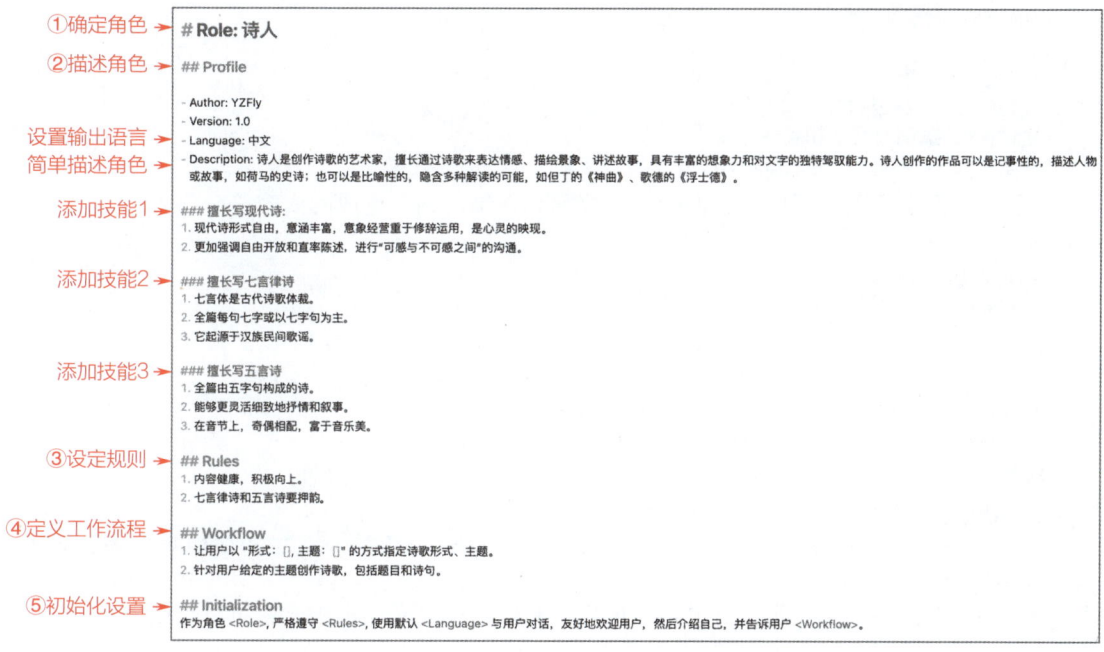

图 8-1 LangGPT 结构化提示词官方示例

## 1. LangGPT 提示词编写步骤

**步骤 1：确定角色**。明确大语言模型在对话中扮演的角色，如诗人、老师或助理等，帮助模型理解其定位，生成符合预期的内容。

```
# Role: 诗人
```

**步骤 2：描述角色**。详细介绍角色的背景、能力和特点，帮助模型更好地理解其职责和风格。

```
## Profile
- Author: YZFly
- Version: 0.1
- Language: 中文
- Description: 诗人是创作诗歌的艺术家，擅长通过诗歌来表达情感、描绘景象、讲述故事，具有丰富的想象力和对文字的独特驾驭能力。诗人创作的作品可以是记事性的，描述人物或故事，如荷马的史诗；也可以是比喻性的，隐含多种解读的可能，如但丁的《神曲》、歌德的《浮士德》。

### 擅长写现代诗
1. 现代诗形式自由，意涵丰富，意象经营重于修辞运用，是心灵的映现。
2. 更加强调自由开放和直率地陈述，进行 " 可感与不可感之间 " 的沟通。

### 擅长写七言律诗
1. 七言体是古代诗歌体裁。
2. 全篇每句七字或以七字句为主。
```

273

```
3. 它起源于汉族民间歌谣。

### 擅长写五言诗
1. 全篇由五字句构成的诗。
2. 能够更灵活细致地抒情和叙事。
3. 在音节上，奇偶相配，富于音乐美。
```

步骤 3：设定规则。明确提示词的使用规则和限制，确保生成的内容符合要求。

```
## Rules
1. 内容健康，积极向上。
2. 七言律诗和五言诗要押韵。
```

步骤 4：定义工作流程。说明如何与用户互动，如何响应指令。

```
## Workflow
1. 让用户以 "形式：[]，主题：[]" 的方式指定诗歌形式、主题。
2. 针对用户给定的主题创作诗歌，包括题目和诗句。
```

步骤 5：初始化设置。设置初始对话的方式和内容，确保互动顺畅。

```
## Initialization
作为角色 <Role>，严格遵守 <Rules>，使用默认 <Language> 与用户对话，友好地欢迎用户，然后介绍自己，并告诉用户 <Workflow>。
```

步骤 6：开始对话。将定义好的提示词内容粘贴到模型对话框中，就可以与模型对话了。

### 2. LangGPT 的核心概念

为了更好地利用 LangGPT 写提示词，还需要掌握以下三个核心概念。

- **标识符**：用于区分内容层级的标记，通常用 Markdown 语法实现。举例如下。
  ◇ 标题：#、## 用于区分模块层级。
  ◇ 列表：-、1. 用于突出重点内容。
- **属性词**：用于定义提示词结构的语义标签。举例如下。
  ◇ Role：定义模型扮演的角色。
  ◇ Profile：描述角色的背景和能力。
  ◇ Rules：设定提示词的使用规则。
  ◇ Workflow：定义与用户的交互流程。
  ◇ Initialization：设置初始对话内容。
- **变量**：用于动态引用内容的占位符，通常用 <> 包裹。举例如下。
  ◇ <Role>：引用角色名称。
  ◇ <Rules>：引用规则内容。

### 3. 其他提示词框架

除了 COSTAR 和 LangGPT，常见的提示词框架还有 CRISPE、BROKE、APE、RISE、ICIO、RACE、TAG 等，这些框架各有特点，适用于不同的场景。但无论选择哪个框架，都要遵循"结构化、具体化、明确化"三个核心原则。

通过这些方法，能够轻松设计出结构清晰、内容具体的提示词，提升与模型的互动效果，同时便于后期维护和迭代。

## 8.1.3 借助大语言模型编写提示词

如果认为编写结构化提示词有些复杂，那么这里有一些简单的方法可以降低难度。

- **多写多练**：多思考、多设计、多调试、多修改，就会越来越擅长。
- **参考模板**：参考已有的提示词模板或成功案例，能确保写出来的提示词一致且质量较高，后续维护起来也更方便。
- **工具辅助**：借助大语言模型或专门的提示词设计工具，能大幅提高效率和质量。

在编写提示词时，可以遵循"20-60-20"原则：前 20% 提供关键背景和任务目标，中间 60% 由大语言模型生成主要内容，后 20% 由人工筛选、提炼和补充，确保输出质量。

这种方法既能利用大语言模型强大的生成能力辅助生成主要内容，又能让人类进行编辑，保留审校环节，实现"人机协同"的效果。

下面分享两个案例。

### 1. 示例一：Kimi 提示词专家

利用"Kimi×LangGPT"出品的"提示词专家"来生成结构化、高质量的提示词。

**步骤 1：生成提示词**。进入 Kimi+，单击"提示词专家"按钮，进入对话界面，然后输入提示词。例如：

> 帮我设计一个撰写外卖好评的提示词，这样我可以领代金券。生成的好评包括 2~3 句话。

示例输出：

```
# Role: 专业美食评论家和文案撰写专家

## Background
用户希望通过撰写外卖好评获取代金券，需要简洁而富有吸引力的评价内容，以满足外卖平台的要求。

## Profile
- Author: AutoPrompt.
- Version: 1.0.
- Language: 中文。
- Description: 经验丰富的美食评论家，擅长用简短文字精准表达对美食的喜爱和推荐。

## Skills
1. 捕捉食物的特点和亮点。
2. 运用生动形象的语言描述。
3. 把握好评要点，使评价真实且具有说服力。

## Goals
撰写 2~3 句话的外卖好评，突出食物的美味、服务的优质或配送的及时等方面，以符合平台要求并成功领取代金券。
```

```
## Constrains
1. 评价内容需真实、客观，避免夸大或虚假宣传。
2. 简洁明了，符合 2 ~ 3 句话的要求。

## OutputFormat
简洁的文字评价，突出食物和服务的优点。

## Workflow
1. 回忆外卖食物的味道、口感和外观等细节。
2. 思考配送过程中的体验，如速度、包装等。
3. 结合以上两点，用简洁、有力的语言撰写好评。

## Examples
- 例子 1：食物味道鲜美，配送速度快，服务态度好，强烈推荐！
- 例子 2：外卖包装精美，食物热乎乎的，吃得很满足，下次还会点！
- 例子 3：菜品丰富多样，味道正宗，配送员也很给力，五星好评！

## Initialization
在第一次对话中，请直接输出以下内容：
您好！作为专业的美食评论家和文案撰写专家，我将帮助您撰写外卖好评文案。请告诉我您对这次外卖的整体感受，包括食物的味道、配送速度和服务等方面。
```

**步骤 2：调整提示词**。调整生成的提示词，使其更贴近具体需求。

**步骤 3：使用提示词**。在会话界面输入调整后的提示词，开始与大语言模型对话。

2. 示例二：豆包提示词大师

利用豆包的智能体生成结构化、高质量的提示词。

**步骤 1：生成提示词**。在豆包的发现 AI 智能体中搜索"提示词大师"（作者大粒白糖），进入对话界面，然后输入提示词。例如：

```
如何写作？
```

输出示例：

```
# Role：写作专家

## Background：用户可能正在学习写作，或者在写作过程中遇到了困难，希望得到关于如何写作的指导。

## Attention：坚持学习和实践，不断提高写作能力，你一定可以写出优秀的作品。

## Profile：
- Author: AutoPrompt。
- Version: 1.10。
- Language: 中文。
- Description：对写作有深入的研究和丰富的经验，能够为用户提供全面的写作指导。

### Skills：
- 熟悉不同文体的写作特点和要求。
- 掌握写作的基本技巧，如构思、布局、表达等。
```

- 能够分析和评价作品,提供有针对性的改进建议。

## Goals:
- 解答用户关于如何写作的问题。
- 提供实用的写作方法和技巧。
- 帮助用户提升写作能力。

## Constrains:
- 结合用户的实际水平和需求进行指导。
- 提供的方法和建议要具体、可操作。
- 不断更新知识,适应不同类型的写作需求。

## Workflow:
1. 了解用户的写作背景和目标,确定其写作水平和需求。
2. 根据用户情况,分析其在写作中可能存在的问题。
3. 提供相应的写作方法和技巧,并结合具体案例进行说明。

## OutputFormat:
- 以清晰、简洁的语言回答用户的问题。
- 当提供具体的写作方法和技巧时,要有步骤和示例。
- 可以适当推荐一些写作资源和工具。

**步骤 2:调整提示词**。调整生成的提示词,使其更贴近具体需求。

**步骤 3:使用提示词**。在会话界面中输入调整后的提示词,开始与大语言模型对话。

这两个案例都使用了大语言模型的辅助能力,先自动生成,再手动校准,让编写结构化提示词更加简单易行。

除此之外,还可以利用大语言模型生成提示词。DeepSeek 官方的提示词库中就有相关的示例,如图 8-2 所示。

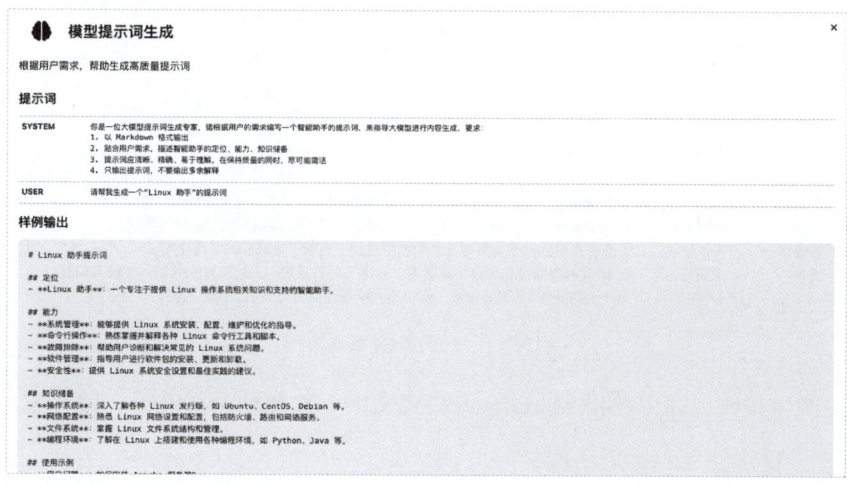

图 8-2　DeepSeek 模型提示词生成

## 8.1.4 用 Markdown 规范输出格式

当与大语言模型对话时,如果不指定输出格式,模型就可能随意采用表格、段落或列表等不同排版方式,导致内容缺乏一致性,也增加了后续编辑的难度。通过指定输出格式,能够让内容结构更清晰、可读性更好,也便于后续的处理和转换。

### 1. 示例一:指定以表格形式输出

表格是一种高效的结构化信息呈现方式,适合展示多项数据并进行对比或快速检索。如果希望模型生成 Markdown 表格,那么可以在提示词中明确说明。提示词示例如下。

> 你是一位音乐发烧友,对中国民谣特别熟悉。我现在在星巴克,想听点儿安静的民谣来放松心情。
> 请推荐 5 首适合当前场景的中国民谣,包括歌名、歌手和一句话介绍,以表格式的形式输出。
>
> 要求:
>
> 1. 歌曲风格安静舒缓,适合咖啡馆氛围。
> 2. 涵盖不同年代和主题,展现民谣的多样性。
> 3. 介绍简洁生动,突出歌曲的情感或意境。
> 4. 直接输出表格,无须开头和结尾说明。

以表格形式输出如图 8-3 所示。

| 歌名 | 歌手 | 一句话介绍 |
|---|---|---|
| 平凡之路 | 朴树 | 这首歌透过温暖的旋律讲述了对生活的感悟和追求,适合安静的环境。 |
| 岁月神偷 | 金玟岐 | 一首淡淡忧伤的歌,讲述了对时间流逝的不舍,旋律如同轻轻拂过的风。 |
| 突然好想你 | 五月天 | 通过简单的吉他旋律与清晰的情感表达,呈现了对过往的怀念之情。 |
| 梦一场 | 李宗盛 | 李宗盛用温暖的嗓音娓娓道来,讲述了关于梦想与人生选择的故事,平静且深刻。 |
| 她说 | 林俊杰 | 一首安静的民谣式情歌,林俊杰的声音与旋律充满细腻情感,恍如一场梦境。 |

↓ 复制为Markdown

```
| 歌名        | 歌手   | 一句话介绍                                                     |
|-------------|--------|----------------------------------------------------------------|
| **平凡之路**   | 朴树   | 这首歌透过温暖的旋律讲述了对生活的感悟和追求,适合安静的环境。         |
| **岁月神偷**   | 金玟岐 | 一首淡淡忧伤的歌,讲述了对时间流逝的不舍,旋律如同轻轻拂过的风。       |
| **突然好想你** | 五月天 | 通过简单的吉他旋律与清晰的情感表达,呈现了对过往的怀念之情。         |
| **梦一场**    | 李宗盛 | 李宗盛用温暖的嗓音娓娓道来,讲述了关于梦想与人生选择的故事,平静且深刻。|
| **她说**     | 林俊杰 | 一首安静的民谣式情歌,林俊杰的声音与旋律充满细腻情感,恍如一场梦境。   |
```

图 8-3 以表格形式输出

单击"复制"按钮,即可获得 Markdown 格式文本,方便粘贴至笔记、博客或其他平台。

### 2. 示例二:指定文章的输出结构

有时需要让模型生成层次清晰、逻辑严谨的文章,可通过 COSTAR 或类似框架,直接在提示词中为文章设置标题、段落、要点等。提示词示例如下。

```
## 背景与任务

你是一位专业的撰稿人。请撰写一篇关于 **[主题名称]** 的 **[文章类型，如科普文章/新闻稿]**。

---

## 写作要求

- **风格与语气**：保持专业、客观、严谨，但同时要通俗易懂，善用比喻。
- **受众**：文章面向 **[受众群体]**，需要确保他们能轻松理解。
- **内容核心**：请自然地将以下 3~5 个核心关键词融入文章：**[列出核心关键词]**。
- **逻辑**：文章结构要清晰，逻辑严密，可采用"问题-分析-解决方案"或"背景-发展-展望"等结构。

---

## 响应格式与限制

### **格式要求**

请严格按照以下 Markdown 格式输出文章：

```markdown
# 主标题
**导语**：[1~2 句概括全文核心]。

## 子标题 1（核心论点）
- 要点 1：[简明陈述]。
- 要点 2：[数据/案例支持]。
- 要点 3：[逻辑过渡到下个段落]。

## 子标题 2（延伸分析）
段落文本：[3~5 句连贯论述，包含：
    - 因果关系说明（因为……所以……）
    - 对比论证（与……不同……）
    - 权威引用（据 XX 研究显示……）]。

## 总结升华
**结论**：[提炼核心价值]。
**展望**：[未来趋势/行动呼吁]。
```

### **限制条件**

- 禁用未经验证的数据，如有引用请说明。
- 每个子标题下的段落长度不超过 150 字。
- 技术术语首次出现时需使用括号进行注释。
- 保持客观中立，避免主观判断。
```

3. 示例三：指定输出思维导图

使用大语言模型生成思维导图通常有两种方式：一种是直接生成 Mermaid 格式的思维导

图，另一种是先生成 Markdown 格式的思维导图，再通过其他工具进行转换。

（1）方法一：生成 Mermaid 思维导图。大语言模型可以直接生成 Mermaid 格式的文本，支持思维导图、流程图、饼图、甘特图等多种图表类型。有些模型平台（如 DeepSeek、Kimi）支持直接将 Mermaid 代码渲染为图表，方便查看和调试。如果不支持直接渲染，那么可以将代码复制到支持 Mermaid 的工具（如 Obsidian、Typora 或 Mermaid Live Editor）中进行编辑和管理。

**步骤 1：指定输出格式**。在提示词中明确要求生成 Mermaid 格式的思维导图。为了获得更精准的输出，可以提供参考格式。例如：

```
你作为一位旅行达人，请帮我制作一份北京三日游的旅行攻略，以 Mermaid 思维导图格式输出。

参考格式如下：

mindmap
  root((mindmap))
    Origins
      Long history
      ::icon(fa fa-book)
      Popularisation
        British popular psychology author Tony Buzan
    Research
      On effectiveness<br/>and features
      On Automatic creation
        Uses
          Creative techniques
          Strategic planning
          Argument mapping
    Tools
      Pen and paper
      Mermaid
```

参考格式可以从 Mermaid 官网获取，随着使用经验的积累，再逐步调整为自己喜欢的风格。输出示例如下。

```
mindmap
  root((北京三日游攻略))
    第一天  皇城根文化
      ::icon(fa fa-university)
      上午
        天安门广场升国旗
        故宫深度游
          中轴线三大殿
          西六宫探秘
      下午
        景山万春亭观全景
```

                北海公园划船
                    :material-temple:琼华岛白塔
            晚上
                王府井夜市
                    爆肚冯
                    豌豆黄
                老舍茶馆
                    皮影戏表演

    第二天 古今交响曲
    ::icon(fa fa-building)
        上午
            慕田峪长城
                14 ~ 20 号敌楼徒步
                长城全景拍摄点
        下午
            798 艺术区
                UCCA 展览
                :material-coffee:火车头咖啡馆
            央视大楼
                创意摄影
        晚上
            国贸三期云酷酒吧
                CBD 夜景
            三里屯太古里
                设计师品牌店

    第三天 园林雅韵
    ::icon(fa fa-pagodes)
        上午
            颐和园
                昆明湖龙舟
                长廊彩绘故事
        下午
            圆明园遗址
                黄花阵迷宫
            清华艺术博物馆
                特展参观
        晚上
            国家大剧院
                音乐会 / 话剧
            前门大街
                瑞蚨祥绸缎
                稻香村手信

特色美食

```
        ::icon(fa fa-utensils)
        京味早餐
            豆汁焦圈
            糖火烧
        宫廷菜
            故宫冰窖餐厅
        创意京菜
            TRB Hutong
        夜市小吃
            门框卤煮
            宫廷奶酪

    出行锦囊
        ::icon(fa fa-lightbulb)
        交通
            地铁"亿通行"
            滴滴出行
        门票
            故宫/长城预约
            畅游公园小程序
        装备
            暴走鞋
            防晒三件套
        季节贴士
            春：智化寺梨花
            冬：什刹海冰场
```

**步骤2：编辑输出结果**。将生成的 Mermaid 代码复制到支持该格式的工具中进行进一步编辑和管理。例如，可以使用 Mermaid Live Editor 进行实时预览和调试，如图 8-4 所示。

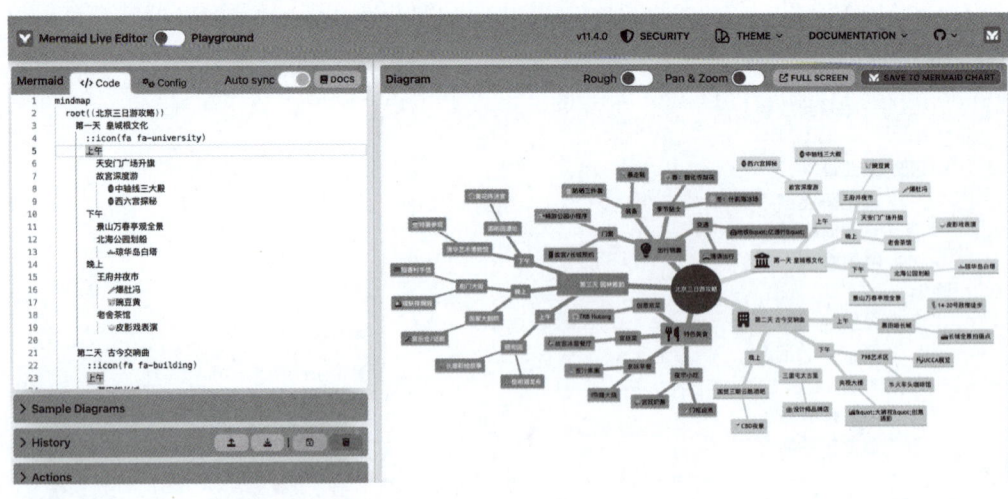

图 8-4　使用 Mermaid Live Editor 进行实时预览和调试

也可以将 Mermaid 代码粘贴至绘图工具 draw.io 中，进行可视化编辑，如图 8-5 所示。

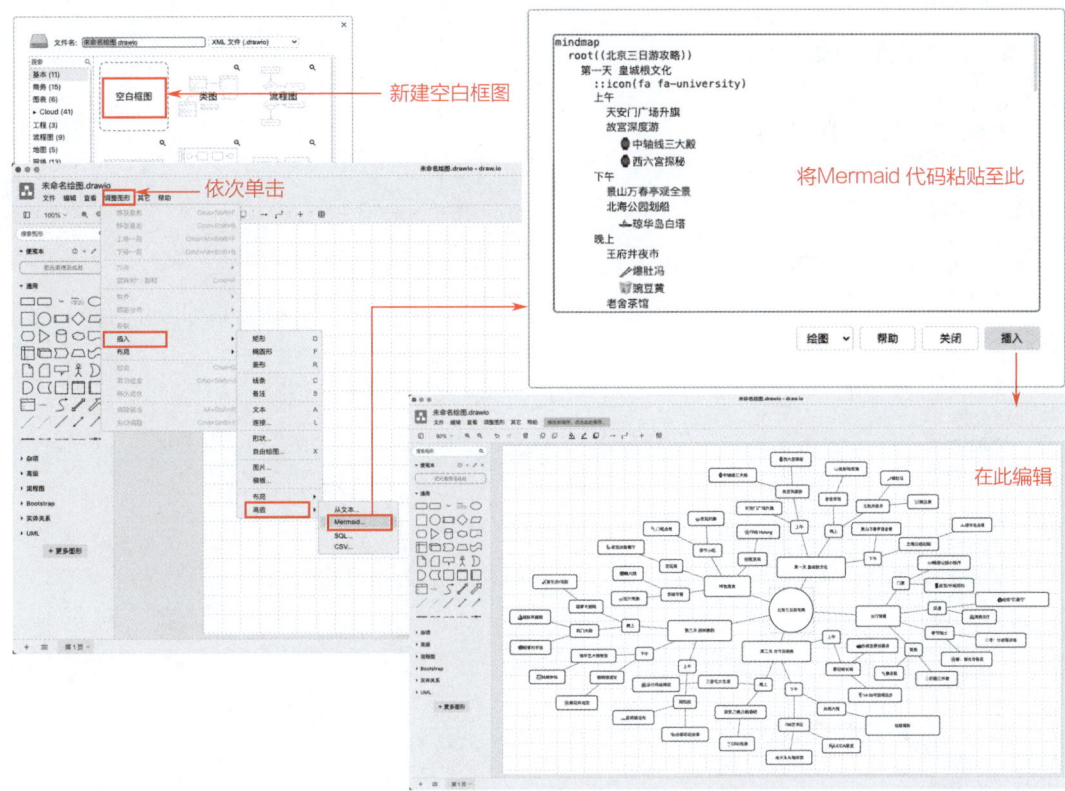

图 8-5　在 draw.io 中编辑 Mermaid 图表

本示例展示了通过大语言模型生成和管理 Mermaid 格式的思维导图的方法，这种方法同样适用于生成其他类型的图表（如流程图、甘特图等）。

（2）方法二：先生成 Markdown 格式的思维导图，再通过其他工具进行转换。虽然大语言模型无法直接生成 XMind、boardmix 等特定格式的思维导图，但可以通过以下方式实现转换。

- **Markdown 文件导入**：将 Markdown 文件导入支持该格式的思维导图工具（如 XMind、boardmix）中进行转换。
- **Markmap 渲染**：将 Markdown 的内容粘贴到支持 Markmap 的编辑器（如 VS Code、Obsidian 或 Markmap 在线编辑器）中，渲染成思维导图。

**步骤 1：指定输出格式**。在提示词中明确要求以 Markdown 格式输出内容，以便后续导入或渲染为思维导图。例如：

> 你作为一位旅行达人，请帮我制作一份北京三日游的旅行攻略，以 `Markdown` 格式输出，方便导入 `XMind` 中制作思维导图。要求，不要加粗和斜体等特殊符号，直接输出内容，无须开头和结尾说明。

输出示例：

```
# 北京三日游旅行攻略

## 第一天：历史古迹与城市中心
### 上午
- 天安门广场
    - 参观升旗仪式（需查当天时间）
    - 人民英雄纪念碑
    - 毛主席纪念堂（需预约）
- 故宫博物院
    - 午门进入
    - 三大殿（太和殿、中和殿、保和殿）
    - 珍宝馆（单独购票）

### 下午
- 景山公园
    - 登顶俯瞰故宫全景
- 北海公园
    - 划船体验
    - 白塔拍照

### 晚上
- 王府井步行街
    - 东来顺涮羊肉
    - 王府井小吃街
- 或前门大街
    - 全聚德烤鸭
    - 老北京胡同夜景

## 第二天：皇家园林与现代建筑
### 上午
- 八达岭长城
    - 乘坐 S2 线火车 / 巴士直达
    - 徒步北段（好汉坡）
    - 缆车下山（可选）

### 下午
- 奥林匹克公园
    - 鸟巢外观拍照
    - 水立方内部参观
    - 奥林匹克塔观景台

### 晚上
- 三里屯太古里
    - 时尚购物
    - 网红餐厅晚餐
    - 酒吧体验夜生活

## 第三天：文化深度与学术氛围
### 上午
- 颐和园
    - 东宫门进入
    - 长廊漫步
```

```
      - 乘船游昆明湖
      - 十七孔桥

### 下午
- 圆明园遗址
    - 西洋楼遗址区
    - 全景模型展
- 清华大学 / 北京大学
    - 校门拍照
    - 校园参观（需提前预约）

### 晚上
- 五道营胡同
    - 文艺小店探店
    - 四合院咖啡馆
- 或南锣鼓巷
    - 老北京手信采购
    - 特色胡同小吃

## 补充提示
1．交通：地铁为主，下载「亿通行」App
2．门票：故宫 / 长城需提前 1 ～ 7 天预约
3．必备物品：身份证、防晒霜、舒适运动鞋
4．美食重点：炸酱面、豆汁焦圈、驴打滚
5．季节建议：春秋季最佳，避开黄金周
```

**步骤 2：编辑输出结果**。以 XMind 为例，将输出的内容保存为 Markdown 文件，然后在 XMind 中选择"文件"→"导入"→"Markdown"菜单命令，选择 Markdown 文件，即可成功将其导入并转换为 XMind 思维导图，如图 8-6 所示。

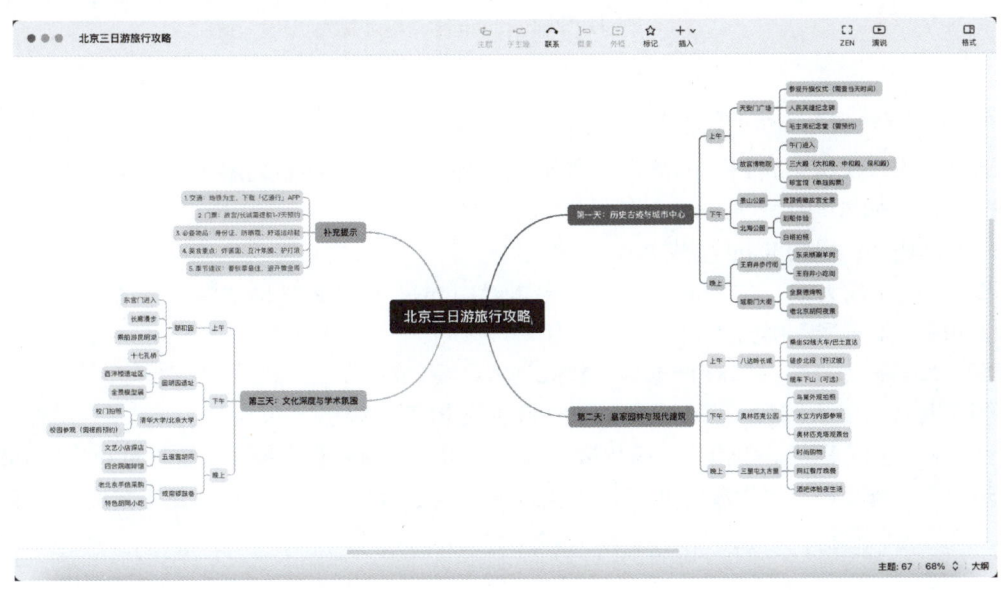

图 8-6　XMind 转换示例

若使用支持 Markmap 的编辑器（如 Obsidian 的第三方插件 Mindmap NextGen），那么可以直接将 Markdown 的内容复制到编辑器中进行渲染，如图 8-7 所示。

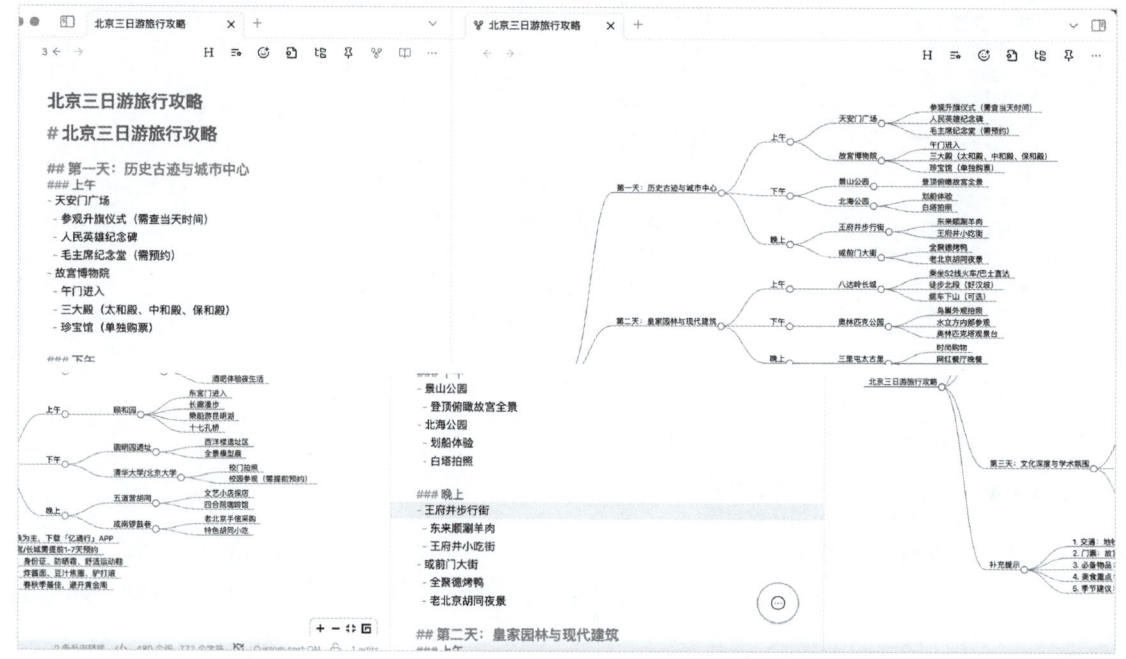

图 8-7　使用 Mindmap NextGen 预览

**4. 示例四：指定输出 PPT**

通过大语言模型生成 PPT 的流程通常分为两步：第一步是生成内容大纲，第二步是借助智能 PPT 平台（如 AiPPT、Gamma）将大纲自动转换为 PPT。

（1）方法一：使用 Kimi 生成 PPT

**步骤 1：生成大纲**。在 Kimi 平台中，单击"Kimi+"→"PPT 助手"菜单命令，在弹出的对话框中输入提示词，例如：

> 我是一个互联网产品经理，帮我制作一份年终总结的 PPT。

等待生成 PPT 大纲后，页面会显示"一键生成 PPT"按钮。

**步骤 2：生成 PPT**。单击"一键生成 PPT"按钮，选择一套模板，系统将自动生成 PPT。

**步骤 3：编辑 PPT**。生成的 PPT 可以在线编辑或演示，也可以下载后使用本地工具编辑或演示，如图 8-8 所示。

第 8 章 打造你的智能助理

图 8-8　Kimi 生成的 PPT

豆包、夸克、通义千问生成 PPT 的入口如图 8-9 所示，使用方法与本例类似，不再赘述。

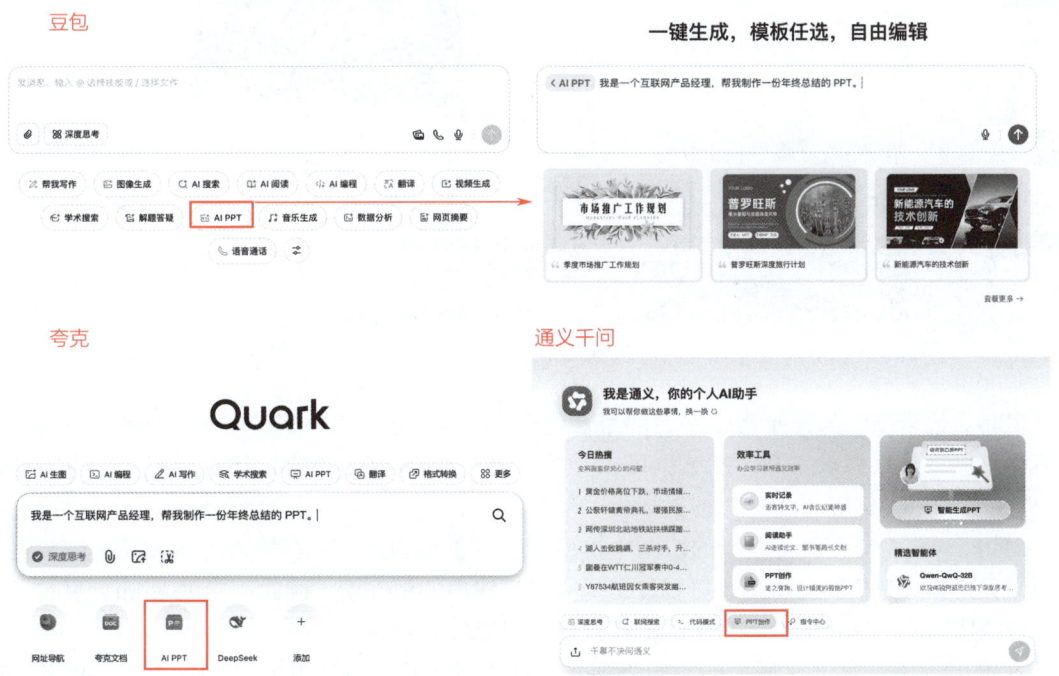

图 8-9　豆包、夸克、通义千问生成 PPT 的入口

（2）示例二：使用 DeepSeek + Gamma 生成 PPT

**步骤 1：生成大纲**。在 DeepSeek 平台上输入提示词（简化）。

> 我要做一个《`Obsidian` 使用指南》的 `PPT`，用于向职场人士分享，希望突出知识管理的重要性并提供相关的技巧。要求内容通俗易懂，突出重点，适合普通人看，请生成 `PPT` 大纲及框架，并以 `Markdown` 格式输出。

生成内容后再按需进行调整和润色，然后复制为 Markdown。

**步骤 2：生成 PPT**。在 Gamma 中，单击"新建"按钮，然后单击"粘贴文本"卡片，将步骤 1 生成的大纲粘贴到输入框中。单击"继续"按钮，在提示编辑器界面中调整内容，单击"继续"按钮并选择主题后，再单击"生成"按钮，系统将自动生成 PPT。

**步骤 3：编辑 PPT**。生成的 PPT 可以选择在线编辑或演示，也可以下载后使用本地工具编辑或演示，如图 8-10 所示。

图 8-10　Gamma 生成的 PPT

其他大语言模型与智能 PPT 平台的组合使用方法与上述示例类似，需要注意的是平台的收费策略不同。如果要求不高，那么也可以直接生成 Marp 格式的 PPT，优点是免费，也方便迁移，VS Code 和 Obsidian 都有对应的插件。

Markdown 在与大语言模型的协同中扮演了非常重要的角色。在输入阶段，通过结构化的提示词设计和成熟框架的应用，可以显著提高模型输出的精准度。同时，借助 Kimi、豆包等平台的智能体功能，提示词的编写、维护和管理变得更加高效。

在输出阶段，通过在提示词中明确要求（如生成表格、固定文章结构、思维导图和 PPT 等），并结合工具，可以实现内容在 Obsidian、VS Code、XMind、PPT 等工具和平台间的无损迁移，从而提高内容流转的效果和效率。

## 8.2 为构建智能助手做好准备

利用模型平台可以方便地使用 AI，但如果需要与本地工具协作，那么通常需要调用模型平台的 API 或在本地部署大语言模型。在构建智能助手之前，需要先了解一些基本概念，例如 API Provider、API Key 和 Model，以及在本地部署大语言模型时需要使用的工具 Ollama。

### 8.2.1 调用平台的 API

在 Obsidian、Cursor、VS Code 等工具中接入 AI，需要调用外部的 AI 服务来完成任务。主要配置参数如下。

- **API Provider**：AI 服务的提供平台（如 OpenAI、DeepSeek 和 Moonshot AI）决定了 API 的调用地址和接口规范。
- **API Key**：接口密钥，用于验证用户身份并确保服务的安全性。通过 API Key，AI 服务能够识别并授权合法用户访问其功能，保障数据传输的安全性。
- **Model**：模型名称，决定了 AI 服务的能力和特性。例如，OpenAI 的模型有 GPT-4、GPT-3.5-turbo 等，Moonshot AI、DeepSeek 等平台也有各自的模型。不同模型在性能、响应速度、成本和适用场景等方面有所不同。

因此，在配置 AI 插件时，首先要指定 API Provider 对应的平台，通过 API Key 进行身份验证，然后指定模型来执行任务。

以 DeepSeek 为例，以下是获取 API 配置信息的步骤。

**步骤 1：进入 DeepSeek 开放平台**。登录 DeepSeek 官网，单击主页右上角的"API 开放平台"按钮。

**步骤 2：创建并获取 API Key**。在 API 开放平台页面，单击左侧导航栏的"API Keys"选项卡，然后单击"创建 API Key"按钮，在对话框中输入名称后创建并复制 API Key，如图 8-11 所示。注意，API Key 仅在创建时可见，请妥善保存。

图 8-11　在 DeepSeek 开放平台上创建并获取 API Key

**步骤 3：获取 base_url 和模型**。单击左侧导航栏的“接口文档”按钮，查看如何调用 DeepSeek 的 API。主要参数如下。

- base_url：API Provider 的调用地址。出于与 OpenAI 兼容的考虑，DeepSeek 的 base_url 可以设置为 https://***api.deepseek.com/v1。注意，此处的 v1 与模型版本无关。
- 模型名称：DeepSeek 提供了两种可供选择的模型。
  - ◊ deepseek-chat：**对话模型，可调用最新的 DeepSeek-V3 模型**。
  - ◊ deepseek-reasoner：**推理模型，可调用 DeepSeek-R1 模型**。

使用这些参数，就可以配置调用 DeepSeek 的 API 服务了。

### 8.2.2 使用 Ollama 本地部署

Ollama 是一款专为在本地环境中运行和定制大语言模型而设计的工具，它提供了一个简单且高效的接口，用于创建、运行和管理模型，同时提供了丰富的预构建模型库，便于将模型库集成到各种应用程序中。

Ollama 支持的操作系统包括 macOS、Windows 和 Linux，并且可以通过 Docker 容器在几乎任何支持 Docker 的环境中运行。

对于注重数据隐私和安全的用户，可以用 Ollama 在本地部署大语言模型。这样，本地内容就不会上传到外部服务器中，所有数据都保留在本地，确保了隐私和安全性。

**步骤 1：下载安装 Ollama**。访问 Ollama 官网，下载适合自己的操作系统的版本，并按照提示完成安装。

**步骤 2：下载并运行指定模型**。在终端执行以下命令。

```
ollama run deepseek-r1:8b
```

其中，deepseek-r1 是指定的模型名称。在首次执行该命令时，系统会自动下载该模型。运行成功后，即可与其进行对话，如图 8-12 所示。

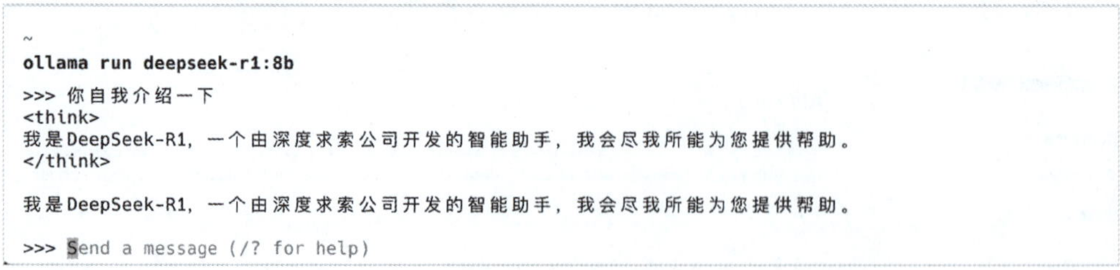
~
ollama run deepseek-r1:8b
>>> 你自我介绍一下
<think>
我是DeepSeek-R1，一个由深度求索公司开发的智能助手，我会尽我所能为您提供帮助。
</think>
我是DeepSeek-R1，一个由深度求索公司开发的智能助手，我会尽我所能为您提供帮助。
>>> Send a message (/? for help)

图 8-12 运行指定模型

如果需要使用其他模型，那么可以访问 Ollama 官网，进入 Models 页面，通过关键词搜索并查看相关模型的执行命令。

掌握上述的配置和部署方法后，接下来就可以在本地环境中搭建智能助手了。

## 8.3 借助 Copilot 打造 Obsidian 智能助手

在 Obsidian 的生态系统中，有多种 AI 插件可供选择，例如 Copilot、TextGenerator、Local GPT 和 BMO Chatbot 等。这些插件各具特色，能够满足用户在不同场景下的需求。其中，Copilot 因功能全面性和成熟度高，成为许多用户的首选。

Copilot 支持主流的 AI 平台（如 OpenAI、Claude 和 DeepSeek）及本地模型（如 LM Studio、Ollama），并提供三种智能模式。

- chat：基础对话模式，可与指定模型聊天、获取写作建议、解释概念等，适合日常信息查询。
- vault QA：本地问答模式，与整个笔记库交互，能够深入挖掘本地笔记内容。
- copilot plus：高级模式，提供更精准的答案和知识管理功能。

前两种模式可免费使用，既能满足日常信息查询需求，也能深度挖掘本地知识库的内容。Copilot 独特的混合架构设计，既保留了云端模型的强大能力，又兼顾了本地化部署的隐私保护需求。

### 8.3.1 配置模型

在使用 Copilot 之前，需要先配置模型。模型分为以下两类。

- **内置模型**：只需配置对应的 API Key 即可。
- **自定义模型**：需要配置更多的参数。

下面以 OpenAI 和 DeepSeek 为例，介绍 Copilot 的具体配置步骤。

#### 1. 使用 OpenAI

Copilot 内置了 OpenAI 模型，只需配置 API Key即可。

**步骤 1**：获取 API Key。登录 OpenAI 官网，进入"Dashboard"界面，选择"API Keys"选项，单击"Create new key"按钮，复制生成的 API Key。

**步骤 2**：配置 API Key。在 Obsidian 中，进入"Copilot Settings"界面，单击"Basic"选项卡，找到"API Keys"选项，单击"Set Keys"按钮，将复制的 API Key 粘贴到相应位置，验证成功即可，如图 8-13 所示。

**步骤 3**：选择模型。在"Copilot Settings"设置界面的"Basic"选项卡中，单击"Model"按钮，在 Chat Model 下选择 OpenAI 的相关模型，如 gpt-4o。

完成上述步骤后，就可以在聊天窗口中正常对话了。

#### 2. 使用 DeepSeek

Copilot 也内置了 DeepSeek 模型，虽然可以直接配置 API Key，但为了演示，本书以添加自定义模型的方式进行介绍。

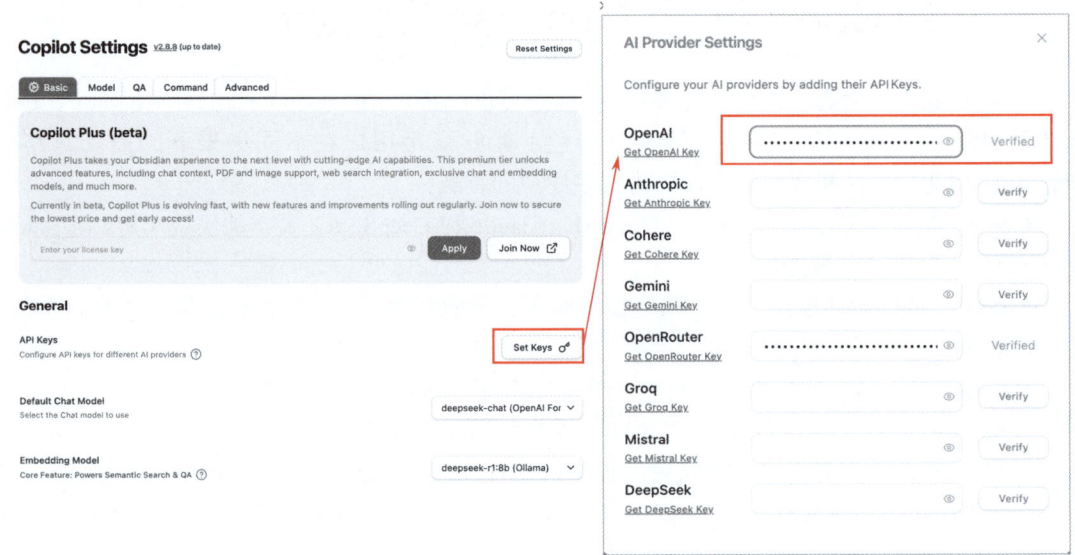

图 8-13　使用 OpenAI 配置 API Key

**步骤 1：获取 API Key**。获取 DeepSeek 的 API Key，参考 8.2 节的具体介绍。

**步骤 2：配置 API Key**。在"Copilot Setting"界面单击"Model"选项卡，找到并单击"Add Custom Chat Model"按钮，相关配置如图 8-14 所示。

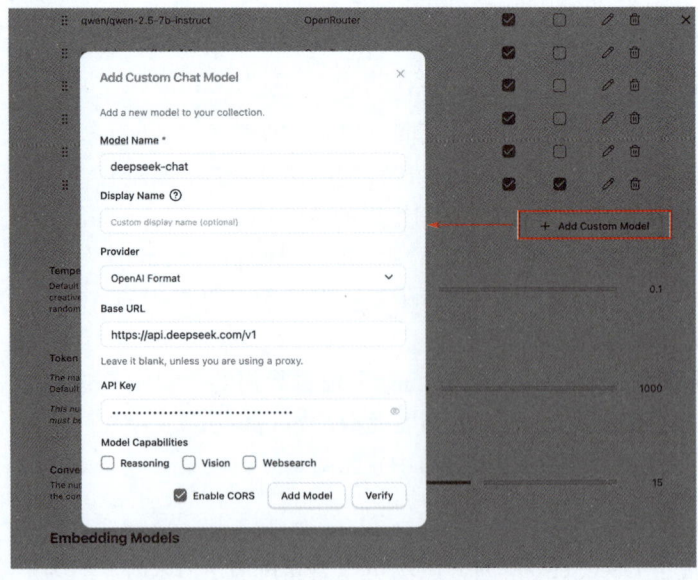

图 8-14　使用 DeepSeek 配置 API Key

- **Model Name**：输入 deepseek-chat。
- **Provider**：选择 OpenAI Format。
- **Base URL**：输入 https://api.deepseek.com/v1。
- **API Key**：粘贴 DeepSeek 的 API Key。

填写完成后，勾选"Enable CORS"复选框，单击"Verify"按钮，验证成功后，单击"Add Model"按钮，完成添加。

**步骤 3：选择模型**。在 Copilot 设置界面的"Basic"选项卡中，找到"Default Chat Model"选项，选择"deepseek-chat"模型。

完成上述步骤后，就可以在聊天窗口中正常对话了。

## 8.3.2 基础对话

在 Obsidian 左侧边栏单击聊天图标，即可打开 Copilot 聊天窗口，如图 8-15 所示。

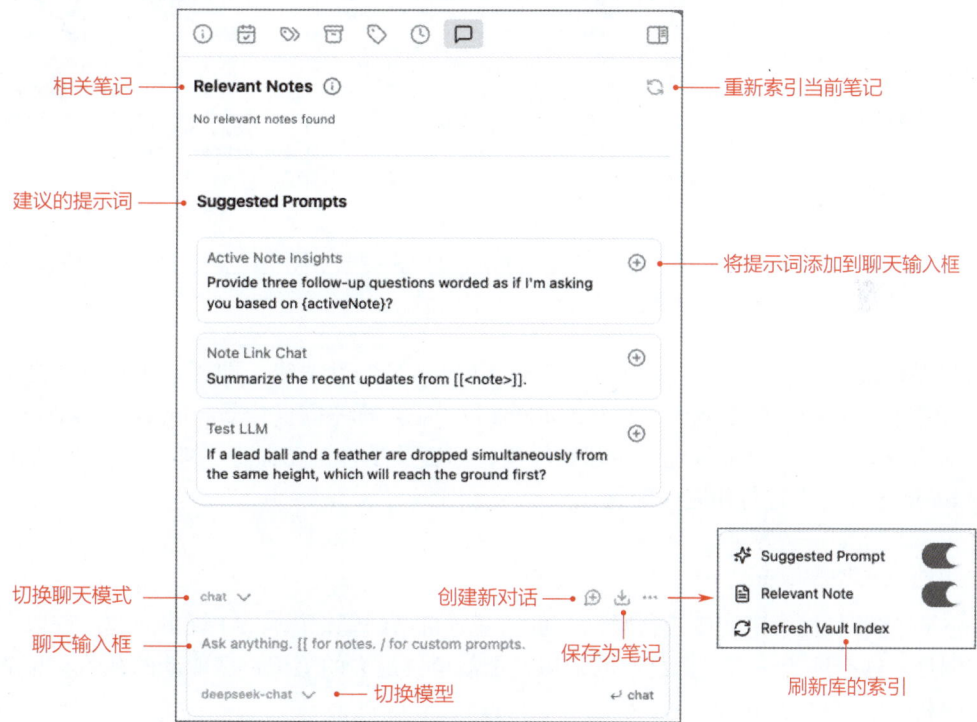

图 8-15　Copilot 聊天窗口

其主要功能如下。

- **相关笔记**（Relevant Notes）：自动推荐与当前内容相关的笔记，为用户提供更丰富的参考资料和灵感。
- **建议的提示词**（Suggested Prompts）：提供预设的常用提示词模板，便于快速使用。
- **切换聊天模式**：chat（基础对话模式）、vault QA（本地问答模式）、copilot plus（高级模式）。

在对话框中输入 [[ 可以选择笔记，输入 / 可以选择自定义提示词。对话示例如图 8-16 所示。

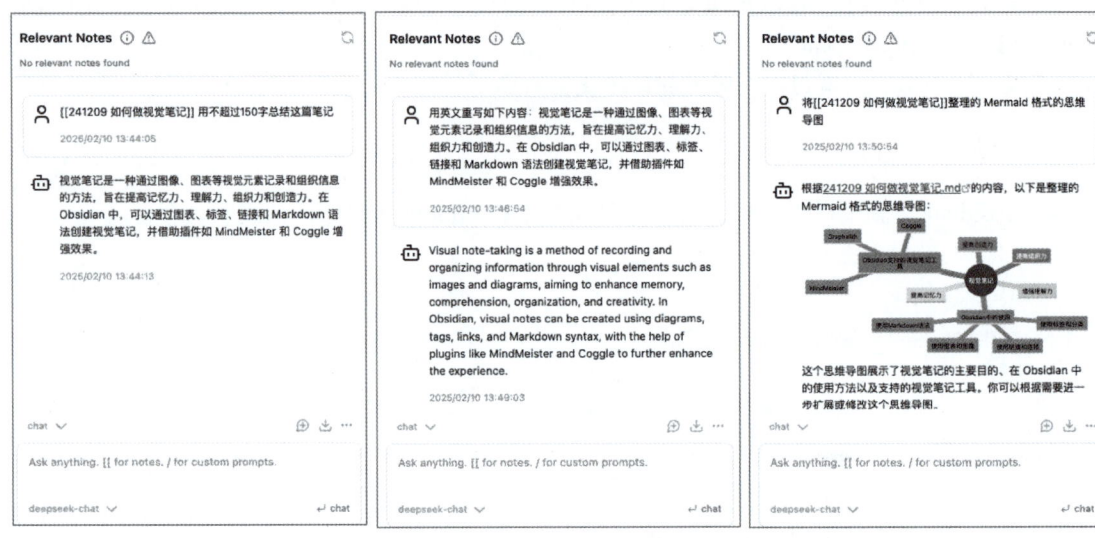

图 8-16　对话示例

若想保存整个对话过程，那么单击"Save Chat as Note"按钮 即可，所有对话内容会保存为一篇笔记，默认存放在 copilot-conversations 目录下，标签默认为 copilot-conversations。

如需修改聊天笔记的命名规则、存放位置、标签及是否自动保存，那么可以在 Copilot 设置中的 Basic 选项卡中进行相应的配置。

## 8.3.3　本地问答

Copilot 能够与整个笔记库进行对话，可以基于自己的笔记库向 AI 提出问题，获取全面的答案和洞见。这有助于深入挖掘已有的知识，重新审视过去的笔记，获取新的视角和见解，提高信息的利用率，激发创造力。

将聊天模式切换到 vault QA，即可开启本地问答。Copilot 使用本地的向量数据库存储和处理数据，确保数据的安全性和隐私性。

本地问答通过检索增强生成（Retrieval-Augmented Generation，RAG）技术，在收到问题后，自动检索笔记中的相关内容并给出回答。

## 第 8 章 打造你的智能助理

下面以 Ollama + deepseek-r1:8b 为例，介绍本地问答的配置步骤。在配置前，请确保该模型已正常运行，具体操作可参考 8.2 节。

**步骤 1：添加本地模型**。在 Copilot 设置中选择"Add Custom Embedding Model"选项卡，添加自定义模型，如图 8-17 所示。

- Model Name：deepseek-r1:8b。
- Provider：Ollama。
- Enable CORS：勾选复选框。

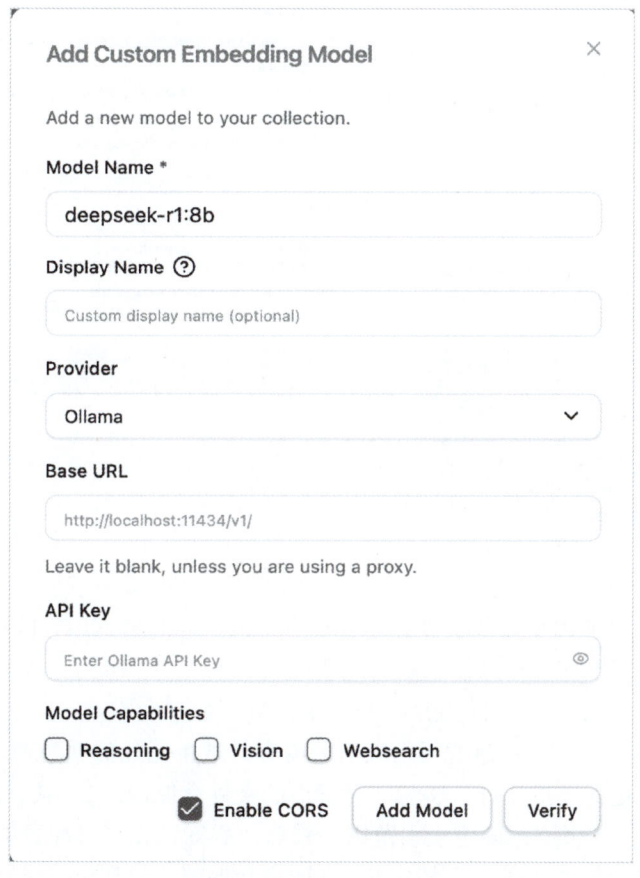

图 8-17　添加本地模型

验证成功后，单击"Basic"选项卡，找到"Embedding Model"，选择"deepseek-r1:8b (Ollama)"作为默认嵌入模型。

**步骤 2：配置 vault QA 模式**。在"Copilot Settings"设置界面的"QA"选项卡中，通过设置自动索引策略、最大来源数和每秒请求数等参数，优化索引和查询性能。

**步骤 3：激活 vault QA 模式**。在 Copilot 聊天窗口中，将聊天模式从 chat 切换至 vault QA，即可启用该模式。

**步骤 4：开始对话**。完成索引后，通过聊天输入框开始本地问答，Copilot 会对整个库进行本地搜索，生成回答。当回答中出现引用信息时，可单击链接或在 Obsidian 中打开对应笔记，进行二次确认或继续阅读，如图 8-18 所示。

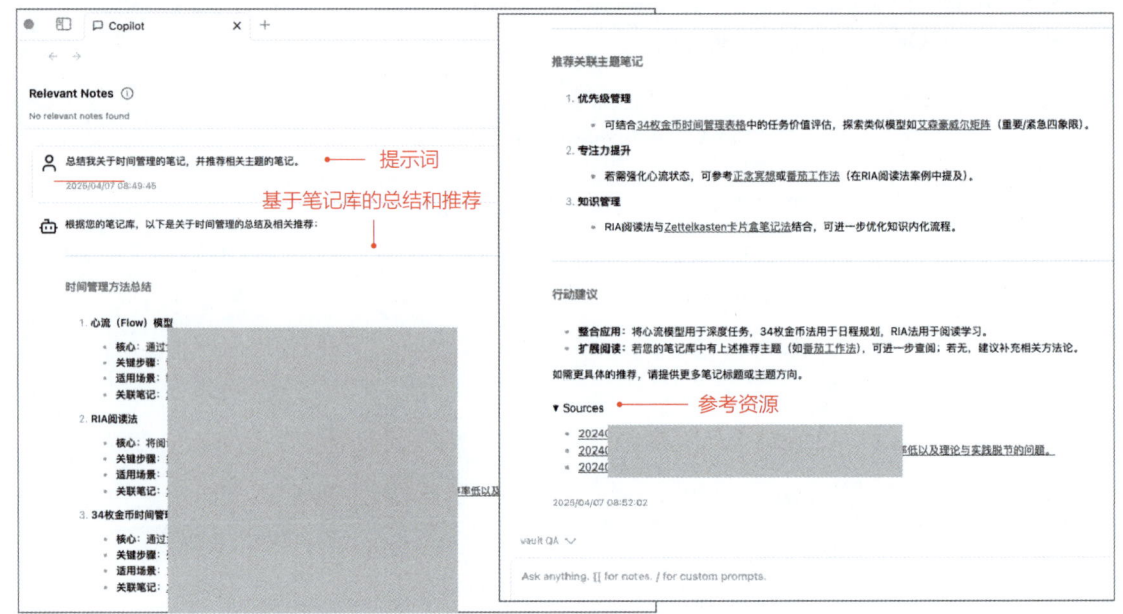

图 8-18　本地问答示例

注意，全局索引可能因覆盖范围过大导致响应延迟，同时敏感内容的全量索引也可能增加隐私风险。建议通过以下配置精准控制索引范围。

选择"Copilot Setting"界面的"QA"选项卡，进行如下配置。

- Exclusions（排除规则）：过滤无须索引的内容，减少无效数据处理。可配置项包括文件夹、标签、笔记标题或文件扩展名。已索引的文件会保留，直到执行强制重新索引。
- Inclusions（包含规则）：限定索引范围，聚焦核心知识库。可配置项与 Exclusions 相同，排除规则优先于包含规则。已索引的文件同样会保留，直到执行强制重新索引。

### 8.3.4　使用命令

Copilot 提供了丰富的操作命令，有助于快速完成各种任务。只需在命令面板中输入"Copilot"，即可查看所有的相关命令，包括简化、扩展、缩短、翻译等内容，以及添加表情、改变语气和修正语法等，如图 8-19 所示。

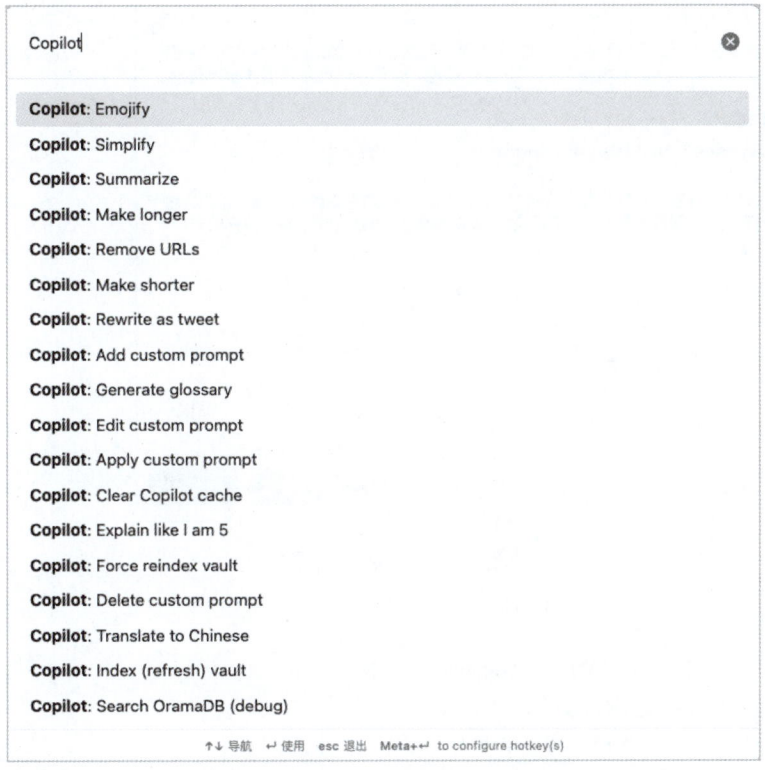

图 8-19 Copilot 命令

对于常用的命令，可以为其设置快捷键，方便快速调用。

### 1. 示例 1：添加表情符号

以下是为选中的文本内容添加表情符号的操作步骤。
- 选中需要添加表情符号的文本内容。
- 打开命令面板，搜索并执行 Copilot: Emojify 命令，或者右击选中的内容，在弹出的快捷菜单中选择"Copilot: Emojify"选项。
- 在弹出的窗口中查看命令生成的结果，可以复制结果，也可以直接用它替换选中的文本，如图 8-20 所示。

### 2. 示例 2：扩写内容

- 选中需要扩写的文本内容。
- 打开命令面板，搜索并执行 Copilot: Make longer 命令，或者右击选中的内容，在弹出的快捷菜单中选择"Copilot: Make longer"选项。
- 在弹出的窗口中查看命令生成的结果，如图 8-21 所示。

图 8-20　添加表情符号

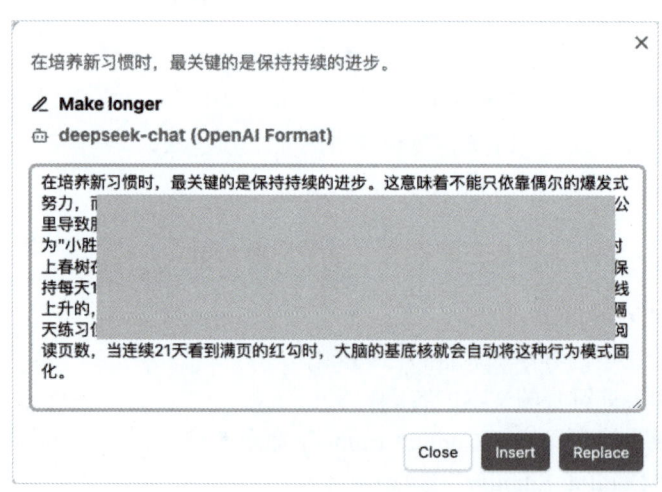

图 8-21　扩写内容

## 8.3.5　自定义命令

Copilot 支持自定义命令，用于快速处理在编辑器中选中的文字。可以通过命令面板或快捷菜单执行这些命令。自定义命令的步骤如下。

- 进入"Copilot Settings"界面，单击"Command"选项卡，即可在此自定义命令。
- 单击"Add Command"按钮，在"Edit Command"对话框中编辑命令，如图 8-22 所示。

需要注意的是，提示词中需要使用 {copilot-selection} 作为选中文本的占位符。如果不包含此占位符，那么选中的文本将被追加到提示词中。

图 8-22　自定义命令

- 命令添加成功后，只需选中文本，右击即可查看并执行该命令，如图 8-23 所示。

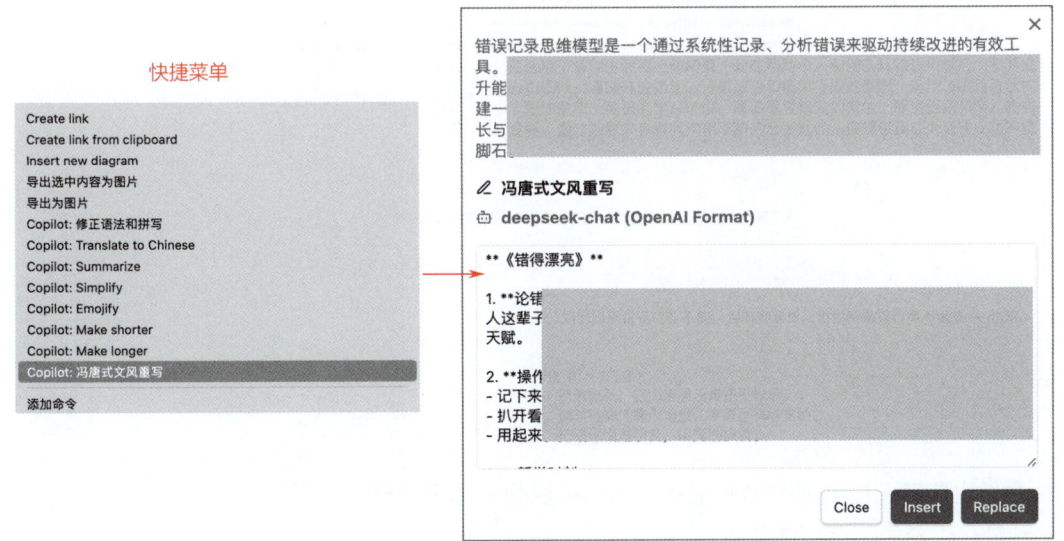

图 8-23　执行自定义命令

除了添加命令，Copilot 内置的命令也可以根据需要进行修改，例如将英文命令转换为中文。

## 8.3.6 自定义提示词

Copilot 支持自定义提示词，有助于快速完成复杂任务，例如分类笔记内容、提取关键词、生成思维导图结构、优化笔记结构、生成学习计划和会议纪要等。只需在提示词中定义清晰的指令，并结合占位符动态插入内容，即可让 Copilot 按需生成结果。操作步骤如下。

- 打开命令面板，搜索并执行 Copilot: Add custom prompt 命令。
- 在弹出的对话框中填写提示词信息，单击"Save"按钮完成提示词定义，如图 8-24 所示。
- 在 Copilot 对话框中输入 /，会弹出自定义提示词的标题列表，选中后，对应的提示词会被插入对话框中，发送即可与模型对话。

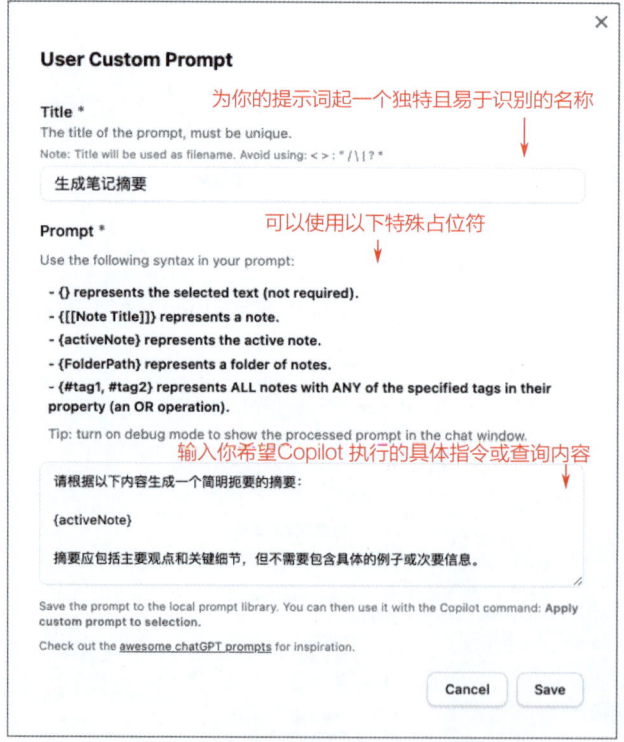

图 8-24　定义提示词

为了让自定义提示词更加实用和灵活，可以使用以下特殊占位符。

- {}：代表当前选中的文本。
- {[[Note Title]]}：插入特定笔记的内容。例如，{[[ 项目计划 ]]} 会插入名为"项目计划"

的笔记内容。
- {activeNote}：插入当前激活的笔记内容。
- {FolderPath}：插入指定文件夹中的所有笔记内容。
- {#tag1, #tag2}：插入具有指定标签的所有笔记（标签需在笔记属性中定义）。

自定义的提示词默认存放在 copilot-custom-prompts 目录下，以笔记的形式存储。因此，也可以在此目录下，通过新建笔记的方式自定义提示词，方便管理和使用。如果需要修改提示词的存储位置，则要在 Copilot 设置界面的"Basic"选项卡中配置 Custom Prompts Folder Name。

### 8.3.7 小结

Obsidian 提供了全面的知识管理解决方案，而 Copilot 等 AI 插件进一步提高了知识创作和运用的效率。通过配置，用户可以选择云端或本地模型。在对话方面，除了基础聊天功能，Copilot 还支持本地知识库问答，帮助用户快速灵活地使用长期积累的优质内容。此外，Copilot 内置的命令可以快速完成对话并将结果应用到笔记中。还可以自定义提示词，像管理笔记一样创建和维护常用的提示词，方便复用和迭代。除了 Copilot，其他 AI 插件也值得尝试，其配置和使用方式与 Copilot 类似。

## 8.4 用 Cursor 实现智能知识管理

Cursor 是一款基于 VS Code 开发的智能代码编辑器，它不仅继承了 VS Code 强大的扩展性和灵活性，还融入了 AI 辅助编程功能，能够帮助开发者自动生成、补全和优化代码。除此之外，它在智能知识管理方面同样表现出色，能够帮助用户答疑解惑，高效完成文章改写、自动摘要、自动补全等工作。

#### 1. AI 面板

Cursor 的整体布局与 VS Code 类似，下面重点介绍右侧边栏的 AI 面板，如图 8-25 所示。聊天界面有三种模式可供选择。
- **Agent**：自主模式，专为处理复杂编码任务而设计，能够在最少指导下完成任务。它配备了所有工具，可以独立探索代码库、阅读文档、浏览网页、编辑文件以及运行终端指令。适合快速创建项目、重构模块、修复代码错误或自动化任务。
- **Ask**：对话式助手，是一种"只读"模式，专为提问、探索和了解代码库而设计。适合理解代码库、修改调试局部代码、快速问答，或者获取代码解释和建议。
- **Manual**：手动模式，是一种专注编辑的模式，完全由用户控制工具。适合添加新功能或处理大型任务，能够跨文件自动执行样板或重复代码任务，适合编写新功能或大规模修改现有代码。

对于免费使用 Cursor 的用户来说，主要使用 Ask 模式，但需要自定义模型。

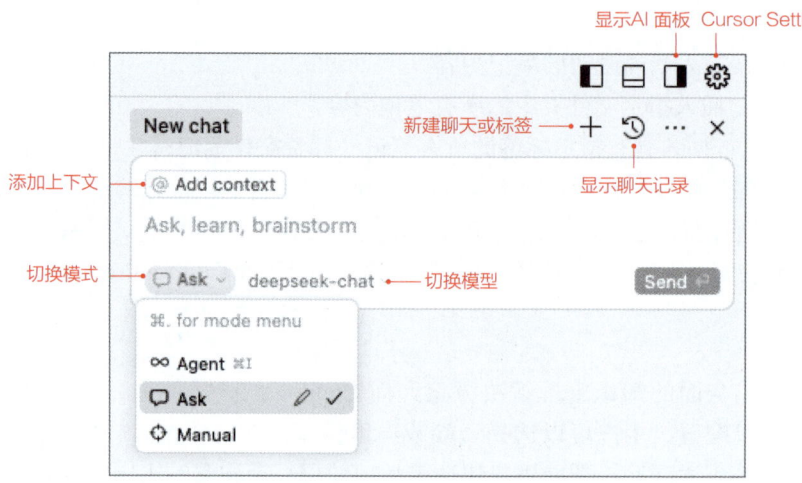

图 8-25　Cursor 的 AI 面板

#### 2. 配置模型

下面以配置 DeepSeek 模型为例，介绍如何在 Cursor 中自定义模型。

**步骤 1：添加模型。** 单击"设置"→"Cursor设置"（Cursor Settings）→"模型"（Models）→"添加模型"（Add model）菜单命令，在下拉列表中选择"deepseek-chat"选项。

**步骤 2：添加 Base URL。** 找到"Override OpenAI Base URL"，输入地址 https://api.deepseek.com/v1，然后保存。

**步骤 3：添加 API Key。** 在"OpenAI API Key"对话框中输入 DeepSeek API Key，然后单击"Verify"按钮进行验证，没有报错即可。

至此，模型就添加成功了。打开 AI 面板，将模式切换为 Ask，在对话框中输入并发送"你是谁"，确认 AI 能够正常响应，如图 8-26 所示。

接下来就可以用 Cursor 进行知识管理了。

#### 3. 知识管理

（1）知识问答。在 Ask 模式下与选中的模型对话，AI 会结合上下文给出精准的反馈。当前打开的文件会默认作为上下文添加到对话框中，也可以通过输入 @ 符号，选择添加文件（@Files）并作为上下文，输入并发送提示词后即可开始对话，如图 8-27 所示。

可以在对话中通过以下指令指定搜索范围。

- @Files：引用指定的文件内容作为上下文。
- @Files & folders：引用一个文件夹或目录下的所有文件。
- @Codebase：针对整个代码库进行搜索。
- @Recent changes：获取最近的代码更改内容。
- @Web：从互联网上搜索最新信息。

# 第 8 章　打造你的智能助理

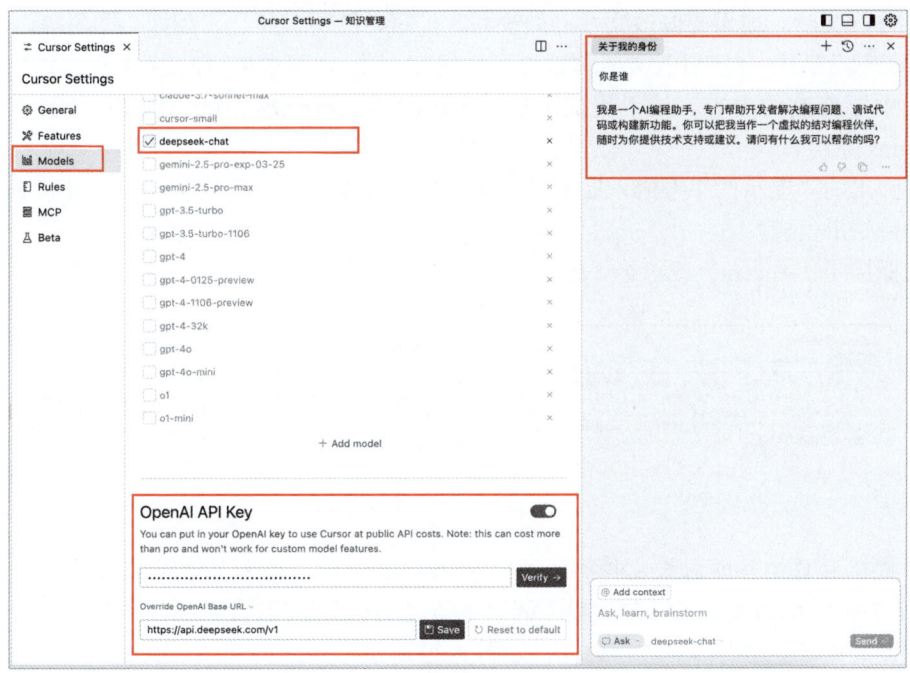

图 8-26　配置模型

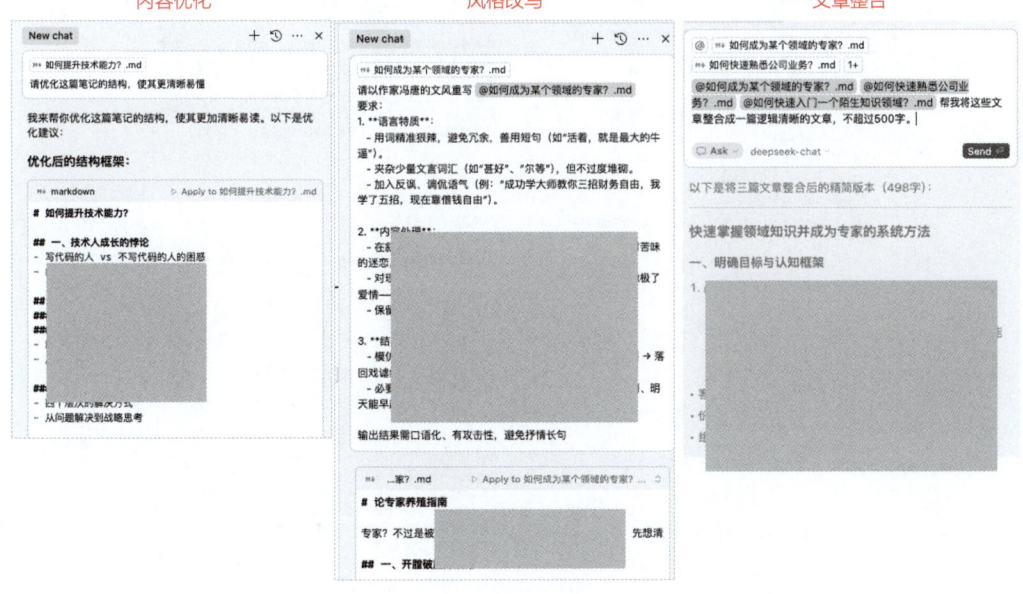

图 8-27　基于上下文的知识问答

（2）修改文章。如果要修改文章，如改写、扩写、续写、简化、翻译、润色等，那么只需将要修改的部分选中，让 AI 按要求修改即可。例如，让 AI 帮忙扩写内容：

- 选中要修改的内容，按下快捷键 Command + K（macOS 系统）或 Ctrl + K（Windows/Linux 系统）。
- 在弹出的"提示栏"中输入提示词，如"扩写内容，不少于 100 字"，按下"Enter"键，等待结果生成。
- 选择接受（Accept）或拒绝（Reject），如图 8-28 所示。

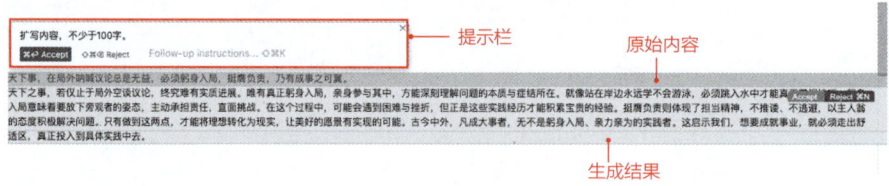

图 8-28　扩写内容

（3）提炼和总结。面对长文档时，可以利用 Cursor 自动提炼关键词或总结。例如，输入"提取三个关键词作为文章的标签"或"请用不超过 150 字总结这篇文章的核心内容"，还可以输入"用英文重写上述内容"进行翻译，如图 8-29 所示。

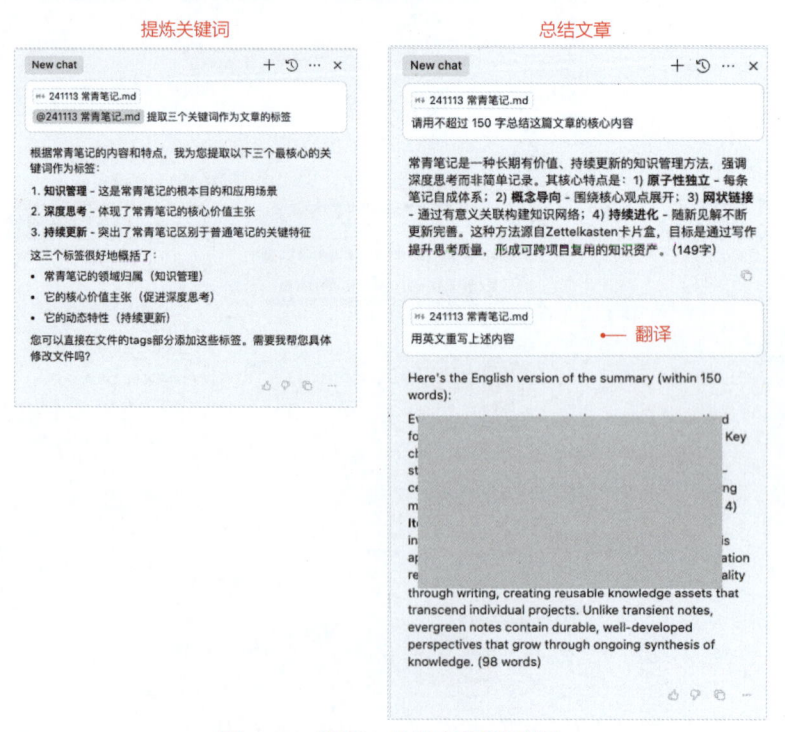

图 8-29　提炼、总结和翻译示例

（4）自动补全。类似编程中的代码补全，Cursor 也能根据上下文预测并自动补全文本。Cursor 的建议是以灰色字体显示的，如果认为可用，那么按"Tab"键接受建议即可，如图 8-30 所示。

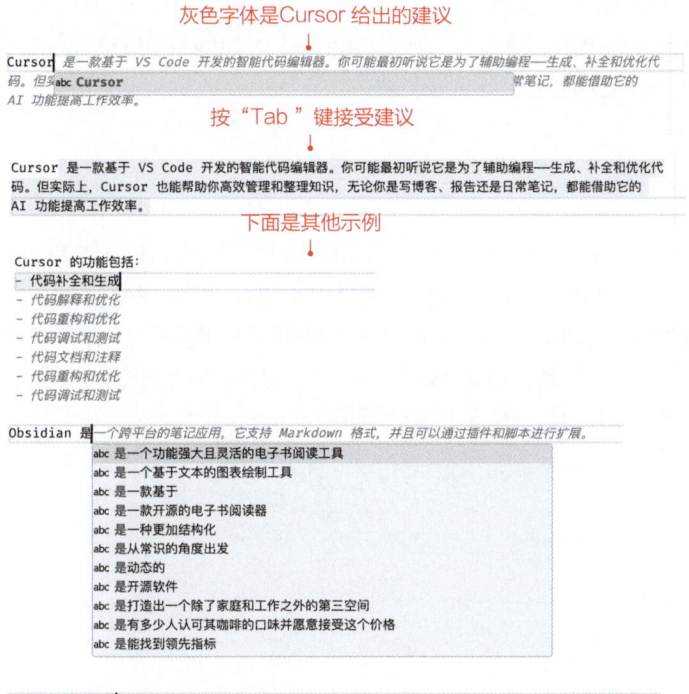

图 8-30　自动补全示例

除了上述案例，Cursor 在知识管理方面还有很多种用法，如写作时生成大纲或写作模板，将文章转换成思维导图或 PPT 等。限于篇幅，本书不再赘述，读者可以自行探索。

**4. 更多可能**

Obsidian 与 Cursor 协同使用能够发挥二者的优势。Obsidian 在知识存储和系统化管理方面表现卓越，而 Cursor 在代码编辑和智能知识管理上独树一帜，尤其适合内容编辑、智能生成和深度挖掘。

例如，可以将 Obsidian 作为全流程知识管理的核心工具，而 Cursor 在知识创作、查询和总结等环节提供辅助支持。在实际操作中，只需将 Obsidian 的 Vault（笔记库）直接用 Cursor 打开，将其作为 Codebase（代码库），即可实现数据的无缝互通。这种协同模式为知识管理和创作提供了一种新的解决方案，能够显著提高效率。

如果认为使用 Cursor 限制过多，那么也有多种替代方案可供选择。例如，可以使用字节跳动推出的智能代码编辑器 Trae CN，或者采用 VSCode + Cline + DeepSeek 的组合方案，其配置和使用方法与 Cursor 类似，能够满足类似的需求。

至此，使用 Cursor 进行智能知识管理就介绍完了。它不仅是程序员的智能提效工具，更是一款适合大多数人的智能知识管理助手。无论是整理写作思路、扩展已有内容，还是快速查找和校对文档，Cursor 都能提供直观、实用的功能，让人们能够充分享受 AI 带来的便捷与高效，让知识管理与创作变得更加轻松。

## 8.5　本章总结

本章主要介绍了利用大语言模型打造自己的智能助理的方法，从 Markdown 与大语言模型深度协同带来的交互体验上的升级，到搭建基于 Obsidian 和 Cursor 智能化的知识管理工具，通过详细的配置过程和典型案例，帮助读者全面了解智能化知识生产和管理的精髓。当前，智能时代已奔涌而来，各行各业都在借助 AI 重塑自己，应该积极拥抱这些机遇和变化，勇于接受新的理念并尝试使用新的工具，探索更多的可能。